薛定宇教授

大讲堂

（卷 I）

# MATLAB
## 程序设计

薛定宇◎著
Xue Dingyu

Professor Xue Dingyu's Lecture Hall（Volume I）
MATLAB Programming

U0209020

清华大学出版社
北京

## 内 容 简 介

MATLAB 语言是进行科学计算的利器。本书系统地论述了 MATLAB 的功能及使用 MATLAB 语言编程的方法。本书内容包括 MATLAB 语言的常用数据结构和语句结构、矩阵的代数运算、超越函数的计算方法与数据处理的方法、MATLAB 语言的流程控制结构与应用、MATLAB 函数编写与调试，以及 MATLAB 的科学可视化方法。此外，本书还介绍了 MATLAB 语言的接口设计、面向对象的程序设计方法与图形用户界面设计方法等。

本书可作为一般读者学习和掌握 MATLAB 语言的工具书，也可作为高等学校理工科各类专业本科生与研究生学习计算机数学语言（MATLAB）的教材。

**图书在版编目（CIP）数据**

薛定宇教授大讲堂（卷Ⅰ）：MATLAB 程序设计/薛定宇著. —北京：清华大学出版社，2019
ISBN 978-7-302-51868-6

Ⅰ.①薛…　Ⅱ.①薛…　Ⅲ.①Matlab 软件-程序设计-高等学校-教学参考资料　Ⅳ.①TP317

中国版本图书馆 CIP 数据核字(2018)第 285091 号

策划编辑：盛东亮
责任编辑：盛东亮
封面设计：李召霞
责任校对：梁　毅
责任印制：丛怀宇
出版发行：清华大学出版社
　　　　　网　　　址：http://www.tup.com.cn，http://www.wqbook.com
　　　　　地　　　址：北京清华大学学研大厦 A 座　　　　邮　　编：100084
　　　　　社 总 机：010-62770175　　　　　　　　　　　邮　　购：010-62786544
　　　　　投稿与读者服务：010-62776969，c-service@tup.tsinghua.edu.cn
　　　　　质 量 反 馈：010-62772015，zhiliang@tup.tsinghua.edu.cn
　　　　　课 件 下 载：http://www.tup.com.cn，010-62795954
印 装 者：三河市龙大印装有限公司
经　　销：全国新华书店
开　　本：186mm×240mm　　印　张：16.5　　　　　　字　　数：315 千字
版　　次：2019 年 7 月第 1 版　　　　　　　　　　　印　　次：2019 年 7 月第 1 次印刷
定　　价：69.00 元

产品编号：078635-01

# 前　言
## PREFACE

科学运算问题是每个理工科学生和科技工作者在课程学习、科学研究与工程实践中常常会遇到的问题，不容回避。对于非纯数学专业的学生和研究者而言，从底层全面学习相关数学问题的求解方法并非一件简单的事情，也不易得出复杂问题的解。所以，利用当前最先进的计算机工具，高效、准确、创造性地求解科学运算问题是一种行之有效的方法，尤其能够满足理工科人士的需求。

作者曾试图在同一部著作中叙述各个数学分支典型问题的直接求解方法，通过清华大学出版社出版了《高等应用数学问题的MATLAB求解》。该书从2004年出版之后多次重印再版，并于2018年出版了第4版，还配套发布了全新的MOOC课程①，一直受到广泛的关注与欢迎。首次MOOC开课的选课人数接近14000人，教材内容也被数万篇期刊文章和学位论文引用。

从作者首次使用MATLAB语言算起，已经有30年的时间了，通过相关领域的研究、思考与一线教学实践，积累了大量的实践经验资料。这些不可能在一部著作中全部介绍，所以与清华大学出版社策划与编写了这套"薛定宇教授大讲堂"系列著作，系统深入地介绍基于MATLAB语言与工具的科学运算问题的求解方法。

本系列著作不是原来版本的简单改版，通过十余年的经验和资料积累，全面贯穿"再认识"的思想写作此书，深度融合科学运算数学知识与基于MATLAB的直接求解方法与技巧，力图更好地诠释计算机工具在每个数学分支的作用，帮助读者以不同的思维与视角了解工程数学问题的求解方法，创造性地得出问题的解。

本系列著作卷I可以作为学习MATLAB入门知识的教材与参考书，也为读者深入学习与熟练掌握MATLAB语言编程技巧，深度理解科学运算领域MATLAB的应用奠定一个坚实的基础。后续每一卷试图对应一个数学专题或一门数学课程进行展开。整套系列著作的写作贯穿"计算思维"的思想，深度探讨该数学专题的问题求解方法。本系列著作既适合于学完相应的数学课程之后，深入学习利用计算

---

① MOOC网址：https://www.icourse163.org/learn/NEU-1002660001

机工具的科学运算问题求解方法与技巧，也可作为相应数学课程同步学习的伴侣，在学习相应课程理论知识的同时，侧重学习基于计算机的数学问题求解方法，从另一个角度观察、审视数学课程所学的内容，扩大知识面，更好地学习、理解并实践相应的数学课程。

　　本书是系列著作的卷I。本书系统介绍MATLAB语言编程方法，首先介绍MATLAB语言的常用数据结构和语句结构，然后介绍矩阵的代数运算、超越函数的计算方法与数据处理的方法，并介绍MATLAB的流程控制结构与应用、MAT-LAB函数编写与调试等编程技巧、MATLAB的科学可视化方法。本书还介绍MAT-LAB语言的接口设计、面向对象的程序设计方法与图形用户界面设计方法等，旨在为读者继续学习科学运算或其他领域的知识奠定较好的基础。

　　值此系列著作付梓之际，衷心感谢相濡以沫的妻子杨军教授，她数十年如一日的无私关怀是我坚持研究、教学与写作工作的巨大动力。

薛定宇

2019年5月

# 目　录

## CONTENTS

第1章　计算机数学语言概述 ········· 1
　1.1　数学问题计算机求解概述 ········· 1
　　1.1.1　为什么要学习计算机数学语言 ········· 1
　　1.1.2　数学问题的解析解与数值解 ········· 4
　　1.1.3　数学运算问题软件包发展概述 ········· 5
　　1.1.4　常规计算机语言的局限性 ········· 7
　1.2　计算机数学语言简介 ········· 8
　　1.2.1　计算机数学语言的出现 ········· 8
　　1.2.2　有代表性的计算机数学语言 ········· 9
　1.3　科学运算问题的三步求解方法 ········· 10
　本章习题 ········· 12

第2章　MATLAB语言程序设计基础 ········· 13
　2.1　MATLAB命令窗口与基本命令 ········· 14
　　2.1.1　变量名命名规则 ········· 14
　　2.1.2　保留的常数 ········· 15
　　2.1.3　显示格式的设置 ········· 16
　　2.1.4　底层操作系统命令 ········· 16
　　2.1.5　MATLAB的工作环境设置 ········· 17
　　2.1.6　MATLAB的工作空间与管理 ········· 18
　　2.1.7　MATLAB的其他辅助工具 ········· 18
　2.2　常用数据结构 ········· 19
　　2.2.1　数值型数据 ········· 19
　　2.2.2　符号型数据 ········· 20
　　2.2.3　任意符号型矩阵的生成 ········· 22
　　2.2.4　符号型函数 ········· 22
　　2.2.5　整型变量与逻辑变量 ········· 22
　　2.2.6　数据结构类型的识别 ········· 23

 2.2.7 矩阵的维数与长度 · · · · · · · · · · · · · · · · · · · · · 23
2.3 字符串数据结构 · · · · · · · · · · · · · · · · · · · · · · · · · · 24
 2.3.1 一般字符串的表示 · · · · · · · · · · · · · · · · · · · · 24
 2.3.2 字符串的处理方法 · · · · · · · · · · · · · · · · · · · · 24
 2.3.3 字符串的转换与读写方法 · · · · · · · · · · · · · · · 26
 2.3.4 字符串命令的执行 · · · · · · · · · · · · · · · · · · · · 27
 2.3.5 MuPAD接口函数的编写 · · · · · · · · · · · · · · · 27
2.4 其他常用数据结构 · · · · · · · · · · · · · · · · · · · · · · · · · 28
 2.4.1 多维数组 · · · · · · · · · · · · · · · · · · · · · · · · · · · · 28
 2.4.2 单元数组 · · · · · · · · · · · · · · · · · · · · · · · · · · · · 29
 2.4.3 表格数据 · · · · · · · · · · · · · · · · · · · · · · · · · · · · 30
 2.4.4 结构体 · · · · · · · · · · · · · · · · · · · · · · · · · · · · · · 32
 2.4.5 其他数据结构 · · · · · · · · · · · · · · · · · · · · · · · · 33
2.5 MATLAB的基本语句结构 · · · · · · · · · · · · · · · · · · 33
 2.5.1 直接赋值语句 · · · · · · · · · · · · · · · · · · · · · · · · 33
 2.5.2 函数调用语句 · · · · · · · · · · · · · · · · · · · · · · · · 34
 2.5.3 多样的函数调用机制 · · · · · · · · · · · · · · · · · · 34
 2.5.4 冒号表达式 · · · · · · · · · · · · · · · · · · · · · · · · · · 34
 2.5.5 子矩阵的提取 · · · · · · · · · · · · · · · · · · · · · · · · 35
 2.5.6 等间距行向量的生成 · · · · · · · · · · · · · · · · · · 36
2.6 数据文件的读取与存储 · · · · · · · · · · · · · · · · · · · · · 36
 2.6.1 数据文件的读取与存储命令 · · · · · · · · · · · · 36
 2.6.2 文件读写的底层方法 · · · · · · · · · · · · · · · · · · 37
 2.6.3 Excel文件的读取与存储 · · · · · · · · · · · · · · · 38
本章习题 · · · · · · · · · · · · · · · · · · · · · · · · · · · · · · · · · · · · · · · · 39

第3章 基本数学运算 · · · · · · · · · · · · · · · · · · · · · · · · · · · · 42
3.1 矩阵的代数运算 · · · · · · · · · · · · · · · · · · · · · · · · · · · 42
 3.1.1 矩阵的转置、翻转与旋转 · · · · · · · · · · · · · · 42
 3.1.2 矩阵的加减乘除运算 · · · · · · · · · · · · · · · · · · 44
 3.1.3 复数矩阵及其变换 · · · · · · · · · · · · · · · · · · · · 45
 3.1.4 矩阵的乘方与开方 · · · · · · · · · · · · · · · · · · · · 45
 3.1.5 矩阵的点运算 · · · · · · · · · · · · · · · · · · · · · · · · 47
3.2 矩阵的逻辑运算与比较运算 · · · · · · · · · · · · · · · · · 47
 3.2.1 矩阵的逻辑运算 · · · · · · · · · · · · · · · · · · · · · · 47
 3.2.2 矩阵的比较运算 · · · · · · · · · · · · · · · · · · · · · · 48

　　　3.2.3　矩阵元素的查询命令 ·········· 48
　　　3.2.4　属性判定语句 ············· 49
　3.3　超越函数的计算 ················ 49
　　　3.3.1　指数与对数函数的计算 ········· 50
　　　3.3.2　三角函数的计算 ············ 50
　　　3.3.3　反三角函数的计算 ··········· 52
　　　3.3.4　矩阵的超越函数 ············ 52
　3.4　符号表达式的化简与变换 ··········· 54
　　　3.4.1　多项式的运算 ············· 54
　　　3.4.2　三角函数的变换与化简 ········· 55
　　　3.4.3　符号表达式的化简 ··········· 55
　　　3.4.4　符号表达式的变量替换 ········· 56
　　　3.4.5　符号运算结果的转换 ·········· 56
　3.5　基本数据运算 ················· 57
　　　3.5.1　数据的取整与有理化运算 ········ 57
　　　3.5.2　向量的排序、最大值与最小值 ······ 58
　　　3.5.3　数据的均值、方差与标准差 ······· 59
　　　3.5.4　质因数与质因式 ············ 60
　　　3.5.5　排列与组合 ·············· 61
　本章习题 ····················· 62

第4章　MATLAB语言的流程结构 ·········· 64
　4.1　循环结构 ··················· 64
　　　4.1.1　for循环结构 ············· 64
　　　4.1.2　while循环结构 ············ 66
　　　4.1.3　迭代方法的循环实现 ·········· 67
　　　4.1.4　循环结构的辅助语句 ·········· 69
　　　4.1.5　向量化编程实现 ············ 69
　4.2　条件转移结构 ················· 71
　　　4.2.1　简单的条件转移结构 ·········· 71
　　　4.2.2　条件转移结构的一般形式 ········ 72
　　　4.2.3　分段函数的向量化表示 ········· 74
　4.3　开关结构 ··················· 75
　4.4　试探结构 ··················· 77
　本章习题 ····················· 78

**第5章　函数编写与调试** · · · · · · · · · · · · · · · · · · · · · · · · · · 80

5.1　MATLAB 的脚本程序 · · · · · · · · · · · · · · · · · · · · · 80

5.2　MATLAB 语言函数的基本结构 · · · · · · · · · · · · · · · 81

　　5.2.1　函数的基本结构 · · · · · · · · · · · · · · · · · · · · · 81

　　5.2.2　函数名的命令规则 · · · · · · · · · · · · · · · · · · · · 83

　　5.2.3　函数编写举例 · · · · · · · · · · · · · · · · · · · · · · · 83

5.3　函数编写的技巧 · · · · · · · · · · · · · · · · · · · · · · · · · 86

　　5.3.1　递归调用 · · · · · · · · · · · · · · · · · · · · · · · · · · · 86

　　5.3.2　可变输入输出个数的处理 · · · · · · · · · · · · · · · 87

　　5.3.3　输入变元的容错处理 · · · · · · · · · · · · · · · · · · · 89

　　5.3.4　全局变量 · · · · · · · · · · · · · · · · · · · · · · · · · · · 89

　　5.3.5　存取 MATLAB 工作空间中的变量 · · · · · · · · · · 90

　　5.3.6　匿名函数与 inline 函数 · · · · · · · · · · · · · · · · · 91

　　5.3.7　子函数与私有函数 · · · · · · · · · · · · · · · · · · · · · 93

5.4　MATLAB 程序的调试 · · · · · · · · · · · · · · · · · · · · · · 93

　　5.4.1　MATLAB 程序的跟踪调试 · · · · · · · · · · · · · · · 93

　　5.4.2　伪代码与代码保密处理 · · · · · · · · · · · · · · · · · 96

5.5　MATLAB 实时编辑器 · · · · · · · · · · · · · · · · · · · · · · 96

　　5.5.1　实时文档编辑界面 · · · · · · · · · · · · · · · · · · · · · 97

　　5.5.2　建立一个简单的文档 · · · · · · · · · · · · · · · · · · · 97

　　5.5.3　嵌入代码的运行 · · · · · · · · · · · · · · · · · · · · · · 98

　　5.5.4　在实时编辑器中嵌入其他对象 · · · · · · · · · · · · 99

　　5.5.5　实时编辑文档的输出 · · · · · · · · · · · · · · · · · · 101

本章习题 · · · · · · · · · · · · · · · · · · · · · · · · · · · · · · · · · 101

**第6章　二维图形绘制** · · · · · · · · · · · · · · · · · · · · · · · · · 105

6.1　二维曲线的绘制 · · · · · · · · · · · · · · · · · · · · · · · · · 105

　　6.1.1　二元数据的曲线绘制 · · · · · · · · · · · · · · · · · · 105

　　6.1.2　数学函数的曲线绘制 · · · · · · · · · · · · · · · · · · 108

　　6.1.3　分段函数的曲线绘制 · · · · · · · · · · · · · · · · · · 108

　　6.1.4　二维图形的标题处理 · · · · · · · · · · · · · · · · · · 109

　　6.1.5　多纵轴曲线的绘制 · · · · · · · · · · · · · · · · · · · · 111

6.2　图形修饰 · · · · · · · · · · · · · · · · · · · · · · · · · · · · · · 112

　　6.2.1　利用界面工具的修饰 · · · · · · · · · · · · · · · · · · 113

　　6.2.2　LaTeX 支持的修饰命令 · · · · · · · · · · · · · · · · 115

　　6.2.3　数学公式叠印与宏包设计 · · · · · · · · · · · · · · · 116

6.3　其他二维图形绘制语句 ·········································· 117
　　6.3.1　极坐标曲线的绘制 ········································ 117
　　6.3.2　离散信号的图形表示 ······································ 118
　　6.3.3　直方图与饼图 ············································ 120
　　6.3.4　填充图 ·················································· 122
　　6.3.5　对数坐标图 ·············································· 123
　　6.3.6　误差限图 ················································ 124
　　6.3.7　动态轨迹显示 ············································ 124
　　6.3.8　二维动画的显示 ·········································· 124
6.4　图形窗口的分割 ················································ 125
　　6.4.1　规范分割 ················································ 125
　　6.4.2　任意分割 ················································ 126
6.5　隐函数绘制及应用 ·············································· 128
6.6　图像的显示与简单处理 ·········································· 130
　　6.6.1　图像的输入 ·············································· 130
　　6.6.2　图像的编辑与显示 ········································ 131
　　6.6.3　颜色空间转换 ············································ 132
　　6.6.4　边缘检测 ················································ 132
　　6.6.5　直方图均衡化 ············································ 133
6.7　MATLAB图形的输出方法 ········································ 134
　　6.7.1　图形输出菜单与应用 ······································ 134
　　6.7.2　图形输出命令 ············································ 135
本章习题 ··························································· 136

第7章　三维图形表示 ············································· 138
7.1　三维曲线绘制 ·················································· 138
　　7.1.1　三维曲线绘制命令 ········································ 138
　　7.1.2　已知数学函数的三维曲线绘制 ······························ 139
　　7.1.3　三维填充图 ·············································· 140
　　7.1.4　三维直方图与饼图 ········································ 140
　　7.1.5　条带图 ·················································· 142
7.2　三维曲面绘制 ·················································· 144
　　7.2.1　网格图与表面图 ·········································· 144
　　7.2.2　表面图的阴影与光照 ······································ 147
　　7.2.3　图像文件的三维表面图 ···································· 149
　　7.2.4　已知函数的表面图 ········································ 150

7.2.5 散点数据的表面图绘制 · · · · · · · · · · · · · · · · · · · 151

7.3 三维图形视角设置 · · · · · · · · · · · · · · · · · · · · · · · · · · · 152

7.3.1 视角的定义 · · · · · · · · · · · · · · · · · · · · · · · · · · · 152

7.3.2 三视图的设置 · · · · · · · · · · · · · · · · · · · · · · · · · · 153

7.3.3 任意视角的设置 · · · · · · · · · · · · · · · · · · · · · · · · 153

7.4 其他三维绘图 · · · · · · · · · · · · · · · · · · · · · · · · · · · · · · 154

7.4.1 等高线 · · · · · · · · · · · · · · · · · · · · · · · · · · · · · · 154

7.4.2 矢量图 · · · · · · · · · · · · · · · · · · · · · · · · · · · · · · 155

7.4.3 三元隐函数的绘图 · · · · · · · · · · · · · · · · · · · · · · 156

7.4.4 参数方程的表面图 · · · · · · · · · · · · · · · · · · · · · · 158

7.4.5 复变函数的三维表面图 · · · · · · · · · · · · · · · · · · 158

7.4.6 球面与柱面 · · · · · · · · · · · · · · · · · · · · · · · · · · · 159

7.4.7 Voronoi 图与 Delaunay 剖分 · · · · · · · · · · · · · · · 161

7.5 三维图形的特殊处理 · · · · · · · · · · · · · · · · · · · · · · · · · 163

7.5.1 三维曲面的旋转 · · · · · · · · · · · · · · · · · · · · · · · · 163

7.5.2 坐标轴变换的三维曲面 · · · · · · · · · · · · · · · · · · 164

7.5.3 三维图形的剪切 · · · · · · · · · · · · · · · · · · · · · · · · 165

7.5.4 三维表面图贴面处理 · · · · · · · · · · · · · · · · · · · · 166

7.6 四维图形绘制 · · · · · · · · · · · · · · · · · · · · · · · · · · · · · · 167

7.6.1 切片图 · · · · · · · · · · · · · · · · · · · · · · · · · · · · · · 167

7.6.2 体视化界面 · · · · · · · · · · · · · · · · · · · · · · · · · · · 168

7.6.3 三维动画的制作与播放 · · · · · · · · · · · · · · · · · · 169

本章习题 · · · · · · · · · · · · · · · · · · · · · · · · · · · · · · · · · · · · 171

第8章 MATLAB 语言与其他语言的接口 · · · · · · · · · · · · · · · · · 173

8.1 C语言环境下提供的MATLAB变量格式及函数概述 · · · 174

8.1.1 编译程序的环境设置 · · · · · · · · · · · · · · · · · · · · 174

8.1.2 Mex 下的数据结构 · · · · · · · · · · · · · · · · · · · · · · 175

8.1.3 Mex 文件的结构 · · · · · · · · · · · · · · · · · · · · · · · · 176

8.1.4 Mex 文件的编写方法与步骤 · · · · · · · · · · · · · · · 179

8.2 不同数据结构的 Mex 处理 · · · · · · · · · · · · · · · · · · · · · 180

8.2.1 不同类型输入输出变元的处理 · · · · · · · · · · · · · 181

8.2.2 字符串变量的读写 · · · · · · · · · · · · · · · · · · · · · · 181

8.2.3 多维数组的处理 · · · · · · · · · · · · · · · · · · · · · · · · 183

8.2.4 单元数组的处理 · · · · · · · · · · · · · · · · · · · · · · · · 184

8.2.5 MAT 文件的读写方法 · · · · · · · · · · · · · · · · · · · · 185

8.3　C程序中直接调用MATLAB函数 · · · · · · · · · · · · · · · · · · · · · · 187

8.4　MATLAB函数的独立程序转换 · · · · · · · · · · · · · · · · · · · · · · · 191

本章习题 · · · · · · · · · · · · · · · · · · · · · · · · · · · · · · · · · · · · · · · · · · 192

第9章　面向对象程序设计基础 · · · · · · · · · · · · · · · · · · · · · · · · · · 193

9.1　面向对象编程的基本概念 · · · · · · · · · · · · · · · · · · · · · · · · · 193

9.1.1　类与对象 · · · · · · · · · · · · · · · · · · · · · · · · · · · · · · · 193

9.1.2　类与对象数据结构 · · · · · · · · · · · · · · · · · · · · · · · 194

9.2　类的设计 · · · · · · · · · · · · · · · · · · · · · · · · · · · · · · · · · · · · 195

9.2.1　类的设计方法 · · · · · · · · · · · · · · · · · · · · · · · · · · · 195

9.2.2　类的定义与输入 · · · · · · · · · · · · · · · · · · · · · · · · · 196

9.2.3　类的显示 · · · · · · · · · · · · · · · · · · · · · · · · · · · · · · · 197

9.3　重载函数的编写 · · · · · · · · · · · · · · · · · · · · · · · · · · · · · · · 198

9.3.1　加法的重载函数编写 · · · · · · · · · · · · · · · · · · · · · 198

9.3.2　合并同类项的化简函数 · · · · · · · · · · · · · · · · · · · 199

9.3.3　减法重载函数 · · · · · · · · · · · · · · · · · · · · · · · · · · · 200

9.3.4　乘法重载函数 · · · · · · · · · · · · · · · · · · · · · · · · · · · 200

9.3.5　乘方运算重载函数 · · · · · · · · · · · · · · · · · · · · · · · 202

9.3.6　域的赋值与提取 · · · · · · · · · · · · · · · · · · · · · · · · · 203

9.4　类的继承与扩展 · · · · · · · · · · · · · · · · · · · · · · · · · · · · · · · 203

9.4.1　扩展类的定义与显示 · · · · · · · · · · · · · · · · · · · · · 204

9.4.2　ftf对象的连接重载函数 · · · · · · · · · · · · · · · · · · · 205

9.4.3　分数阶传递函数的频域分析 · · · · · · · · · · · · · · · 207

本章习题 · · · · · · · · · · · · · · · · · · · · · · · · · · · · · · · · · · · · · · · · · · 208

第10章　MATLAB的图形用户界面设计技术 · · · · · · · · · · · · · · · 209

10.1　MATLAB语言图形界面编程基础 · · · · · · · · · · · · · · · · · · 209

10.1.1　MATLAB图形界面中各对象的关系 · · · · · · · · · 209

10.1.2　窗口对象及属性设置 · · · · · · · · · · · · · · · · · · · · 210

10.1.3　窗口的常用属性 · · · · · · · · · · · · · · · · · · · · · · · · 211

10.1.4　对象属性的读取与修改 · · · · · · · · · · · · · · · · · · 213

10.1.5　简易对话框 · · · · · · · · · · · · · · · · · · · · · · · · · · · 215

10.1.6　标准对话框及其调用 · · · · · · · · · · · · · · · · · · · · 216

10.2　MATLAB图形界面设计基本控件 · · · · · · · · · · · · · · · · · · 219

10.2.1　MATLAB支持的基本控件 · · · · · · · · · · · · · · · · · 219

10.2.2　控件的常用属性 · · · · · · · · · · · · · · · · · · · · · · · · 221

10.2.3　控件句柄的获取 · · · · · · · · · · · · · · · · · · · · · · · · 221

10.3 图形用户界面设计工具Guide ···················· 222
10.4 图形用户界面的高级技术 ······················ 231
    10.4.1 菜单系统的设计 ························· 231
    10.4.2 工具栏设计 ··························· 232
    10.4.3 ActiveX控件的嵌入与编程 ················ 234
10.5 工具箱的集成与发布 ························· 235
本章习题 ································· 235

参考文献 ····································· 237

MATLAB函数名索引 ····························· 239

术语索引 ····································· 245

# 第1章 计算机数学语言概述

## 1.1 数学问题计算机求解概述

数学问题是科学研究中不可避免的问题。研究者通常将自己研究的问题用数学建模的方法建立数学模型,然后通过求解数学模型的方法获得所研究问题的解。建立数学模型需要所研究领域的专业知识,而有了数学模型则可以采用本书介绍的通用数值方法或解析方法去直接求解。本章将首先对计算机数学语言进行简单介绍,通过实例介绍为什么需要学习计算机数学语言,然后介绍计算机数学语言和数学工具的发展简况。

### 1.1.1 为什么要学习计算机数学语言

求解科学运算问题时手工推导当然是有用的,但并不是所有的问题都是能手工推导的,故需要由计算机完成相应的任务。用计算机求解的方式有两种,其一是用成型的数值分析算法、数值软件包与手工编程相结合的求解方法,其二是采用国际上有影响力的专门的计算机语言求解问题,这类语言包括MATLAB、Mathematica[1]、Maple[2]等,本书统称之为"计算机数学语言"。顾名思义,用数值方法只能求解数值计算的问题,至于像公式推导等数学问题,例如求解 $x^3+bx+c=0$ 方程的解,在 $b,c$ 不是给定数值时,数值分析的方式是没有用的,必须使用计算机数学语言求解。

本书将涉及问题的求解方法称为"数学运算",以区别于传统意义下的"数学计算",因为后者往往对应于数学问题的数值求解方法。本书介绍的内容还尽可能地包括解析求解方法,如果解析解不存在则将介绍数值解方法。

在系统介绍本书的内容之前,先介绍几个例子,读者可以思考其中提出的问题,从中体会学习本书的必要性。相应的MATLAB语句后面还将详细介绍。

**例1-1** 考虑一个"奥数"类题目:$2017^{2017}$ 的最后一位数是什么?

**解** 如果不借助计算机工具,数学家用纸笔能计算出来的只有这个数的个位了。事实上，这样的解在现实生活中没有任何意义和价值，因为一个很昂贵的物品人们不会纠结其售价的个位数是1还是9，还是其他的什么数，人们更感兴趣的是这个数有多少位，其最高位是几，每位数是什么等。而对这些问题的求解，数学家是无能为力的，只能借助于专用的计算机工具求解。借助计算机数学语言，可以直接得出该数的精确值是 $390657\cdots8177$，共有6666位数，该数可以充满本书的两页多。

**例1-2** 大学的高等数学课程介绍了微分与积分的概念和数学推导方法，实际应用中也可能遇到高阶导数的问题。已知 $f(x)=\sin x/(x^2+4x+3)$ 这样的简单函数，如何求解出 $\mathrm{d}^4 f(x)/\mathrm{d}x^4$？

**解** 这样的问题用手工推导是可行的，由高等数学的知识可以先得出函数的一阶导数 $\mathrm{d}f(t)/\mathrm{d}x$，对结果求导得出函数的二阶导数，对结果再求导得出三阶导数，继续进一步求导就能求出所需的 $\mathrm{d}^4 f(x)/\mathrm{d}x^4$，重复此方法还能求出更高阶的导数。这个过程比较机械，适合用计算机实现，用现有的计算机数学语言可以由一行语句求解问题：

```
>> syms x; f=sin(x)/(x^2+4*x+3); y=diff(f,x,4) %描述原函数并直接求导
```

上述语句得出的结果为

$$\frac{\mathrm{d}^4 f(t)}{\mathrm{d}x^4} = \frac{\sin x}{x^2+4x+3} + 4\frac{(2x+4)\cos x}{(x^2+4x+3)^2} - 12\frac{(2x+4)^2\sin x}{(x^2+4x+3)^3}$$
$$+12\frac{\sin x}{(x^2+4x+3)^2} - 24\frac{(2x+4)^3\cos x}{(x^2+4x+3)^4} + 48\frac{(2x+4)\cos x}{(x^2+4x+3)^3}$$
$$+24\frac{(2x+4)^4\sin x}{(x^2+4x+3)^5} - 72\frac{(2x+4)^2\sin x}{(x^2+4x+3)^4} + 24\frac{\sin x}{(x^2+4x+3)^3}$$

显然，若依赖手工推导，得出这样的结果需要很繁杂、细致的工作，稍有不慎就可能得出错误的结果，所以应该将这样的问题推给计算机去求解。实践表明，利用著名的MATLAB语言，在4s内就可以精确地求出 $\mathrm{d}^{100}f(x)/\mathrm{d}x^{100}$。

**例1-3** 还记得线性代数课程中介绍的求高阶矩阵的行列式的方法吗？

**解** 线性代数课程介绍的通用方法是代数余子式的方法，可以将一个 $n$ 阶矩阵的行列式问题化简成 $n$ 个 $n-1$ 阶行列式问题，而 $n-1$ 阶又可以化简为 $n-2$ 阶的问题，这样用递归的方法可以最终化简成一阶矩阵的行列式求解问题，而该问题是有解析解的，就是该一阶矩阵本身，所以数学家可以得出结论，任意阶矩阵的行列式都可以直接求解出解析解。

事实上，这样的结论忽略了计算复杂度问题，这样的算法计算量很大，高达 $(n-1)(n+1)!+n$，例如 $n=25$ 时，运算次数为 $9.679\times10^{27}$，相当于在每秒12.54亿亿次的神威太湖之光(2017年世界上最快的超级计算机)上计算204年，虽然用代数余子式的方法可以求解，但求解是不现实的。其实在某些领域中甚至需要求解成百上千阶矩阵的问题，所以用代数余子式的方法是不可行的。

数值分析中提供了求解行列式问题的各种算法，但有时传统的方法对某些矩阵会

得出错误的结果,特别是接近奇异的矩阵。考虑 Hilbert 矩阵

$$\boldsymbol{H} = \begin{bmatrix} 1 & 1/2 & 1/3 & \cdots & 1/n \\ 1/2 & 1/3 & 1/4 & \cdots & 1/(n+1) \\ \vdots & \vdots & \vdots & \ddots & \vdots \\ 1/n & 1/(n+1) & 1/(n+2) & \cdots & 1/(2n-1) \end{bmatrix}$$

并假设 $n = 80$,用数值分析方法或软件很容易得出 $\det(\boldsymbol{H}) = 0$ 的不精确结果,从而导致矩阵奇异这样的错误结论。事实上,用计算机数学语言 MATLAB 很容易在 $1.79\,\mathrm{s}$ 内得出该行列式的精确解为

$$\det(\boldsymbol{H}) = \frac{1}{\underbrace{9903010146699347787886767841019251\cdots00000}_{\text{全部 3789 位,因排版的限制省略了中间的数字}}} \approx 1.00979 \times 10^{-3790}$$

求解一般高阶矩阵求逆问题需要计算机数学语言,对特殊的矩阵问题更需要这样的语言,以免得出错误的结果。本例采用的 MATLAB 语句为

$\boldsymbol{H}$=sym(hilb(80)); det($\boldsymbol{H}$)

**例**1-4  你会求解下面两个方程吗?

$$\begin{cases} x+y=35 \\ 2x+4y=94 \end{cases} \qquad \begin{cases} x+3y^3+2z^2=1/2 \\ x^2+3y+z^3=2 \\ x^3+2z+2y^2=2/4 \end{cases}$$

**解**  第一个方程是鸡兔同笼问题,即使不使用计算机工具人们也可以直接求解。如果使用 MATLAB 语言,可以用下面的命令直接求解该方程:

```
>> syms x y; [x0,y0]=vpasolve(x+y==35,2*x+4*y==94)
```

有了 MATLAB 这样的高水平计算机语言,求解第二个方程与鸡兔同笼问题一样简单,只须将方程用符号表达式表示出来,就可以由 vpasolve() 函数直接求解,得出方程的全部 27 个根,将根代入方程,则误差范数达到 $10^{-34}$ 级。第二个方程的代码如下:

```
>> syms x y z;    %用符号表达式表示方程,更利于检验
   f1(x,y,z)=x+3*y^3+2*z^2-1/2; f2(x,y,z)=x^2+3*y+z^3-2; %描述方程
   f3(x,y,z)=x^3+2*z+2*y^2-2/4; [x0,y0,z0]=vpasolve(f1,f2,f3)
   size(x0), norm([f1(x0,y0,z0) f2(x0,y0,z0) f3(x0,y0,z0)])
```

**例**1-5  试求解下面的线性规划问题:

$$\min \qquad (-2x_1-x_2-4x_3-3x_4-x_5)$$
$$\boldsymbol{x} \text{ s.t.} \begin{cases} 2x_2+x_3+4x_4+2x_5 \leqslant 54 \\ 3x_1+4x_2+5x_3-x_4-x_5 \leqslant 62 \\ x_1,x_2 \geqslant 0, x_3 \geqslant 3.32, x_4 \geqslant 0.678, x_5 \geqslant 2.57 \end{cases}$$

**解**  求解线性规划问题需要最优化类课程的基础知识。因为上述问题是有约束最优化问题,不能用高等数学中令目标函数导数为 0、得出若干方程再用求解方程的方式求解最优化问题,而必须用线性规划中介绍的算法求解,例如使用如下代码:

```
>> clear; P.f=[-2 -1 -4 -3 -1]; P.Aineq=[0 2 1 4 2; 3 4 5 -1 -1];
   P.Bineq=[54 62]; P.lb=[0;0;3.32;0.678;2.57]; P.solver='linprog';
   P.options=optimset; x=linprog(P) %描述线性规划问题并求解
```

得出所需的最优解 $x_1 = 19.7850, x_2 = 0, x_3 = 3.3200, x_4 = 11.3850, x_5 = 2.5700$。

这样的求解借助于数值分析或最优化方法等课程介绍的数值算法就可以容易地实现。但如果再添加约束，例如需要得出该最优化问题的整数解，原来的问题就变成了整数规划问题。很少有相关书籍、软件能直接求解这样的问题。而利用计算机数学语言可以求出该整数规划问题的解为 $x_1 = 19, x_2 = 0, x_3 = 4, x_4 = 10, x_5 = 5$。

**例1-6** 许多课程要用到的应用数学分支，如积分变换、复变函数、微分方程、数据插值与拟合、概率论与数理统计、数值分析等，课程考试之后还记得其中问题的求解方法吗？

**例1-7** 现代科学技术在其发展过程中，催生了若干新的数学分支，如模糊集合与粗糙集合、人工神经网络等，如果不借助于计算机工具，利用其中任何一个分支解决实际问题都是个耗时并困难的任务。因为首先要了解相关领域的来龙去脉，弄清算法并将算法用计算机语言正确地实现。然而，利用这些新分支的数学工具解决某些特定的数学问题却是较容易的，因为可以借助前人已经开发好的工具和框架。

很多专门的课程，如电路、电子技术、电力电子技术、电机与拖动、自动控制原理等，在介绍原理与方法时一般采用简单的例子，刻意回避高阶的或复杂的例子。究其原因，是当时缺少高水平计算机数学语言甚至是数值分析技术的支持，所以在这些课程中很多方法不一定适合于复杂的问题求解。在实际研究中遇到稍复杂一点的问题时，只靠手工推导的方法是得不出精确结果的，所以需要特殊的专业软件或语言来解决问题，而计算机数学语言，如MATLAB语言，通常可以较好地解决相关问题，并对研究的问题提供一个全新的视角。

从上面的例子可以看出，解决数学问题用手工推导的方法虽然有时可行，但对很多复杂问题是不现实或不可靠的，用传统数值分析课程甚至成型的软件包得出的结果有时也是错误的，故需要学习计算机数学语言，以便更好地解决以后学习和研究中遇到的问题。

### 1.1.2 数学问题的解析解与数值解

现代科学与工程的发展离不开数学。数学家们感兴趣的问题和其他科学家、工程技术人员所关注的问题是不同的。数学家往往对数学问题的解析解，或称闭式解（closed-form solution）和解的存在性、唯一性的严格证明感兴趣，而工程技术人员一般对解是多少、有多少解等问题更关心。换句话说，能用某种方法获得问题的解则是工程技术人员更关心的问题。而获得这样解的最直接方法就是数值解法。

数学问题解析解不存在的情况是非常常见的。例如，定积分 $\dfrac{2}{\sqrt{\pi}}\displaystyle\int_0^a \mathrm{e}^{-x^2}\mathrm{d}x$ 在上限为有穷时就没有解析解。数学家可以发明新的函数 $\mathrm{erf}(a)$ 定义这样的解，但解的值到底多大却不是一目了然的。所以在这样的情况下，要想获得积分的值，就必须采用数值解技术。

再如，圆周率 $\pi$ 的值本身就没有解析解，中国古代的数学家、天文学家祖冲之（公元 429– 公元 500 年）早在公元 480 年就算定了该值在 3.1415926 和 3.1415927 之间。在一般科学与工程应用中，取这样的值就能保证较高的精度，而对于粗略估算来说，使用公元前 20 世纪古埃及人的 3.16045 或公元前 250 年左右阿基米德（公元前 287– 公元前 212 年）的 3.1418 都未尝不可，而没有必要非去追求不存在的解析解。所以在这样的问题上，数值解法的优势就显示出来了。

数学问题的数值解法已经成功地应用于各个领域。例如，在力学领域，常用有限元法求解偏微分方程；在航空、航天与自动控制领域，经常用到数值线性代数与常微分方程的数值解法等解决实际问题；在工程与非工程系统的计算机仿真中，核心问题的求解也需要用到各种差分方程、常微分方程的数值解法；在高科技的数字信号处理领域，离散的快速 Fourier 变换（FFT）已经成为其不可或缺的工具。在科学工程研究中能掌握一个或多个实用的计算工具，无疑会为研究者提供解决实际问题的强有力手段。

### 1.1.3 数学运算问题软件包发展概述

数字计算机的出现给数值计算技术的研究注入了新的活力。在数值计算技术的早期发展中，出现了一些著名的数学软件包，如美国的基于特征值的软件包 EIS-PACK[3,4] 和线性代数软件包 LINPACK[5]，英国牛津数值算法研究组（Numerical Algorithm Group，NAG）开发的 NAG 软件包[6] 及享有盛誉的著作（文献 [7]）中给出的程序集（这里称 Numerical Recipes 软件包）等，这些都是在国际上广泛流行的、有着较高声望的软件包。

美国的 EISPACK 和 LINPACK 是基于矩阵特征值和奇异值解决线性代数问题的专用软件包。限于当时的计算机发展状况，这些软件包大都是由 Fortran 语言编写的源程序组成的。例如，若想求出 $N$ 阶实矩阵 $\boldsymbol{A}$ 的全部特征值（用 $\boldsymbol{W_\mathrm{R}}$、$\boldsymbol{W_\mathrm{I}}$ 数组分别表示其实部和虚部）和对应的特征向量矩阵 $\boldsymbol{Z}$，则 EISPACK 软件包给出的子程序建议调用路径为

```
CALL BALANC(NM,N,A,IS1,IS2,FV1)
CALL ELMHES(NM,N,IS1,IS2,A,IV1)
CALL ELTRAN(NM,N,IS1,IS2,A,IV1,Z)
```

```
CALL HQR2(NM,N,IS1,IS2,A,WR,WI,Z,IERR)
IF (IERR.EQ.0) GOTO 99999
CALL BALBAK(NM,N,IS1,IS2,FV1,N,Z)
```

由上面的叙述可以看出，要求矩阵的特征值和特征向量，首先要对一些数组和变量依据EISPACK的格式作出定义和赋值，并编写出主程序，再经过编译和连接过程，形成可执行文件，最后才能得出所需的结果。

NAG软件包和Numerical Recipes软件包则包括了各种各样数学问题的数值解法，二者中NAG的功能尤其强大。NAG的子程序都是以字母加数字编号的形式命名的，非专业人员很难找到适合自己问题的子程序，更不用说能保证以正确的格式去调用这些子程序了。这些程序包使用起来极其复杂，每个函数有很多变元，很难保证使用者不出错。

Numerical Recipes软件包是一个在国际上广泛应用的软件包，子程序有C、Fortran和Pascal等版本，适合于科学研究者和工程技术人员直接应用。该书的程序包由200多个高效、实用的子程序构成，这些子程序一般都有较好的数值特性，比较可靠，为各国的研究者所信赖。

具有Fortran和C等高级计算机语言知识的读者可能已经注意到，如果用它们进行程序设计，尤其当涉及矩阵运算或画图时，编程会很麻烦。例如，若想求解一个线性代数方程，用户得首先编写一个主程序，然后编写一个子程序读入各个矩阵的元素，之后再编写一个子程序，求解相应的方程（如使用Gauss消去法），最后输出计算结果。如果选择的计算子程序不是很可靠，则所得的计算结果往往会出现问题。如果没有标准的子程序可以调用，则用户往往要将自己编好的子程序逐条地输入计算机，然后进行调试，最后进行计算。这样一个简单的问题往往需要用户编写100条左右的源程序，输入与调试程序也是很费事的，并无法保证所输入的程序完全可靠。求解线性方程组这样一个简单的功能需要100条源程序，其他复杂的功能往往要求有更多条语句，如采用双步QR法求取矩阵特征值的子程序则需要500多条源程序，其中任何一条语句有问题或调用不当（如数组维数不匹配）都可能导致错误结果的出现。

尽管如此，数学软件包仍在继续发展，其发展方向是采用国际上最先进的数值算法，提供更高效、更稳定、更快速、更可靠的数学软件包。例如，在线性代数计算领域，LAPACK[8]已经成为当前最有影响的软件包，但它们的目的似乎已经不再是为一般用户提供解决问题的方法，而是为数学软件提供底层的支持。新版的MATLAB语言以及自由软件Scilab[9]等著名的计算机数学语言已经放弃了一直使用的LINPACK和EISPACK，而采用LAPACK为其底层支持软件包。

一些数学的专门分支也出现了相关的数学程序库,支持 Fortran、C++ 等语言直接调用与编程,MATLAB 可以通过特殊接口的形式直接调用这些程序。在互联网上同样有大量的 MATLAB 语言和其他计算机数学语言的数学工具箱,所以遇到典型问题的数学求解时,可以直接利用相关的工具箱求解,因为其中大部分工具箱毕竟还是在相应领域有影响的专家编写的,得出的结果往往比外行自己查阅书籍、论文编写底层程序的可信度要高得多。

### 1.1.4 常规计算机语言的局限性

人们有时习惯用其他计算机语言(如 C 和 Fortran)解决科学计算问题。毋庸置疑,这些计算机语言在数学与工程问题的求解中起过很大的作用,而且它们曾经是实现 MATLAB 这类高级语言的底层计算机语言。然而,对于一般科学研究者来说,利用 C 这类语言去求解数学问题是远远不够的。首先,一般程序设计者无法编写出符号运算和公式推导类程序,只能编写数值计算程序;其次,数值分析类教科书中介绍的数值算法往往不是求解实际数学问题的最好方法;除了上述局限性外,若采用底层计算机语言编程,由于程序冗长难以验证,即使得出结果也不敢相信该结果。所以应该采用更可靠、更简洁的专门计算机数学语言来进行科学研究,因为这样可以将研究者从烦琐的底层编程中解放出来,更好地把握求解的问题,避免“只见树木、不见森林”的认识偏差,这无疑是受到更多研究者认可的解决问题方式。

**例 1-8** 已知 Fibonacci 序列的前两个元素为 $a_1 = a_2 = 1$,随后的元素可以由 $a_k = a_{k-1} + a_{k-2}, k = 3, 4, \cdots$ 递推地计算出来。试用计算机列出该序列的前 100 项。

**解** C 语言在编写程序之前需要首先给变量选择数据类型,因为此问题需要的是整数,所以很自然地会选择 int 或 long 表示序列的元素,若选择数据类型为 int,则可以编写出如下 C 程序:

```
#include <stdio.h>
main()
{ int a1, a2, a3, i;
  a1=1; a2=1; printf("%d  %d  ",a1,a2);
  for (i=3; i<=100; i++)
  { a3=a1+a2; printf("%d  ",a3); a1=a2; a2=a3;
}}
```

只用了上面几条语句,问题就看似轻易地被解决了。然而该程序是错误的!运行该程序会发现,该序列显示到第 24 项突然会出现负数,而再显示下几项会发现时正时负。显然,上面的程序出了问题。问题出在 int 整型变量的选择上,因为该数据类型能表示数值的范围为 $(-32767, 32767)$,超出此范围则会导致错误的结果。即使采用 long 整型数据定义,也只能保留 31 位二进制数值,即保留 9 位十进制有效数字,超过这个数仍然返回负值。可见，采用 C 语言，如果某些细节考虑不周，则可能得出完全错误的结论。所以说 C 这类语言得出的结果有时不大令人信服。用 MATLAB 语言则不必考虑这些烦琐的问题，可以直接编写下面的底层程序：

```
>> a=[1 1]; for i=3:100, a(i)=a(i-1)+a(i-2); end; a(end) %循环计算
```

另外，由于 long 整型数据只能保持 9 位有效数字，而 double 型只能保留 15 位有效数字，如果得出的结果超出此范围，则精度将存在局限性。采用 MATLAB 的符号运算则可以避免这类问题，只需将第 1 个语句修改成 $a=\text{sym}([1,1])$ 就可以得出 $a_{100}$ 的值为 354224848179261915075，甚至用类似的语句都能在 24 s 内得出 $a_{5000}$ 的全部 1045 位有效数字，该结果是采用任何数值计算语言都无法得出的。

**例1-9** 试编写出两个矩阵 $A$ 和 $B$ 相乘的 C 语言通用程序。

**解** 如果 $A$ 为 $n \times p$ 矩阵，$B$ 为 $p \times m$ 矩阵，则由线性代数理论，可以得出 $C$ 矩阵，其矩阵元素为

$$c_{ij} = \sum_{k=1}^{p} a_{ik}b_{kj}, \ i = 1, 2, \cdots, n, \ j = 1, 2, \cdots, m$$

分析上面的算法，容易编写出 C 语言程序，其核心部分为三重循环结构：

```
for (i=0; i<n; i++){for (j=0; j<m; j++){
  c[i][j]=0; for (k=0; k<p; k++) c[i][j]+=a[i][k]*b[k][j];}}
```

看起来这样一个通用程序通过这几条语句就解决了。事实不然，这个程序有个致命的漏洞，就是没考虑两个矩阵是不是可乘。如果 $A$ 矩阵的列数等于 $B$ 矩阵的行数，则两个矩阵可乘，所以很自然地想到应该加一个判定语句：

if $A$ 的列数不等于 $B$ 的行数，给出错误信息

其实这样的判定可能引入新的漏洞，因为若 $A$ 或 $B$ 为标量，则 $A$ 和 $B$ 无条件可乘，而增加上面的 if 语句反而会给出错误信息。这样在原来的基础上还应该增加判定 $A$ 或 $B$ 是否为标量的语句。

其实即使考虑了上面所有的内容，程序还不是通用的程序，因为并未考虑矩阵为复数矩阵的情况。这也需要特殊的语句处理。

从这个例子可见，用 C 这类语言处理某类标准问题时需要特别细心，否则难免会有漏洞，致使程序出现错误，或其通用性受到限制，甚至可能得出有误导性的结果。在 MATLAB 语言中则没有必要考虑这样的琐碎问题，因为 $A$ 和 $B$ 矩阵的积由 $C=A*B$ 直接求取，若可乘则得出正确结果，如不可乘则给出出现问题的原因。

# 1.2　计算机数学语言简介

## 1.2.1　计算机数学语言的出现

MATLAB 语言为数学问题的计算机求解，特别是控制系统的仿真领域起到了巨大的推动作用。1978 年美国 New Mexico 大学计算机科学系的主任 Cleve Moler

教授认为用当时最先进的 EISPACK 和 LINPACK 软件包求解线性代数问题过程过于烦琐，所以构思一个名为 MATLAB（Matrix Laboratory，矩阵实验室）的交互式计算机语言。该语言一开始为免费版本，1984 年 The MathWorks 公司（现名 MathWorks 公司）成立，并推出了 1.0 版。该语言的出现正赶上控制界基于状态空间的控制理论蓬勃发展的阶段，所以很快就引起了控制界学者的关注，出现了用 MATLAB 语言编写的控制系统工具箱，在控制界产生了巨大的影响，成为控制界的标准计算机语言。后来由于控制界及相关领域提出的各种各样要求，MATLAB 语言得到了持续发展，使得其功能越来越强大。可以说，MATLAB 语言是由计算数学专家首创的，但是由控制界学者"捧红"的新型计算机语言。目前大部分工具箱都是面向自动控制和相关学科的，但随着 MATLAB 语言的不断发展，目前也在其他领域广泛使用。稍后出现的 Mathematica 及 Maple 等语言也是当前应用广泛的计算机数学语言。

此外，法国计算机科学与控制研究院 INRIA 开发的自由软件 Scilab 也可以解决部分常用的数学问题，其最显著的特色是完全免费且源代码全部公开，但在求解数学问题的功能上尚无法和 MATLAB 等计算机数学语言媲美。

## 1.2.2　有代表性的计算机数学语言

目前在国际上有三种计算机数学语言最有影响力：MathWorks 公司的 MATLAB 语言、Wolfram Research 公司的 Mathematica 语言和 Waterloo Maplesoft 公司的 Maple 语言。这三种语言各有特色，其中 MATLAB 长于数值运算，其程序结构类似于其他计算机语言，因而编程很方便。Mathematica 和 Maple 有强大的解析运算和数学公式推导、定理证明的功能，相应的数值计算能力比 MATLAB 要弱，这两种语言更适合于纯数学领域的计算机求解。此外，德国的 MuPAD[10] 也是较好的计算机数学语言。

与 Mathematica 及 Maple 相比，MATLAB 语言的数值运算功能是很出色的。除此之外，更有一个另两种语言不可替代的优势，就是 MATLAB 语言在各种各样的领域均有领域专家编写的工具箱，可以高效、可靠地解决各种各样的问题。MATLAB 符号运算工具箱采用 MuPAD 为其符号运算引擎，有些符号运算的能力较以前版本有所改善，也有很多功能不如早期版本。从整体水平来看，MATLAB 的符号运算能力在纯数学问题求解中不如 Mathematica 与 Maple，从一般应用数学运算领域看，差距则不是太大，可以利用 MATLAB 的符号运算功能很好地解决一般的科学运算问题。

本丛书采用 MATLAB 语言为主要计算机数学语言，系统地介绍其在数学及一般科学运算问题求解中的应用。掌握了该语言将提高读者求解数学问题的能力,提高数学水平,拓广知识面,使得原来看似高深的应用数学问题的实际求解变得轻而易举。

本书是丛书的第一卷,将系统地介绍MATLAB语言的编程方法与技巧。丛书的其他卷次将利用MATLAB语言为主要工具,深入、系统地介绍每个数学分支的相关内容,可以从不同的角度重新学习与实践各个数学分支问题的直接求解,还可以利用MATLAB这样的工具对相应的数学分支开展创造性的研究,得出别人没有观测到的结果。

## 1.3　科学运算问题的三步求解方法

本书倡导一种科学运算问题的三步求解方法[11],这三个步骤分别是“是什么”“如何描述”和“求解”。在“是什么”步骤中,侧重于数学问题的物理解释和含义。即使学生没有学习过相关的数学分支,也可能通过简单的语言叙述大致理解问题的物理含义。在“如何描述”步骤中,用户应该知道如何将数学问题用MATLAB描述出来。在“求解”步骤中,用户应该知道调用哪个MATLAB函数将原始数学问题直接求解出来。如果有现成的MATLAB函数,则应该调用相应函数直接求解出问题;如果没有现成函数,则编写出通用程序得出问题的解。

**例1-10**　用例1-5中的线性规划问题的求解演示三步求解方法。

$$\min_{\boldsymbol{x}} \quad -2x_1 - x_2 - 4x_3 - 3x_4 - x_5$$
$$\text{s.t.} \begin{cases} 2x_2+x_3+4x_4+2x_5 \leqslant 54 \\ 3x_1+4x_2+5x_3-x_4-x_5 \leqslant 62 \\ x_1,x_2 \geqslant 0,\ x_3 \geqslant 3.32,\ x_4 \geqslant 0.678,\ x_5 \geqslant 2.57 \end{cases}$$

**解**　有的读者很可能没有系统地学习过最优化等相关的课程。不过不要紧,即使没有学习过相关的理论知识,也可以通过下面的三步求解方法得出问题的解。

(1)**“是什么”**。本步先理解每个数学问题的物理含义。在这个具体问题中,读者可以将原始问题从字面上理解为:在满足下面联立不等式约束

$$\begin{cases} 2x_2 + x_3 + 4x_4 + 2x_5 \leqslant 54 \\ 3x_1 + 4x_2 + 5x_3 - x_4 - x_5 \leqslant 62 \\ x_1,x_2 \geqslant 0,\ x_3 \geqslant 3.32,\ x_4 \geqslant 0.678,\ x_5 \geqslant 2.57 \end{cases}$$

的前提下,怎么发现一组决策变量 $x_i$ 的值,能使得目标函数 $f(\boldsymbol{x}) = -2x_1 - x_2 - 4x_3 - 3x_4 - x_5$ 的值为最小。所以,即使没有学习过最优化课程的读者也不难从字面上理解该问题的数学公式。

(2)**“如何描述”**。读者将学会如何将数学问题用MATLAB函数描述出来,在例1-5的代码中,用下面的方法建立一个变量P描述整个数学问题:

```
>> clear; P.f=[-2 -1 -4 -3 -1];                    % 目标函数
```

```
P.Aineq=[0 2 1 4 2; 3 4 5 -1 -1]; P.Bineq=[54 62]; %约束条件
P.solver='linprog'; P.lb=[0;0;3.32;0.678;2.57];    %下边界
P.options=optimset; %将整个线性规划问题用结构体变量P描述出来
```

（3）"**求解**"。调用线性规划求解函数 linprog() 直接求解问题,得出问题的解。

```
>> x=linprog(P) %调用 linprog() 函数求解数学问题
```

**例**1-11 人工神经网络是近年来应用较广泛的智能类数学工具,擅长于数据拟合与分类等运算。假设由下面的语句生成样本点数据:

```
>> x=0:0.1:pi; y=exp(-x).*sin(2*x+2);
```

试利用样本点建立人工神经网络模型,并绘制函数曲线。

**解** 如果不想花时间或没有时间去学习人工神经网络的系统理论,只想使用神经网络解决本例的数据拟合问题,则可以考虑利用前面介绍的三步求解方法,花几分钟了解神经网络基本概念与使用方法,就能利用人工神经网络求解数据拟合问题。回到前面提及的三步求解方法:

（1）什么是人工神经网络。没有必要去了解人工神经网络的技术细节,只须将人工神经网络看作一个信息处理单元,它接受若干路信号进行处理,得出输出信号。

（2）将神经网络的数学模型建立起来,选择 fitnet() 函数建立空白神经网络模型,用 train() 训练神经网络,得出可用的人工神经网络模型,如图1-1所示。

```
>> net=fitnet(5); net=train(net,x,y), view(net)
```

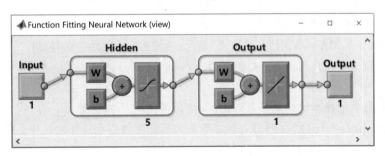

图 1-1 人工神经网络的结构

（3）使用神经网络绘制曲线,并与理论值比较,如图1-2所示。可见,即使不系统学习人工神经网络,也可以直接利用人工神经网络解决实际问题。用户还可以调整神经网络的结构参数,如修改节点个数等,通过实践观察和比较不同参数下曲线拟合的效果。

```
>> t0=0:0.01:pi; y1=net(t0); y0=exp(-t0).*sin(2*t0+2);
   plot(t0,y0,t0,y1)
```

从表面上看,本套系列著作涉及大量的数学公式,有些看起来很深奥。但是,即使读者的数学基础不是很好,也不要害怕,因为本套系列著作的目标不是讲解数学问题的底层细节,而是帮助读者在大概理解该问题物理含义的前提下,绕开底层烦

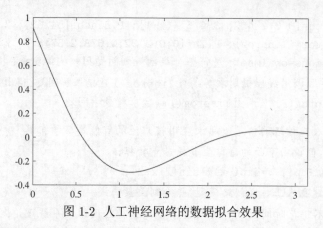

图 1-2　人工神经网络的数据拟合效果

琐的数学求解方法，将问题用计算机能理解的格式推给计算机，直接得出问题可靠的解。借助计算机能提供的强大求解工具，读者求解实际应用数学问题的能力完全可以远超过不会或不擅用计算机工具的一流数学家。通过学习本书的内容，读者能显著地提高应用数学问题的实际求解水平。

# 本章习题

1.1 在机器上安装 MATLAB 语言环境，并输入 demo 命令，由给出的菜单系统和对话框运行演示程序，领略 MATLAB 语言在求解数学问题方面的能力与方法。

1.2 考虑"$2017^{2017}$"的例题。用 C 语言常用的数据结构有可能表示该数据吗？如果不能，试利用 MATLAB 计算该结果（提示：应该用 sym(2017) 表示 2017）。

1.3 人们到底能记住圆周率 π 的前多少位？试试 vpa(pi,50) 命令，让计算机帮助"记忆"，将 50 再换成更大的数试试。

1.4 科学运算问题靠记忆是不靠谱的，即使记得住 π，还能记得住 $\sqrt{\pi}$、$\sqrt[3]{\pi}$ 吗？可以再试试 vpa(sym(pi)^(1/15),500)，读者能猜出来该命令计算的是什么吗？

1.5 假设已知广义 Lyapunov 方程如下：

$$\begin{bmatrix} 8 & 1 & 6 \\ 3 & 5 & 7 \\ 4 & 9 & 2 \end{bmatrix} \boldsymbol{X} + \boldsymbol{X} \begin{bmatrix} 16 & 4 & 1 \\ 9 & 3 & 1 \\ 4 & 2 & 1 \end{bmatrix} = \begin{bmatrix} 1 & 2 & 3 \\ 4 & 5 & 6 \\ 7 & 8 & 0 \end{bmatrix}$$

试利用 lookfor lyapunov 命令查询与关键词 lyapunov 有关的函数名，并用 doc 或 help 命令获得相关函数的进一步调用信息，观察是否能得出该方程的解，并检验得出解的精度。

1.6 利用联机帮助命令 help sym/diff 查询符号运算工具箱中的求导函数 diff()，在了解所提供的帮助信息的基础上试着求解例 1-2 中给出的问题，并比较两个结果。另外，试通过积分运算还原回原函数。

# 第 2 章

# MATLAB语言程序设计基础

MATLAB语言是当前国际上自动控制领域的首选计算机语言,也是很多理工科专业最适合的计算机数学语言。本书以MATLAB语言为主要计算机语言,系统、全面地介绍在数学运算问题中MATLAB语言的应用。掌握该语言不但有助于更深入地理解和掌握数学问题的求解思路,提高求解数学问题的能力,而且还可以充分利用该语言进行编程,在其他专业课程的学习中得到积极的帮助。

与其他程序设计语言相比,MATLAB语言有如下的优势:

(1) **简洁高效性**。MATLAB程序设计语言集成度高,语句简洁。一般用C或C++等程序设计语言编写的数百条语句,用MATLAB语言一条语句就能解决问题。其程序可靠性高、易于维护,可以大大提高解决问题的效率和水平。

(2) **科学运算功能**。MATLAB语言以矩阵为基本单元,可以直接用于矩阵运算。另外,最优化问题、数值微积分问题、微分方程数值解问题、数据处理问题等都能直接用MATLAB求解。

(3) **绘图功能**。MATLAB语言可以用最直观的语句将实验数据或计算结果用图形的方式显示出来,并可以将难以显示出来的隐函数直接用曲线绘制出来。MATLAB语言还允许用户用可视的方式编写图形用户界面,其难易程度和Visual Basic相仿,这使得用户可以很容易地利用该语言编写通用程序。

(4) **庞大的工具箱与模块集**。MATLAB是被控制界的学者"捧红"的,是控制界通用的计算机语言,在应用数学及控制领域等几乎所有的研究方向均有自己的工具箱,而且由专业领域内知名专家编写,可信度比较高。随着MATLAB的日益普及,在其他工程领域也出现了工具箱,这也大大促进了MATLAB语言在诸多领域的应用。

(5) **强大的动态系统仿真功能**。Simulink提供的面向框图的仿真及概念性仿真功能,使得用户能容易地建立复杂系统模型,准确地对其进行仿真分析。Simulink的概念性仿真模块集允许用户在一个框架下对含有控制环节、机械环节和电子、电机环节的机电一体化系统进行建模与仿真，这是目前其他计算机语言无法做到的。

本章 2.1 节将介绍 MATLAB 语言编程的最基本内容，包括变量名命名规则、MATLAB 保留的常数、显示格式的设定、工作环境的设置与工作空间管理等内容。2.2~2.4 节将介绍 MATLAB 下支持的数据结构，包括常用的双精度变量与符号型变量、字符串、多维数组、单元数组、表格、结构体等。2.5 节将介绍 MATLAB 的基本语句结构，包括简单赋值语句与函数调用语句等，还将介绍冒号表达式与子矩阵提取方法。2.6 节将介绍 MATLAB 变量与文件的交互方法，包括普通数据文件，纯文本文件与 Microsoft Excel 文件等。

掌握了 MATLAB 语言的基本功能与程序设计方法，就能更好地理解和使用该语言研究科学运算问题求解的内容，还可以为其他相关后续课程的学习打下良好的基础，因为学会使用这样强有力的工具，就多了一个观察问题的视角，可能会发现传统课程或学科分支中很少有人注意到的新内容。

## 2.1　MATLAB命令窗口与基本命令

本节将介绍 MATLAB 最基础的入门知识：包括变量的命名规则；MATLAB 保留的常数量；MATLAB 命令窗口的基础命令、显示环境与工作环境的设置；MAT-LAB 工作空间的管理等。

### 2.1.1　变量名命名规则

MATLAB 语言变量名应该由一个字母引导，后面可以跟字母、数字、下画线等。例如，MYvar12、MY_Var12 和 MyVar12_ 均为有效的变量名，而 12MyVar 和 _MyVar12 为无效的变量名。在 MATLAB 中变量名是区分大小写的，也就是说，Abc 和 ABc 两个变量名表达的是不同的变量，在使用 MATLAB 语言编程时一定要注意。

另外一点值得注意的是，如果不小心使用了一个与 MATLAB 已有函数同名的变量名，则有可能屏蔽掉原来的函数，导致错误的结果，所以在使用变量名前应该避开已有的变量名，例如，先用 which 命令查一下有没有这样的函数名。

另一种测试某名字是否被占用的方法是使用 key=exist('name') 函数，其中，要测试的名字为 name，key 为检测结果，若 key 为 1 表示 MATLAB 当前工作空间中存在一个名为 name 的变量名；为 2 则表示 MATLAB 路径下存在 name.m 文件；为 3 则表示在 MATLAB 的路径下存在一个 name.dll 文件；为 4 则表示存在一个 Simulink 文件；为 5 则表示存在一个内核的 MATLAB 函数 name()；为 6 则表示在 MATLAB 路径下存在伪代码文件 name.p；为 7 则表示在 MATLAB 路径下存在一个 name 文件夹，所以变量命名时这些都是需要避开的。

**例 2-1**  exp($x$) 函数可以用于求变量的 e$^x$ 指数,但如果不小心将其设置为变量名,则会屏蔽掉原来的函数。可以尝试一下下面的语句:

>> exp(1), exp(5), exp=3.1; exp(1), exp(5)

在执行 exp=3.1 命令之前,该函数可以正常运行,而执行之后,exp() 函数就被屏蔽掉了,所以可能得出错误的结果。如果想恢复到正常状态,则应该将 clear exp 命令的 exp 变量删除。

### 2.1.2 保留的常数

在 MATLAB 语言中还为特定常数保留了一些名称,虽然这些常量都可以重新赋值,但建议在编程时应尽量避免对其重新赋值。

(1)eps。机器的浮点运算误差限。PC 上 eps 的默认值为 $2.2204 \times 10^{-16}$,若某个量的绝对值小于 eps,则可以认为这个量为 0。

(2)i 和 j。若常量 i 或 j 未被改写,则它们都表示纯虚数量 j $= \sqrt{-1}$。但在 MATLAB 程序编写过程中经常可能改写这两个变量,如在循环过程中常用它们表示循环变量,则应确认使用这两个变量时没有被改写。如果想恢复该常量,则可以用语句 $i$=sqrt$(-1)$ 或 $i$=1i 重新设置。

(3)Inf。无穷大量 $+\infty$ 的 MATLAB 表示,也可以写成 inf。同样地,$-\infty$ 可以表示为 -Inf。在 MATLAB 程序执行时,即使遇到了以 0 为除数的运算,也不会终止程序的运行,而只给出一个"除 0"警告,并将结果赋成 Inf,这样的定义方式符合 IEEE 的标准。从数值运算编程角度看,这样的实现形式明显优于 C 语言这样的非专业计算机语言。

(4)NaN。不定式(not a number),通常由 0/0 运算、Inf/Inf、0*Inf 及其他可能的运算得出。NaN 是一个很奇特的量,如 NaN 与 Inf 的乘积仍为 NaN。

(5)pi。圆周率 $\pi$ 的双精度浮点表示,保留数位为 3.141592653589793。

(6)true 或 false。逻辑变量,表示"真"或"伪",又表示为逻辑 1 或逻辑 0。

(7)lasterr 和 lastwarn。存放最新一次的错误信息或警告信息。此变量为字符串型,如果在本次执行过程中没出现过错误或警告,则此变量为空字符串。

**例 2-2**  如果某个圆的半径 $r = 5$,试求其周长与面积。

**解**  由于圆周长与面积的计算公式分别为 $L = 2\pi r, S = \pi r^2$,可以利用常数 pi,并由下面的公式得出该圆的周长与面积分别为 $L = 31.4159, S = 78.5398$。

>> r=5; L=2*pi*r, S=pi*r^2 %计算圆的周长和面积

其中 >> 为 MATLAB 的提示符,由机器自动给出,在提示符下可以输入各种的 MATLAB 命令。

MATLAB的语句之间可以由逗号或分号分隔，也可以换行开始下一条语句。若语句末尾有分号时，语句的执行结果不显示出来，末尾没有分号的语句将在语句执行后直接显示结果。例如，前面的语句中，$r=5$语句后面有分号，所以结果不显示出来，而后面两条语句由于不是分号结尾的，所以结果会自动显示出来。

### 2.1.3 显示格式的设置

在默认的格式下，MATLAB显示采用的是short（短型）格式，通常显示到小数点后4位有效数字，如果想显示更多位有效数字，则可以采用long（长型）格式，通常可以显示小数点后15位有效数字，设置语句是format long，若想恢复成短型格式，则给出format short命令。

除了这两种最常用的显示格式外，format命令可以带的选项还包括compact（紧凑型）、loose（宽松型，默认的）、rat（有理型）等。

值得指出的是，format命令并不能改变计算的结果，它改变的只有显示的格式，一般情况下用户可以根据需要自行选择有利的显示格式。

**例2-3** 试显示例2-2中圆周长、面积的更精确的结果，并求出其有理近似。

**解** 由下面语句可以重新计算圆周长与面积，并显示出更精确的结果。

```
>> format long, r=5; L=2*pi*r, S=pi*r^2
```

得出的结果为$L = 31.415926535897931$，$S = 78.539816339744831$。

如果想得出其有理近似，则可以将显示形式设置为rat：

```
>> format rat, L, S, format short
   e1=3550/113-2*pi*r, e2=8875/113-pi*r^2
```

这样可以得出$L = 3550/113$，$S = 8875/113$，还可以得出周长与面积的有理近似误差分别为$e_1 = 2.6676 \times 10^{-6}$，$e_2 = 6.6691 \times 10^{-6}$。

还可以使用get(0,'Format')命令读取当前的显示形式。

如果已知变量$a$，还可以使用disp($a$)将变量$a$在MATLAB命令窗口中直接显示出来，其中$a$为MATLAB支持的任何数据结构。

MATLAB还提供了type file_name命令显示纯文本文件file_name，也可以使用edit命令打开纯文本文件进行编辑。

### 2.1.4 底层操作系统命令

在MATLAB下可以直接执行操作系统命令如下：

[执行状态,结果]=dos(命令名,参数)

[执行状态,结果]=unix(命令名,参数)

如果"执行状态"为0则执行成功，执行结果将在"结果"中返回。用户可以尝

试 [s,a]=dos('dir','-echo') 命令,观察得出的结果。

除了 dos()、unix() 这些函数之外,还可以使用 cd(改变路径)、pwd(显示当前路径)、delete(删除文件)、recycle(将被删除的文件转存)等函数或命令。还可以直接在 MATLAB 下执行某个可执行文件,例如若在当前路径下有一个文件 mytest.exe(或 *.com 文件),则可以给出!mytest 命令直接执行这个文件。

### 2.1.5 MATLAB 的工作环境设置

启动 MATLAB 之后,在标准 MATLAB 界面上会有一个如图 2-1 所示的工具栏,其中允许用户实现文件的读写、变量的设置等操作。直接单击工具就可以完成各种各样的简单任务。

图 2-1 MATLAB 工具栏

单击"布局"按钮可以设置 MATLAB 窗口的显示形式,单击"预设"图标可以实现默认的初始设置,如字体与颜色设置等。

在实际应用中有时读者可能用到自己编写的或下载的其他工具箱,此时需要扩展 MATLAB 的工作路径,将新工具箱的路径包含在内。单击 MATLAB 命令窗口工具栏中的"设置路径"图标,则可以得出如图 2-2 所示的对话框。根据需要选择"添加文件夹"或"添加并包含子文件夹",进一步设置路径,设置之后单击"保存"按钮,则下次启动 MATLAB 时也会自动完成路径设置。

图 2-2 "路径设置"对话框

MATLAB 默认的工作文件夹是 MATLAB 根目录下的 bin 文件夹,该路径是只读的,有的时候使用起来不是特别方便,建议将其设置在计算机"我的文档"下的 MATLAB 文件夹。可以建立一个 startup.m 文件,参考下面的内容:

```
cd('C:\Users\xuedi\Documents\MATLAB')  % 根据实际情况修改此路径
format compact                          % 设置紧凑型显示格式
```

将该文件移动到 MATLAB 根目录下的 bin 文件夹，下次启动 MATLAB 后会自动执行该文件，所以要设置好工作环境。

### 2.1.6 MATLAB 的工作空间与管理

MATLAB 的工作空间（workspace）是 MATLAB 存储变量的场所，用 who 命令将显示出当前工作空间中所有的变量名，而 whos 命令将显示出所有的变量名及其数据结构、占用空间等信息。

如果想清除工作空间的所有变量，则可以给出 clear 命令。如果想清除工作空间中的某几个变量，在 clear 命令后列出这些变量名即可，注意这些变量名之间用空格分隔。与之相近，clearvars 命令允许清除若干个变量，该命令还允许使用 -except 选项列出需要保留的变量名，该命令将清除这些变量以外的所有变量。

用户可以使用 save 和 load 这一对命令存储或读入某些变量或全部变量，正常情况下对应的文件名是以 mat 为后缀名的，存储文件的格式也是二进制格式的。

还可以直接给出 workspace 命令，直接打开工作空间管理器界面，用户可以从中选择并处理相应的变量。

### 2.1.7 MATLAB 的其他辅助工具

本节将介绍 MATLAB 编程与命令窗口使用中的一些技巧，包括耗时检测、历史命令查询与代码分析等，以便读者能更高效地使用 MATLAB 语言，解决自己的问题。

（1）**箭头键的使用**。按上箭头键可以回滚给出以前的命令，所以查找以前的命令可以使用上箭头；如果想找出一条以 a 开始的命令，则输入 a 再按上箭头回滚寻找以前的命令。

（2）**命令历史信息窗口**。单击图 2-1 工具栏的"布局"按钮，则可以选择"命令历史信息"，打开历史信息窗口，从中选择以前给出的命令，双击则可以再次执行这些命令。这样的方式有时比箭头方式更实用。

（3）**测耗时**。MATLAB 提供了两套程序耗时计时方法，一套是采用 tic、toc 命令对，在程序执行前调用 tic 命令启动秒表，程序执行后，调用 toc 命令读耗时；另一套命令是采用读取 CPU 时间的方法实现的，程序执行前调用 $t_0$=cputime 存储当前的 CPU 时间，程序执行后，由 cputime$-t_0$ 命令测得执行时间。这两种计时方法各有特点，计时结果相差不大。

（4）**代码分析器**。单击工具栏"代码分析器"按钮，则将打开如图 2-3 所示的窗口,对当前路径下的 MATLAB 程序进行检验,给出修改或优化建议。例如该窗口对 bk_prt.m 函数提出三条建议,用户可以自己选择是否依照建议修改自己的程序。

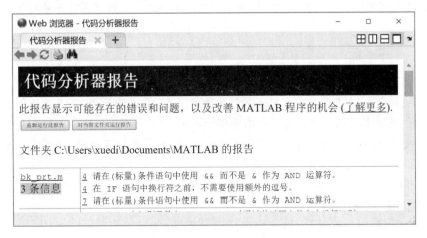

图 2-3　代码分析器界面

## 2.2　常用数据结构

程序设计中很关键的内容是数据结构。本节将介绍两类科学运算中常用的数据结构 —— 数值型数据结构与符号型数据结构。2.3、2.4 节将介绍其他的数据结构,为程序设计的介绍奠定一个坚实的基础。

### 2.2.1　数值型数据

强大方便的数值运算功能是 MATLAB 语言最显著的特色。为保证较高的计算精度,MATLAB 语言中最常用的数值量为双精度浮点数,占 8 字节(64 位),遵从 IEEE 记数法,有 11 个指数位、52 位尾数及 1 个符号位,值域的近似范围为 $-1.7 \times 10^{308} \sim 1.7 \times 10^{308}$,其 MATLAB 表示为 double()。

在极个别的场合,可能会使用到单精度数据结构。该数据结构为 32 位二进制浮点数,一般能保留小数点后 7 位有效数字,其 MATLAB 转换命令为 single()。

MATLAB 中最基本的数据结构是双精度复数矩阵,这里将通过例子演示一般矩阵的输入方法。

例 2-4　试在 MATLAB 工作空间中输入矩阵

$$A = \begin{bmatrix} 1 & 2 & 3 \\ 4 & 5 & 6 \\ 7 & 8 & 0 \end{bmatrix}$$

解　在 MATLAB 语言中表示一个矩阵是很容易的事,可以由下面的 MATLAB 语句将该矩阵直接输入到工作空间中：

```
>> A=[1,2,3; 4 5,6; 7,8 0]      %矩阵的直接输入语句
```

该语句将矩阵赋给变量$A$，同时，在命令窗口中按照下面的格式显示该矩阵：

```
A =
       1      2      3
       4      5      6
       7      8      0
```

为阅读方便，本书后续内容将不再给出MATLAB格式的显示，而直接给出数学格式的显示。矩阵的内容由方括号括起来的部分表示，在方括号中的分号或回车符号表示矩阵的换行，逗号或空格表示同一行矩阵元素间的分隔。给出了上面的命令，就可以在MATLAB的工作空间中建立一个$A$变量了。

还可以在已知$A$矩阵的基础上，按照MATLAB允许的行列格式规则，给出下面的语句，动态地调整矩阵$A$的维数。

```
>> A=[[A; [1 2 3]], [1;2;3;4]] %矩阵维数动态变化
```

**例2-5** 试在MATLAB环境中输入复数矩阵

$$B = \begin{bmatrix} 1+9j & 2+8j & 3+7j \\ 4+6j & 5+5j & 6+4j \\ 7+3j & 8+2j & 0+j \end{bmatrix}$$

**解** 复数矩阵的输入同样也是很简单的，在MATLAB环境中定义了两个记号i和j，可以用来直接输入复数矩阵。这样可以通过下面的MATLAB语句对复数矩阵直接进行赋值，其中，在单独表示j时，建议使用1i或sqrt(−1)，不建议使用i或j。

```
>> B=[1+9i,2+8i,3+7j; 4+6j 5+5i,6+4i; 7+3i,8+2j 1i]
```

### 2.2.2 符号型数据

MATLAB还定义了符号型（symbolic）变量，以区别于常规的数值型变量，可以用于公式推导和数学问题的解析解法。进行解析运算前需要首先将采用的变量声明为符号变量，这需要用syms命令实现。该语句具体的用法为

syms 变量名列表 变量集合

其中"变量名列表"给出需要声明的变量列表，可以同时声明多个变量，中间只能用空格分隔，而不能用逗号等其他符号分隔。

如果需要，还可以进一步声明变量的"变量集合"，可以使用的集合为positive（正数）、integer（整数）、real（实数）、rational（有理数）等。如果需要将$a$、$b$均定义为符号变量，则可以用syms $a$ $b$语句声明，该命令还支持对符号变量具体形式的设定，如syms $a$ real可以将变量$a$设置为实数。如果将"变量集合"设置为clear，则将清除变量的集合设定，将其还原为一般符号变量。

符号变量的类型可以由assumptions()函数读出，例如，若用syms $a$ real语

句声明变量 $a$,则 assumptions($a$) 将返回 in($a$, 'real')。

MATLAB 符号运算工具箱还提供了 $x$=symvar($f$) 函数,可以从符号表达式 $f$ 中提取符号变量列表 $x$。

符号型数值可以通过变精度算法函数 vpa() 以任意指定的精度显示出来。该函数的调用格式为 vpa($A$) 或 vpa($A,n$),其中 $A$ 为需要显示的表达式或矩阵,$n$ 为指定的有效数字位数,前者以默认的 32 位十进制位数显示结果。

**例 2-6** 如何用计算机描述 1/3 和简单的算数运算 $1/3 \times 0.3 =$ ?

**解** 常规计算机语言采用双精度数据结构,计算机数学语言则支持符号型数据结构。在表示数值上符号型数值与双精度数值有什么区别呢?双精度数据结构是不能存储 1/3 的,只能存储成 0.333333333333333,后面的各位都被截断了,而符号型的 sym(1/3) 全程存储和参与运算的都是 1/3,没有误差。

很显然,在数学上 $1/3 \times 0.3 = 0.1$,在符号数据结构下也确实如此。现在看看在双精度数据结构下会出现什么现象:可以给出下面的语句,从得出的结果可见,二者之间是有误差的,误差为 $-1.3878 \times 10^{-17}$。

```
>> 1/3*0.3-0.1
```

**例 2-7** 试显示出圆周率 π 的前 105 位有效数字。

**解** 使用符号运算工具箱中提供的 vpa() 函数可以按任意精度显示符号变量的值,故题中要求的结果可以用下面语句实现:

```
>> vpa(pi,105)    %显示圆周率π的前105位,还可以选择更多的位数
```

这样可以显示出 π 的值为 3.14159265358979323846264338327950288419716939937510582097494459230781640628620899862803482534211706798215。若不指定位数 $n$,则 vpa(pi) 命令将得出结果为 $\pi = 3.14159265358979323846264433832795$。

值得指出的是,由这里给出的命令行显示的格式最多只能显示 32766 个字符,如果想显示更多位,则可以参考后面例 4-14 给出的方法分行显示。

**例 2-8** 试显示无理数 e 的前 50 位数字。

**解** 如果想得出 e 的前 50 位数,可以尝试 vpa(exp(1),50) 命令,不过该命令会先在双精度框架下得出 e,再显示其前 50 位,所以显示的结果是不精确的,正确的方法是应该在符号型运算的框架下计算 e,使用的语句应该为 vpa(exp(sym(1)),50),得出的结果为 2.7182818284590452353602874713526624977572470937。

符号变量的属性还可以由 assume() 与 assumeAlso() 函数进一步设置。例如,若 $x$ 为实数,且 $-1 \leqslant x < 5$,则可以用下面的 MATLAB 语句直接设定:

```
>> syms x real; assume(x>=-1); assumeAlso(x<5); %设定 -1≤x<5
```

调用 assumptions($x$) 函数,则将显示出符号变量 $x$ 为 $[x<5, -1<=x]$。

**例2-9** 试声明一个不超过3000的正整数型符号$k$,使其为13的倍数。

**解** 可以计算出$\lfloor 3000/13 \rfloor$,这样可以给出下面的MATLAB命令声明正整数$k$:

```
>> syms k1; assume(k1,'integer');
   assumeAlso(k1<=floor(3000/13)); %计算最大允许的整数
   assumeAlso(k1>0); k=13*k1 %声明变量的下界,则整数变量k为13的倍数
```

如果在MATLAB工作空间中已有$a$变量,则原则上可以通过$A=\mathrm{sym}(a)$将其转换成符号变量,不过有时应该做特殊的处理,这里将通过下面的例子做出演示。

**例2-10** 试用符号型数据结构表示数值12345678901234567890。

**解** 这个问题看似很简单,可以由命令$A=\mathrm{sym}(12345678901234567890)$直接输入,不过读者可能对得出的结果感到困惑不解,因为得到的是$A=12345678901234567168$,显然这不是正确的。从MATLAB的执行机制看,该语句首先将数据转换成双精度结构,然后再转换成符号变量,从而出现偏差,所以,在数据类型转换时应该格外注意。正确的解决方法是用字符串表示多位的数字,然后再用sym()函数转换。下面的语句可以原封不动地输入50位整数。

```
>> B=sym('12345678901234567890123456789012345678901234567890')
```

**例2-11** 试将例2-5中的复数矩阵转换成符号型的数据结构。

**解** 仍使用例2-5中的命令输入该矩阵,再调用sym()函数则可以将其直接转换为符号型矩阵,显示其结果比较两种数据结构显示格式上的差异。

```
>> B=[1+9i,2+8i,3+7j; 4+6j 5+5i,6+4i; 7+3i,8+2j 1i], B=sym(B)
```

### 2.2.3 任意符号型矩阵的生成

MATLAB提供的sym()函数还可以用于任意矩阵的生成,例如,由命令

$$A=\mathrm{sym}('a',[n,m]), \quad B=\mathrm{sym}('b\%d\%d',[n,m])$$

可以生成任意矩阵$A$与$B$,不过其格式略有不同,$A$矩阵的元素为$ai\_j$,矩阵$B$的元素为$b_{ij}$,可见前者命令有问题。

### 2.2.4 符号型函数

在符号型数据结构的基础上还可以定义出符号型函数。符号型函数同样可以由syms命令直接声明,下面通过例子演示声明方法。

**例2-12** 试声明符号函数$F(x)$、$G(x,y,z,u)$。

**解** 应该先将自变量声明为符号变量,然后再声明函数$F(x)$与$G(x,y,z,u)$。

```
>> syms x y z u F(x) G(x,y,z,u)
```

### 2.2.5 整型变量与逻辑变量

考虑到一些特殊的应用,例如图像处理,MATLAB语言还引入了无符号的8位整形数据类型,其MATLAB表示为uint8(),其值域为$0 \sim 255$,这样可以极大地

节省MATLAB的存储空间,提高处理速度。此外,在MATLAB中还可以使用其他整型数据类型,如int8()、int16()、int32()、uint16()、uint32()等,每一个类型后面的数字表示其位数,其含义不难理解。

MATLAB还提供了逻辑型的数据结构,只能取值0和1,其对应的转换函数为logical()。双精度或其他数据结构有时也可以起逻辑变量的作用,如果某双精度变量的值为0,则可以认为它为逻辑0,否则可以认为是逻辑1。

### 2.2.6 数据结构类型的识别

可以用key=class($a$)函数直接识别出$a$变量的数据结构类型key,其中,若$a$为符号变量则返回'sym',符号函数则返回'symfun'。其他支持的数据结构类型为 'double'(双精度)、'single'(单精度)、'int*'(整型,*为位数,如16位)、'uint*'(无符号整型)、'char'(字符型、字符串)、'logical'(逻辑型)、'struct'(结构体)、'cell'(单元数组)、'function_handle'(函数句柄)等。

除了用class()函数之外,MATLAB还提供了一系列以is开头的函数来判定某个变量$a$的数据结构,如key=isdouble($a$)可判定$a$是否为双精度变量,如果是则返回的key为逻辑1,否则为逻辑0。

这类函数还有很多,例如ischar($a$)(判定$a$是否为字符串)、isnumeric($a$)(判定$a$是否为数字)等,这类函数名的含义很明确,在这里不过多地解释了。与这类命令类似,还可以使用isa()函数具体判定数据结构,例如,key=isa($a$,'double')可以用来判定$a$是不是双精度数据结构,其作用基本上与isdouble()函数等效。

### 2.2.7 矩阵的维数与长度

可以由size()函数与length()函数测取矩阵或向量的长度,具体的调用格式是比较好理解的,这里就不多解释了。

$$k=\text{size}(\boldsymbol{A}), \quad [n,m]=\text{size}(\boldsymbol{A}), \quad n=\text{length}(\boldsymbol{v})$$

函数length($\boldsymbol{A}$)还可以读取矩阵$\boldsymbol{A}$的长度,即$\boldsymbol{A}$矩阵行数与列数的最大值,还可以分别由size($\boldsymbol{A}$,1)与size($\boldsymbol{A}$,2)提取$\boldsymbol{A}$矩阵的行数和列数。

MATLAB还提供了reshape()函数重新调整矩阵的维数,其调用格式为

$$\boldsymbol{B}=\text{reshape}(\boldsymbol{A},n_1,m_1), \quad \boldsymbol{B}=\text{reshape}(\boldsymbol{A},[n_1,m_1])$$

它可以将总共$m \times n$个元素的$\boldsymbol{A}$矩阵转换成$n_1$行$m_1$列的新矩阵$\boldsymbol{B}$,其中,$nm=n_1 m_1$。具体方法是将$\boldsymbol{A}$矩阵先按列展开生成列向量,将其截为长度为$n_1$的列向量,总共可以截出$m_1$段,这样就可以将这些列向量依次排列构造出新的$\boldsymbol{B}$矩阵了。

MATLAB的openvar(var)函数会打开一个数据编辑图形用户界面,允许用户通过可视的方式编辑变量,其中var为变量名字符串,后面将演示该函数的应用。

## 2.3 字符串数据结构

字符串是程序设计中的常用数据结构，很多输入输出应用都需要借助于字符串实现。本节将介绍字符串的表示方法，并将介绍字符串查找、字符串比较等一般处理方法，最后将介绍字符串的读写与转换方法。

### 2.3.1 一般字符串的表示

MATLAB支持字符串变量，可以用它存储相关的信息。其实，例2-10已经介绍了字符串的一种应用场合。

与C语言等程序设计语言不同，MATLAB字符串是用单引号引起来的，而不是用双引号。例如，由下面的语句可以直接将一个字符串输入给计算机。

```
>> strA='Hello World!'
```

**例**2-13　多个字符串的串接与其他处理方法演示。

**解**　字符串中可以使用中文。如果有多个字符串，可以按照向量构造的形式把它们串接起来，形成一个更长的字符串，例如

```
>> strA='Hello World!'
   strB=' 三个字符串串联  '; strC=[strA, strB, strA]
```

该语句得出一个更长的字符串，是由这三个字符串串接而成，结果如下：

```
    'Hello World! 三个字符串串联  Hello World!'
```

MATLAB还可以将若干个不同长度的字符串处理成字符串"列向量"，可以采用MATLAB中提供的str2mat()函数实现。

```
>> strD=str2mat(strA,strB,strA)
```

前面语句生成的是$3 \times 12$的字符串数组，结果如下：

```
    'Hello World!'
    ' 三个字符串串联  '
    'Hello World!'
```

如果想提取出第1行的字符串，需要使用strD(1,:)命令提取整行字符串，而不能使用strD(1)命令，否则只能提取第一行的第一个字符。函数strvcat()的作用与str2mat()函数是完全一致的。

既然字符串变量是由单引号括起来的，那么如何在一个字符串中表示单引号呢？字符串中的单引号应该由两个接连的单引号表示。这样就不难理解由下面的字符串赋值语句得出的结果了。

```
>> strE='In this string, single quote '' is defined.'
```

### 2.3.2 字符串的处理方法

本节的函数可以进行字符串的对比、查找和替换，同时，下面还将介绍与字符串有关的其他处理方法。

（1）**字符串比较**。可以由 strcmp() 函数完成两个字符串的比较，其调用格式为 $k=$strcmp(str$_1$, str$_2$)，其中 str$_1$ 和 str$_2$ 为两个被比较的字符串，若两个字符串完全相同，则返回的 $k$ 为 1，否则为 0。

注意，在 MATLAB 编程时一定不能用 str$_1$==str$_2$ 这样的关系运算式判定两个字符串是否相同，否则当两个字符串长度不同时会导致错误。

（2）**字符串查找**。函数 findstr() 可以用来找出一个子字符串在另一个字符串中出现处的下标，其调用格式为 $k=$findstr(str$_1$, str$_2$)，其中 str$_1$ 和 str$_2$ 为两个字符串，此函数将返回较短的一个字符串在另一个字符串中出现的下标位置，如果该字符串不在另一个字符串中出现，则返回一个空矩阵。

**例** 2-14 如果 strA 变量存储了字符串 'Hello World!'，试找出字母 o 所在的位置。该字母出现几次？

**解** 如果想找出其中的 'o' 字符，则需给出下面的命令：

```
>> strA='Hello World!'; k=findstr(strA,'o'), length(k)
```

得出的结果为向量 $k = [5, 8]$，说明字符串的第 5 个字符和第 8 个字符为字母 o，该字母出现了两次。如果将 findstr() 函数的两个变元变换次序，得出的 $k$ 是完全一致的。

（3）**字符串替换**。可以用 strrep() 函数进行字符串的替换，该函数的调用格式为 str=strrep(str$_1$, str$_2$, str$_3$)，其中 str$_1$ 为原字符串，str$_2$ 为要替换掉的子字符串，而 str$_3$ 为要替换成的子字符串，替换后的最终结果在 str 字符串中返回。例如下面的语句将得出一个新字符串——str='HellLA WLArld!'。

```
>> strF=strrep(strA,'o','LA')
```

（4）**获得字符串的长度**。可以用 length() 函数测出字符串的字符个数，例如，语句 $k=$length(strA) 可以得出字符串的字符个数为 $k = 12$。

（5）**删除字符串尾部的空格**。可以采用 deblank(strA) 函数完成这样的工作，若想删除字符串 strA 中全部的空格，则可以使用下面的语句：

$$str=strA(find(strA\sim=' \ ')), \quad 或 \quad str=strA(strA\sim=' \ ')$$

**例** 2-15 考虑例 2-13 中的串联字符串，试测出其字符个数，删除空格后再测出结果字符串中字符的个数。

**解** 可以用例 2-13 中的方法构造串联字符串，并得出其字符个数为 34。

```
>> strA='Hello World!'; strB=' 三个字符串串联   ';
   strC=[strA,strB,strA]; length(strC)  % 串联字符串的字符个数
   s1=strC(strC~=' '), length(s1)        % 删除空格后的字符串及字符个数
```

删除空格后的字符串为 s$_1$='HelloWorld! 三个字符串串联 HelloWorld!'，其字符个数为 29。可见，每个中文文字也记作一个字符。

### 2.3.3  字符串的转换与读写方法

（1）**字符串与双精度数的相互转换**。double()函数可以获得字符串中各个字符的ASCII码构成的双精度型向量，char()函数可以转换回原来的字符串。

**例**2-16  试将'Hello World!'字符串转换成ASCII码形式。

**解**  先将字符串输入到MATLAB工作空间，然后调用double()函数，代码如下：

```
>> strA='Hello World!'; v=double(strA), s1=char(v)
```

得出对应ASCII码为 $v = [72, 101, 108, 108, 111, 32, 87, 111, 114, 108, 100]$，每一个数字对应相应的字符。如果对结果运行char()函数，则将还原回原来的字符串。

（2）**符号表达式的字符串转换**。如果给出了符号表达式$a$，则可以由char()函数将其转换为字符串的形式，调用格式为str=char($a$)。

（3）**MATLAB变量转换为字符串**。MATLAB还提供了很多字符串转换函数，如果$v$是行向量，则可以由str=num2str($v$)或str=num2str($v,n$)命令将其转换成字符串，默认的格式是保留小数点后四位有效数字。此外，还允许用户指定$n$选择有效数字位数。

**例**2-17  试观察双精度下的1/3到底在MATLAB下表示成什么值。

**解**  如果想观察该值的精确结果，则可以将其转换成字符串，多显示几位。由下面的语句可见，1/3在双精度数据结构下存储为 0.333333333333333314829616256247，其小数点后前15位是准确的，15位后的其余数字是MATLAB双精度数据结构由某种规则自动生成的不可靠的数字。

```
>> a=1/3; num2str(a,30)
```

如果$v$是矩阵，num2str()函数将逐行转换矩阵，生成一个字符串矩阵。除了这个函数之外，MATLAB还提供了int2str()函数，将整数向量转换成字符串。如果$v$不是整数向量，则会自动对其取整再转换成字符串。

（4）**带有格式的字符串生成方法**。MATLAB还提供了底层函数sprintf()，将得出的结果以指定的格式写入字符串，该函数与其原型的C语言同名函数调用格式是很接近的。

$$str=sprintf(格式, a_1, a_2, \cdots, a_m)$$

其中"格式"为读写格式控制字符串，'%d'表示输出整数，'%f'表示输出浮点数，'%s'表示输出字符串。这样，$a_i$变量将按照指定的格式写入字符串str。

**例**2-18  试用更可读的格式显示例2-2得出的圆周长与面积。

**解**  例2-2使用直接显示变量的方法显示了得出的结果，这里考虑用带有格式的方法显示得出的结果，增加其可读性。可以给出下面的语句：

```
>> r=5; L=2*pi*r; S=pi*r^2; %计算周长与面积,但不显示
    str=sprintf('圆周长为%f,圆面积为%f',L,S), disp(str)
```

这样得出的字符串str经过disp()函数处理,显示的结果为

圆周长为31.415927,圆面积为78.539816

### 2.3.4 字符串命令的执行

MATLAB提供了可以执行字符串命令的函数eval()。实际编程中有时可以将命令生成字符串str的形式,然后调用eval(str)函数执行字符串,得出所需的执行结果。下面将通过例子演示这样的命令格式。

**例 2-19** 假设有一个行向量 $b$,其分量个数 $n$ 可以由length()函数测出,试给出MATLAB语句,将这个行向量的每个元素依次赋给变量a1,a2,$\cdots$,an。

**解** 先随意写出一个 $b$ 行向量,然后用循环语句(后面将专门介绍)对每一个分量单独处理。这些内容用常规方法是没有问题的,难点是怎么生成一个变量名为a*的变量。可以用字符串的方式实现,生成字符串 $s$ 并调用eval()函数执行,则可以解决问题。

```
>> b=[1 3 7 5 4 2 8 9 6 4 3 2 6]; n=length(b); %随意生成一个行向量
    for i=1:n, s=['a' int2str(i) '=b(i);']; eval(s); end
```

对这组选择的向量 $b$,可见,$n = 13$,利用who命令可以发现这组新生成的变量a1, a2,$\cdots$,a13,观察这些变量的值可以发现完成了预定任务。

还可以利用MATLAB提供的feval()函数去调用一个已知的MATLAB函数,求出该函数的值feval(fun,$p_1, p_2, \cdots, p_n$),其中fun对应一个已知的函数名,从效果上看该语句等效于fun($p_1, p_2, \cdots, p_n$)。

### 2.3.5 MuPAD接口函数的编写

MATLAB的符号运算是借助MuPAD实现的。MuPAD提供了各种各样的底层函数,这些函数是不能由MATLAB直接调用的,所以符号运算工具箱为常用的符号运算功能提供了专门的MATLAB接口函数,通过这些接口函数将MATLAB命令传送给MuPAD去执行。这种接口的核心命令是

$f$=feval(symengine,MuPAD函数名,变量列表)

其中"MuPAD函数名"是指MuPAD底层函数的名字,"变量列表"是MuPAD能够接受的输入变量列表。编写接口函数时,应该将MuPAD期望的输入变量直接传递给MuPAD,具体的传递方法将在下面的例子中给出。

**例 2-20** 假设给定一个符号函数 $f(x)$,该函数可以通过Padé近似技术得出一个有理近似函数 $f(x) \approx N(x)/D(x)$,其中 $N(x)$ 与 $D(x)$ 为多项式。MATLAB并未提供Padé近似的符号运算函数,MuPAD提供的底层函数pade()虽然可以求取近似,但MATLAB并不能直接调用该函数,需要用户自己编写接口。已知MuPAD下pade()函

数的调用格式为 $F$=pade($f,x,[m,n]$),试编写出这样的通用接口。

**解** 由于这里需要函数编写的基础知识,其内容将在第 5 章中介绍,所以用户现在不必读懂整个函数,阅读并理解后面两条语句就可以了。分子与分母阶次需要由 int2str() 函数转换成字符串,调用 feval() 函数将这些参数以固定的格式传给 MuPAD,再通过 symeigine 启动 MuPAD 的符号运算引擎就可以了。

```
function p=padefrac(f,varargin)
[x,n,m]=default_vals({symvar(f),2,2},varargin{:});
orders=['[' int2str(n) ',' int2str(m) ']'];
p=feval(symengine,'pade',f,x,orders);
```

学会并仿照这样的思想,用户就可以编写出一些实用的 MuPAD 接口函数,进一步扩展 MATLAB 下的符号运算功能了。

## 2.4 其他常用数据结构

MATLAB 是一种通用的程序设计语言,所以除了用于计算的数值型、符号型、字符串数据结构之外,还支持其他数据结构,如结构体型数据结构、多维数组型数据结构、单元数组型数据结构、表格型数据结构,此外还支持类与对象的数据结构。本节将系统介绍这些数据结构的定义与使用方法。

### 2.4.1 多维数组

三维数组是一般矩阵的直接拓展,可以这样理解,三维数组可以直接用于彩色数字图像的描述,在控制系统的分析中也可以直接用于多变量系统的频域响应表示。在实际编程中还可以使用维数更高的数组。

除了标准的二维矩阵之外,MATLAB 定义了三维或多维数组。三维数组很好理解,假设有若干个维数相同的矩阵 $\boldsymbol{A}_1, \boldsymbol{A}_2, \cdots, \boldsymbol{A}_m$,那么把这若干个矩阵一页一页地叠起来,就可以构成一个三维数组。三维数组的示意图如图 2-4 所示。

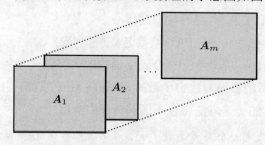

图 2-4 三维数组的示意图

在图像处理与计算机视觉领域,可以将图像用矩阵表示,矩阵每个元素表示图像像素的灰度值。如果仿照图 2-4 给出的方式,用摞起来的三个矩阵分别表示图像的红、绿、蓝色像素分量,则这样摆起来的三个矩阵就构成了三维数组,可以用来表示彩色图像。

三维以上的数组是不能用示意图来表示的,但通过三维数组的定义就不难理解多维数组的意义。构造 $m$ 维数组时,可使用如下的 cat() 函数构造 $m$ 维数组:

$$\boldsymbol{A}=\text{cat}(m,\boldsymbol{A}_1,\boldsymbol{A}_2,\cdots,\boldsymbol{A}_m)$$

其中 $\boldsymbol{A}_1,\boldsymbol{A}_2,\cdots,\boldsymbol{A}_m$ 数组均应该为 $m-1$ 维数组。

size() 函数可以用于多维数组的维数检测,$\text{size}(\boldsymbol{A},k)$ 命令可以读取第 $k$ 维的元素个数。如果 $\boldsymbol{A}$ 是矩阵,则 $k=1$ 提取矩阵行数,$k=2$ 提取矩阵列数。

对多维数组 $\boldsymbol{A}$ 来说,$\boldsymbol{A}(:)$ 命令将得出原多维数组所有元素按列排列的列向量,而 reshape() 函数也可以用于多维数组的重新定维。

### 2.4.2 单元数组

单元数组是矩阵的直接扩展,其存储格式类似于普通的矩阵,而矩阵的每个元素不是数值,可以认为能存储任意类型的信息,这样每个元素称为“单元”(cell),例如,$\boldsymbol{A}\{i,j\}$ 可以表示单元数组 $\boldsymbol{A}$ 的第 $i$ 行、第 $j$ 列的内容。

**例 2-21** 将 4 个完全不同数据结构的变量构造成一个 $2\times 2$ 的单元数组。

**解** 可以描述如下 4 个变量,它们属于各不相同的数据结构,用矩阵输入的方法显然不能将这样 4 个互不相干的变量用一个变量描述出来,必须借助单元数组的结构,将它们安排到不同的单元内。单元数组的输入方法与矩阵很接近,所不同的是,不能用方括号,必须使用花括号。可以给出如下的命令:

```
>> A=[1 2 3; 4 5 6; 7 8 0]; strA='Hello World!';
   syms x; clear F; F(x)=x^2*sin(x); B={A,strA; x F}
```

该单元数组的显示结果为

```
 2×2 cell 数组
   {3×3 double}    {'Hello World!'}
   {1×1 sym   }    {1×1 symfun    }
```

单元数组的元素可以用 $\boldsymbol{B}\{i,j\}$ 命令提取出来,例如 $\boldsymbol{B}\{2,2\}$ 可以提取右下角单元的内容。

如果一个单元数组各个单元的数据结构都相同,且维数相容,则可以使用函数 cell2mat() 将其转换为矩阵的形式,调用格式为 $\boldsymbol{A}=\text{cell2mat}(C)$。矩阵 $\boldsymbol{A}$ 也可以通过 $C=\text{mat2cell}(\boldsymbol{A},\boldsymbol{v}_1,\boldsymbol{v}_2)$ 命令将矩阵拆分成子矩阵,构造单元数组 $C$,拆分的方式由 $\boldsymbol{v}_1$、$\boldsymbol{v}_2$ 确定。

**例 2-22** 可以考虑将下面的分块矩阵存储成单元数组,然后由单元数组将整个矩阵提取出来。

$$A = \begin{bmatrix} 2 & 3 & \vdots & 1 & 2 & 1 & 1 \\ 1 & 2 & \vdots & 1 & 2 & 3 & 2 \\ 3 & 1 & \vdots & 2 & 3 & 3 & 1 \end{bmatrix}$$

**解** 由下面的命令先输入4个子矩阵，然后存成单元数组的形式，再调用转换函数 cell2mat()就可以将整个矩阵提取出来。

```
>> a11=[2 3]; a12=[1 2 1 1]; a21=[1 2; 3 1];
   a22=[1 2 3 2; 2 3 3 1]; C={a11 a12; a21 a22}  %表示成单元数组
   A=cell2mat(C)                                  %提取整个矩阵
```

如果想由单元数组$C$提取$A$矩阵右下角的子矩阵，则可以使用$B=C\{2,2\}$命令提取，不过得出的结果是单元数组，需要将其转换成双精度矩阵，$A_1=$double$(B)$，或更简洁的，$A_1=$double$(C\{2,2\})$。

用下面的命令还可以将整个矩阵按照给出的格式拆分，存储成单元数组，拆分中的 $v_1$ 可以取作 $v_1=[1,2]$，表示第一个单元行数为1，第二个单元行数为2。相应地，按照给出的分块矩阵，$v_2=[2,4]$，这样可以给出下面的命令：

```
>> C1=mat2cell(A,[1 2],[2 4])  %将矩阵拆分成分块矩阵,构造单元数组
```

### 2.4.3 表格数据

表格数据的数据类型为table，专门用于处理表格或数据库的存储与处理。下面将通过例子演示表格数据的使用方法。

**例2-23** 八大行星的一些参数在表2-1中给出，其中相对参数都是由地球参数换算的，半长轴的单位为AU（astronomical unit，天文单位，为149597870700 m ≈ $1.5 \times 10^{11}$ m），自转周期的单位为天。试用MATLAB表示这些行星参数。

表 2-1 八大行星的一些参数

| 名称 | 相对直径 | 相对质量 | 半长轴 | 相对轨道周期 | 离心率 | 自转周期 | 卫星个数 | 行星环 |
|---|---|---|---|---|---|---|---|---|
| 水星 | 0.382 | 0.06 | 0.39 | 0.24 | 0.206 | 58.64 | 0 | 无 |
| 金星 | 0.949 | 0.82 | 0.72 | 0.62 | 0.007 | −243.02 | 0 | 无 |
| 地球 | 1 | 1 | 1 | 1 | 0.017 | 1 | 1 | 无 |
| 火星 | 0.532 | 0.11 | 1.52 | 1.88 | 0.093 | 1.03 | 2 | 无 |
| 木星 | 11.209 | 317.8 | 5.20 | 11.86 | 0.048 | 0.41 | 69 | 有 |
| 土星 | 9.449 | 95.2 | 9.54 | 29.46 | 0.054 | 0.43 | 62 | 有 |
| 天王星 | 4.007 | 14.6 | 19.22 | 84.01 | 0.047 | −0.72 | 27 | 有 |
| 海王星 | 3.883 | 17.2 | 30.06 | 164.8 | 0.009 | 0.67 | 14 | 有 |

**解** 如果用一个变量表示整个表格，当然可以考虑使用单元数组，不过采用 MATLAB的表格结构将更规范、方便。若想采用表格数据结构，需要设计一个表头，以便更好地处理表格。

表头必须用英文单词或字母表示, 可以将每一列分别用字符串表示成
name, diameter, mass, axis, period, eccentricity, rotation, moon, ring

用户可以将表格的每一列用单元数组或列向量的形式先输入给计算机, 然后调用
table() 函数构造单元数组。由下面的语句就可以输入该表格。由于后面例子还可能用
到这个表格数据, 所以可以将其存入 c2dtab.mat 文件。

```
>> name=str2mat('水星','金星','地球','火星','木星','土星',...
                '天王星','海王星');
   diameter=[0.382;0.949;1;0.532;11.209;9.449;4.007;3.883];
   mass=[0.06; 0.82; 1; 0.11; 317.8; 95.2; 14.6; 17.2];
   axis=[0.39; 0.72; 1; 1.52; 5.2; 9.54; 19.22; 30.06];
   period=[0.24; 0.62; 1; 1.88; 11.86; 29.46; 84.01; 164.8];
   eccentricity=[0.206; 0.007; 0.017; 0.093; 0.048; ...
        0.054; 0.047; 0.009];
   rotation=[58.64;-243.02;1;1.03;0.41;0.43;-0.72;0.67];
   moon=[0; 0; 1; 2; 69; 62; 27; 14];
   ring={'无';'无';'无';'无';'有';'有';'有';'有'};
   planet=table(name,diameter,mass,axis,period,eccentricity,...
                rotation,moon,ring)
   save c2dtab planet
```

这样, 表格变量 planet 就在 MATLAB 工作空间中建立起来了。由于最后一条语
句后面没有分号, 所以整个变量会以表格的形式直接显示出来, 其格式是清晰明了的。
如果想提取表格某一列, 例如第 5 列, 由于其表头名称为 period, 所以用下面语句就可
以将其提取出来:

```
>> planet.period
```

前面介绍的 openvar() 函数可以用来打开表格变量的图形用户界面, 如图 2-5 所
示, 可以利用界面可视地编辑该变量。

```
>> openvar('planet')
```

| planet ✕ |
|---|
| 8x9 table |

|   | 1<br>name | 2<br>diameter | 3<br>mass | 4<br>axis | 5<br>period | 6<br>eccentricity | 7<br>rotation | 8<br>moon | 9<br>ring |
|---|---|---|---|---|---|---|---|---|---|
| 1 | 水星 | 0.3820 | 0.0600 | 0.3900 | 0.2400 | 0.2060 | 58.6400 | 0 | '无' |
| 2 | 金星 | 0.9490 | 0.8200 | 0.7200 | 0.6200 | 0.0070 | -243.0200 | 0 | '无' |
| 3 | 地球 | 1 | 1 | 1 | 1 | 0.0170 | 1 | 1 | '无' |
| 4 | 火星 | 0.5320 | 0.1100 | 1.5200 | 1.8800 | 0.0930 | 1.0300 | 2 | '无' |
| 5 | 木星 | 11.2090 | 317.8000 | 5.2000 | 11.8600 | 0.0480 | 0.4100 | 69 | '有' |
| 6 | 土星 | 9.4490 | 95.2000 | 9.5400 | 29.4600 | 0.0540 | 0.4300 | 62 | '有' |
| 7 | 天王星 | 4.0070 | 14.6000 | 19.2200 | 84.0100 | 0.0470 | -0.7200 | 27 | '有' |
| 8 | 海王星 | 3.8830 | 17.2000 | 30.0600 | 164.8000 | 0.0090 | 0.6700 | 14 | '有' |

图 2-5  openvar() 函数的图形用户界面

例 2-24  已知地球的质量为 $5.965 \times 10^{24}$ kg, 试求出木星的质量。

**解** 有了例2-23中的表格变量planet,并已知木星数据在第5行,可以立即由下面语句求出木星的质量为 $1.8957 \times 10^{27}$ kg:

```
>> load c2dtab; M=5.965e24*planet.mass(5) % 读入表格并计算
```

上述语句如果不给出 (5),则可以一次性求出所有八大行星的质量。

MATLAB提供了一系列表格数据结构的转换函数,其中函数table2cell()与table2struct()比较实用,可以将表格数据直接转换为单元数组与结构体变量。此外,有时还可以使用table2array()函数,不过对planet这样既包含数字又包含字符串的表格则不能进行转换。

### 2.4.4 结构体

结构体数据结构struct也适合描述表格型或数据库型信息。结构体可以包含下级的信息,称为域(field)或成员变量(membership variable)。与表格数据结果的表示方式不同,假设某结构体名为T,其中一个域为a,则结构体数据结构通过T.a命令读取或赋值该域。下面通过例子演示结构体变量的处理方法。

**例2-25** 重新考虑例2-23中的问题,试用结构体数据结构将其输入到MATLAB环境。

**解** 结构体数据结构的输入与前面计算的表格数据不同,可以通过下面语句将各个域直接输入,也可以通过struct()函数直接输入。

```
>> P.name=str2mat('水星','金星','地球','火星','木星','土星',...
                  '天王星','海王星');
   P.diameter=[0.382;0.949;1;0.532;11.209;9.449;4.007;3.883];
   P.mass=[0.06; 0.82; 1; 0.11; 317.8; 95.2; 14.6; 17.2];
   P.axis=[0.39; 0.72; 1; 1.52; 5.2; 9.54; 19.22; 30.06];
   P.period=[0.24; 0.62; 1; 1.88; 11.86; 29.46; 84.01; 164.8];
   P.eccentricity=[0.206; 0.007; 0.017; 0.093; 0.048; ...
       0.054; 0.047; 0.009];
   P.rotation=[58.64;-243.02;1;1.03;0.41;0.43;-0.72;0.67];
   P.moon=[0; 0; 1; 2; 69; 62; 27; 14];
   P.ring={'无';'无';'无';'无';'有';'有';'有';'有'};
```

该结构体的显示格式为

```
包含以下字段的struct:
        name: [8×3 char]
    diameter: [8×1 double]
        mass: [8×1 double]
        axis: [8×1 double]
      period: [8×1 double]
```

```
eccentricity: [8×1 double]
   rotation: [8×1 double]
       moon: [8×1 double]
       ring: 8×1 cell
```

有了结构体变量 P，则可以由下面语句直接求解例 2-24，得出完全一致的结果，且复杂程度比较接近，$M$ 为各个行星的质量向量。

```
>> M=5.965e24*P.mass; M(5) %重新计算木星质量
```

MATLAB 也提供了一系列结构体数据结构的转换函数，如 struct2cell() 与 struct2table()，可以将结构体数据直接转换为单元数组与表格变量。此外，有时还可以使用 table2array() 函数，不过对 P 这样既包含数字又包含字符串的结构体数据结构则不能进行转换。

### 2.4.5　其他数据结构

类（class）是 MATLAB 面向对象编程的重要数据结构。MATLAB 允许用户自己编写包含各种复杂信息的变量，称为类变量，类变量可以包含各种下级的信息，也称为域或成员变量，还可以重新对类进行各种底层运算，称为重载函数（overload function）。每一个类的实例又称为对象（object）。类与对象编程在很多领域都特别有用，第 9 章将通过例子专门介绍相关的编程方法。

## 2.5　MATLAB 的基本语句结构

MATLAB 的语句有两种最基本的结构 —— 直接赋值结构和函数调用结构。除此之外，还将介绍冒号表达式与子矩阵提取等方面的内容。

### 2.5.1　直接赋值语句

直接赋值语句的基本结构为赋值变量＝表达式，这一过程把等号右边的"表达式"直接赋给左边的"赋值变量"，并返回到 MATLAB 的工作空间。如果赋值表达式后面没有分号，则将在 MATLAB 命令窗口中显示表达式的运算结果。若不想显示运算结果，则应该在赋值语句的末尾加一个分号。如果省略了赋值变量和等号，则表达式运算的结果将赋给保留变量 ans。所以说，保留变量 ans 将永远存放最近一次无赋值变量语句的运算结果。

其实，前面已经有大量的例子演示了直接赋值语句。这里侧重于利用直接赋值语句处理符号函数及符号表达式的输入与处理方法。

**例 2-26**　若 $f(x) = x^2 - x - 1$，试求 $f(f(f(f(f(f(f(f(f(f(x))))))))))$。如果结果是多项式，多项式的最高阶次是多少？

**解** 最简单的方式是由符号函数格式描述 $f(x)$，这样，看起来比较复杂的复合函数可以由下面的直接嵌套方法求出来。得出的多项式可以由 expand() 函数展开：

```
>> syms x; f(x)=x^2-x-1;
   F(x)=f(f(f(f(f(f(f(f(f(f(f(x)))))))))), F1=expand(F)
```

展开的多项式如下，可见该多项式是 1024 次多项式。

$$F_1(x) = x^{1024} - 512x^{1023} + 130048x^{1022} - 21846272x^{1021} + \cdots$$

### 2.5.2 函数调用语句

另一种常用的赋值语句格式为函数的格式，函数是 MATLAB 的主流编程方式。函数调用的基本结构为

[返回变元列表]=fun_name(输入变元列表)

其中 fun_name 为函数名，其命名的要求和变量名的要求是一致的，一般函数名应该对应在 MATLAB 路径下的一个文件。例如，函数名 my_fun 应该对应于 my_fun.m 文件。当然，还有一些函数名需对应于 MATLAB 内核中的内核函数（built-in function），如 inv() 函数等。

"返回变元列表"和"输入变元列表"均可以由若干个变量名组成，它们之间应该分别用逗号分隔。返回变元还允许用空格分隔，例如 $[\boldsymbol{U}\ \boldsymbol{S}\ \boldsymbol{V}]$=svd($\boldsymbol{X}$)，该函数对给定的 $\boldsymbol{X}$ 矩阵进行奇异值分解，所得的结果由 $\boldsymbol{U}$、$\boldsymbol{S}$、$\boldsymbol{V}$ 这三个变量返回。

### 2.5.3 多样的函数调用机制

MATLAB 提供了灵活的执行机制，允许用户用不同的格式调用相同的函数，比如，MATLAB 提供了内核函数 eig($\boldsymbol{A}$)，可以直接计算给定矩阵的特征值；如果使用调用格式 $[\boldsymbol{V},\boldsymbol{D}]$=eig($\boldsymbol{A}$)，则除了返回特征值 $\boldsymbol{D}$ 之外，还将返回特征向量矩阵 $\boldsymbol{V}$；如果采用调用格式 eig($\boldsymbol{A},\boldsymbol{B}$)，则将求解广义特征值问题。

除此之外，MATLAB 在不同的工具箱中提供了同名的 eig() 函数，比如符号运算工具箱提供的 eig() 函数可以求取符号矩阵特征值的解析解，控制系统工具箱提供的 eig() 函数可以求出线性系统的极点。MATLAB 语言有比较好的执行机制，在调用这些同名函数时不会出现混淆。在此执行机制下，先识别输入变元是什么数据类型，然后调用相应数据类型下的 eig() 函数，得出对应的结果。

MATLAB 函数的格式、编写方法、技巧与调试方法将在第 5 章中详细介绍。

### 2.5.4 冒号表达式

冒号表达式是 MATLAB 中很有用的表达式，在向量生成、子矩阵提取等很多方面都是特别重要的。冒号表达式的格式为 $\boldsymbol{v}=s_1:s_2:s_3$，该函数将生成一个行向

量 $v$，其中 $s_1$ 为向量的起始值，$s_2$ 为步距，该向量将从 $s_1$ 出发，每隔步距 $s_2$ 取一个点，直至不超过 $s_3$ 的最大值就可以构成一个向量。若省略 $s_2$，则步距取默认值 1。

**例 2-27** 试探不同的步距，从 $t \in [0, \pi]$ 区间取出一些点构成向量。

**解** 先试一下步距 0.2，这样可以用下面的语句生成一个向量：

```
>> v1=0:0.2:pi    %注意，最终取值为3而不是π，因为下一个点3.2大于π
```

该语句将生成行向量 $v_1 = [0, 0.2, 0.4, 0.6, 0.8, 1, 1.2, 1.4, 1.6, 1.8, 2, 2.2, 2.4, 2.6, 2.8, 3]$。

下面还将尝试冒号表达式不同的写法，并得出如下的结果：

```
>> v2=0:-0.1:pi, v3=0:pi, v4=pi:-1:0 %对照结果理解不同的冒号表达式
```

产生的 $v_2$ 向量为 $1 \times 0$ 空矩阵，$v_3 = [0, 1, 2, 3]$，$v_4 = [3.1416, 2.1416, 1.1416, 0.1416]$。

**例 2-28** 试找出 1~1000 内所有能被 13 整除的整数。

**解** 如果逐个数去判定每个数是不是能被 13 整除需要循环运算，比较麻烦。解决这样的问题还可以换一个思路：第一个能被 13 整除的是多少呢？显然是 $a_1 = 13$，第二个呢？$a_2 = a_1 + 13$。以后的各个数分别是 $a_3 = a_2 + 13, a_4 = a_3 + 13, \cdots$，显然，这些数是从 13 开始，以 13 为步距生成的一组数，由冒号表达式可以直接生成这些数据，所以可以用下面的 MATLAB 命令直接解决问题：

```
>> A=13: 13: 1000
```

### 2.5.5  子矩阵的提取

提取子矩阵的具体方法是 $B = A(v_1, v_2)$，其中 $v_1$ 向量表示子矩阵要保留的行号构成的向量，$v_2$ 表示要保留的列号构成的向量，这样从 $A$ 矩阵中提取有关的行和列，就可以构成子矩阵 $B$ 了。若 $v_1$ 为 : ，则表示要提取所有的行，$v_2$ 亦有相应的处理结果。关键词 end 表示最后一行（或列，取决于其位置）。

如果想删除矩阵的第 $i$ 行元素，可以给出简单的命令 $A(i,:)=[]$。

**例 2-29** 下面将列出若干命令，并加以解释，读者可以自己由测试矩阵体会这些子矩阵提取语句。

```
>> A=[1,2,3; 4 5,6; 7,8 0];  %矩阵输入。由于语句末尾有分号，矩阵不显示
   B1=A(1:2:end,:)          %提取 A 矩阵全部奇数行、所有列
   B2=A([3,2,1],[1,1,1])    %提取 A 矩阵3、2、1行，由首列构成矩阵
   B3=A(:,end:-1:1)         %将 A 矩阵左右翻转，即最后一列排在最前面
   A(2,:)=[]; A(:,3)=[]     %删除 A 矩阵的第2行第3列
```

上述的语句将生成下面的各个矩阵：

$$B_1 = \begin{bmatrix} 1 & 2 & 3 \\ 7 & 8 & 0 \end{bmatrix}, \quad B_2 = \begin{bmatrix} 7 & 7 & 7 \\ 4 & 4 & 4 \\ 1 & 1 & 1 \end{bmatrix}, \quad B_3 = \begin{bmatrix} 3 & 2 & 1 \\ 6 & 5 & 4 \\ 0 & 8 & 7 \end{bmatrix}, \quad A = \begin{bmatrix} 1 & 2 \\ 7 & 8 \end{bmatrix}$$

**例 2-30** 在线性代数中，矩阵 $A$ 的第 $(i,j)$ 代数余子式定义为矩阵删除第 $i$ 行第 $j$

列后剩余部分的矩阵行列式乘以 $(-1)^{i+j}$，试用 MATLAB 实现代数余子式计算。

**解** 学会了矩阵行、列的删除方法，不难给出下面的命令求取代数余子式：

```
>> B=A; B(i,:)=[]; B(:,j)=[]; d=(-1)^(i+j)*det(B)
```

### 2.5.6 等间距行向量的生成

如果给定了间距，则可以通过冒号表达式生成一组等间距的数据点，但这样的生成方法有时可能漏掉重要的点。例如，如果想在 $[0,\pi]$ 区间内生成一组等间距点，并选择 0.1 为步距，则用户会很自然地给出命令 $v$=0: 0.1: pi，不过观察结果会发现，向量最后一个点为 3.1，而不是期望的 $\pi$，这是因为利用现有的规则，下一个点应该为 3.2，但这个数大于 $\pi$，所以这样一个点就被自动略去了。如何保证这样一个点呢？可以考虑将步距选择为 $\pi/30$，再调用冒号表达式生成等间距样本点。

MATLAB 还提供了另外两个函数生成不同的等间距行向量：

（1）**线性等间距点的生成**。可以使用 MATLAB 函数 $v$=linspace$(n_1,n_2,N)$，其中，向量的点数为 $N$（默认值为 50），起始值为 $n_1$，终止值为 $n_2$。这样的向量又称为线性等间距向量。

（2）**对数等间距点的生成**。在某些特定的领域，要求以对数等间距生成行向量，则需调用 logspace() 函数生成行向量了，其调用格式为 $w$=logspace$(n_1,n_2,N)$，该语句将生成 $N$ 个数据点的行向量，其第一个值为 $\lg n_1$，最后一个值为 $\lg n_2$。若想在 $[10^{-3},10^4]$ 频率段内生成 30 个点，则需要给出命令 $w$=logspace$(-3,4,30)$。

## 2.6 数据文件的读取与存储

在科学研究中难免会有大量结果需要存成文件保留起来，还可能需要通过文件传递给其他软件，也需要从存储的文件或其他软件生成的文件读取数据。所以，本节将介绍一般数据文件与 Excel 文件的读写方法。

### 2.6.1 数据文件的读取与存储命令

前面曾经提及，用 load 与 save 命令可以进行数据文件的读写，这里将更详细地探讨这两个函数的使用方法。

save 命令的调用格式为 save 文件名 变量列表，其中"文件名"为字符串，文件的存储地点为当前文件夹。"变量列表"中的变量名用空格分隔，不能用逗号或其他符号分隔。如果要把当前工作空间中的全部变量都存起来，则可以不给出"变量列表"。另外，如果不给出"文件名"，则默认存入文件 matlab.mat。

如果想用 ASCII 码格式存储文件，则需给出 -ascii 选项如下：

```
save 文件名 -ascii 变量列表
```

如果文件名或路径名中含有空格,直接使用 load 与 save 命令会导致错误,必须使用 load() 与 save() 函数。

save(文件名,'$a_1$','$a_2$',$\cdots$,'$a_m$'),　a=load(文件名)

其中"文件名"可以是文件名,也可以是带有路径信息的绝对文件名,是用字符串表示的,允许带有空格。注意,在调用这个函数时,需要存储的变量名一定要以字符串的形式给出。

**例 2-31**　试将例 2-23 中的表格数据存入 my data.dat 文件中。

**解**　如果想将结果存入 my data.dat 文件(该文件名有意保留了一个空格),用 save 命令可能引起歧义,所以只能使用 save() 函数。

```
>> load c2dtab; save('my data.dat','planet')
```

### 2.6.2　义件读写的底层方法

类似 C 语言,MATLAB 提供了一整套文件读写的底层函数,归纳如下:

(1) fopen() 函数可以打开一个文件,其调用格式为

[fid,错误信息]=fopen(文件名,选项)

其中"选项"的可选值为 'r'(作为只读文件打开,为默认选项)、'w'(建立可写的空白文件,如果该文件非空,则清空该文件)等,还有其他选项,具体见该函数的帮助信息。返回的 fid 为文件句柄,若其值为 −1 表示操作文件不成功,"错误信息"返回错误信息字符串。该函数还可以带有其他的输入变元,如编码格式等,具体请参见该函数的联机帮助信息。

(2) 判断文件是否结束,可以给出 key=feof(fid),如果其值为 1 表示前面一条文件操作语句已到了文件末尾,否则表示未到文件末尾。

(3) 以字符串形式读入一行内容 str=fgetl(fid)。

(4) 文件读写的底层函数——fscanf() 与 fprintf(),这两个函数与它们的 C 语言原型函数的调用格式很接近,调用格式如下:

a=fscanf(fid,格式),　fprintf(fid,格式,$a_1,a_2,\cdots,a_n$)

其中"格式"为读写格式控制字符串,与前面介绍的 sprintf() 函数一致。

(5) 可以用 fclose(fid) 命令关闭文件,如果关闭文件不成功,返回 −1。

**例 2-32**　试用底层命令编写一个能显示 ASCII 码文本文件的小程序。

**解**　用 MATLAB 的 type 命令可以完全实现,但该命令不能进一步控制格式,比如说在每行代码后面显示一个空行。本例子仅用于演示文件读写的底层函数使用方法。用下面的第一条语句可以打开纯文本文件 magic.m,然后用循环结构逐条显示该文本文件,直至文件结束(即 feof() 函数返回 1),再关闭该文件。关于循环语句与循环结构

相关的内容后面将专门介绍。

```
>> f=fopen('magic.m') %打开一个文件,获得文件句柄f
   while feof(f)~=1, disp(fgetl(f)); disp(' '), end,  fclose(f)
```

### 2.6.3 Excel文件的读取与存储

MATLAB提供的 xlsread() 函数可以直接从 Microsoft Excel 文件中提取数据, xlsread() 函数的调用格式如下:

$$[N, \text{TXT}, \text{RAW}] = \text{xlsread}(文件名, 表单序号, 范围)$$

其中"表单序号"为Excel工作表序号,"范围"为字符串,给出的是Excel格式的范围表示,比如,如果想将Excel文件的第B列到第F列、第3行到第20行范围内的数据读入MATLAB工作空间,"范围"可以设置为'B3:F20'。这时,该范围内的数值数据将由 $N$ 矩阵返回,Excel各个单元格的文本表示将由 TXT 返回,而Excel文件的原始信息将由 RAW 返回。

可以调用 xlrwrite() 命令将MATLAB工作空间中的变量直接写到Excel文件中,其调用格式为

$$\text{xlswrite}(文件名, 变量名, 表单序号, 范围)$$

其中"变量名"为要写入的变量名,它可以是矩阵,也可以是二维常规的单元数组,"表单序号"与"范围"选项的定义与前面一致。另外,如果将其选作'A1'表示从左上角写入,如果选作C2则表示从Excel工作表的第C列、第二行开始写入。如果从左上角写起,则在函数调用时可以略去后两个变元。

值得指出的是,如果要写入的文件处于打开状态,则 xlswrite() 函数调用将失败,并给出相应的错误信息。需要先关闭文件再写入。

**例2-33** 考虑例2-23中的表格数据,试将其存入Excel文件。

**解** 遗憾的是,xlswrite() 函数不支持表格数据的处理,需要先将其转换成单元数组的形式。所以可以给出下面语句,从Excel文件左上角开始写信息。自动生成的Excel文件 test.xls 截图如图2-6所示,和所期望的形式完全一致。不过与图2-5给出的界面相比,这样的文件是没有表头的。

```
>> load c2dtab, C=table2cell(planet); %读入表格并转换成单元数组格式
   xlswrite('test',C,1,'A1')          % 这里,后两个输入变元可以省略
```

关闭这个Excel文件,再给出下面的命令,从第C列第二行写起,则得出如图2-7所示的更新Excel文件。这两次写入的重叠部分以新写入的为准。

```
>> xlswrite('test',C,1,'C2')  %从第C列第2行位置开始写入
```

相比之下,例2-25给出的结构体数据若由 struct2cell() 函数转换后,则不能写入Excel文件,可以考虑变通方法,先将其转换成表格数据,再转换成单元数组,再重复

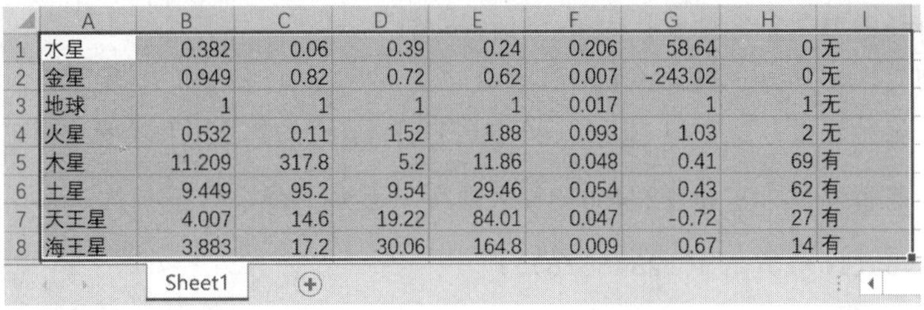

| | A | B | C | D | E | F | G | H | I |
|---|---|---|---|---|---|---|---|---|---|
| 1 | 水星 | 0.382 | 0.06 | 0.39 | 0.24 | 0.206 | 58.64 | 0 | 无 |
| 2 | 金星 | 0.949 | 0.82 | 0.72 | 0.62 | 0.007 | -243.02 | 0 | 无 |
| 3 | 地球 | 1 | 1 | 1 | 1 | 0.017 | 1 | 1 | 无 |
| 4 | 火星 | 0.532 | 0.11 | 1.52 | 1.88 | 0.093 | 1.03 | 2 | 无 |
| 5 | 木星 | 11.209 | 317.8 | 5.2 | 11.86 | 0.048 | 0.41 | 69 | 有 |
| 6 | 土星 | 9.449 | 95.2 | 9.54 | 29.46 | 0.054 | 0.43 | 62 | 有 |
| 7 | 天王星 | 4.007 | 14.6 | 19.22 | 84.01 | 0.047 | -0.72 | 27 | 有 |
| 8 | 海王星 | 3.883 | 17.2 | 30.06 | 164.8 | 0.009 | 0.67 | 14 | 有 |

Sheet1

图 2-6  生成的 Excel 文件截图

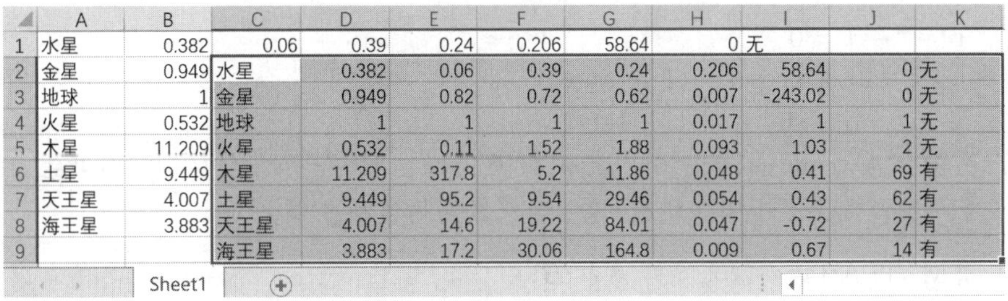

| | A | B | C | D | E | F | G | H | I | J | K |
|---|---|---|---|---|---|---|---|---|---|---|---|
| 1 | 水星 | 0.382 | 0.06 | 0.39 | 0.24 | 0.206 | 58.64 | 0 | 无 | | |
| 2 | 金星 | 0.949 | 水星 | 0.382 | 0.06 | 0.39 | 0.24 | 0.206 | 58.64 | 0 | 无 |
| 3 | 地球 | 1 | 金星 | 0.949 | 0.82 | 0.72 | 0.62 | 0.007 | -243.02 | 0 | 无 |
| 4 | 火星 | 0.532 | 地球 | 1 | 1 | 1 | 1 | 0.017 | 1 | 1 | 无 |
| 5 | 木星 | 11.209 | 火星 | 0.532 | 0.11 | 1.52 | 1.88 | 0.093 | 1.03 | 2 | 无 |
| 6 | 土星 | 9.449 | 木星 | 11.209 | 317.8 | 5.2 | 11.86 | 0.048 | 0.41 | 69 | 有 |
| 7 | 天王星 | 4.007 | 土星 | 9.449 | 95.2 | 9.54 | 29.46 | 0.054 | 0.43 | 62 | 有 |
| 8 | 海王星 | 3.883 | 天王星 | 4.007 | 14.6 | 19.22 | 84.01 | 0.047 | -0.72 | 27 | 有 |
| 9 | | | 海王星 | 3.883 | 17.2 | 30.06 | 164.8 | 0.009 | 0.67 | 14 | 有 |

Sheet1

图 2-7  更新后的 Excel 文件截图

上述过程则可以存入 Excel 文件。

现在考虑最新生成的 Excel 文件 test.xls,如果调用 xlsread() 函数

```
>> [N,txt,raw]=xlsread('test.xls')
```

则可以得出如下的数值矩阵,可见,在数值区域内所有的数值由矩阵返回,如果对应的矩阵元素不是数值或为空,则自动填写 NaN。

$$N = \begin{bmatrix} 0.382 & 0.06 & 0.39 & 0.24 & 0.206 & 58.64 & 0 & \text{NaN} & \text{NaN} \\ 0.949 & \text{NaN} & 0.382 & 0.06 & 0.39 & 0.24 & 0.206 & 58.64 & 0 \\ 1 & \text{NaN} & 0.949 & 0.82 & 0.72 & 0.62 & 0.007 & -243.02 & 0 \\ 0.532 & \text{NaN} & 1 & 1 & 1 & 1 & 0.017 & 1 & 1 \\ 11.209 & \text{NaN} & 0.532 & 0.11 & 1.52 & 1.88 & 0.093 & 1.03 & 2 \\ 9.449 & \text{NaN} & 11.209 & 317.8 & 5.2 & 11.86 & 0.048 & 0.41 & 69 \\ 4.007 & \text{NaN} & 9.449 & 95.2 & 9.54 & 29.46 & 0.054 & 0.43 & 62 \\ 3.883 & \text{NaN} & 4.007 & 14.6 & 19.22 & 84.01 & 0.047 & -0.72 & 27 \\ \text{NaN} & \text{NaN} & 3.883 & 17.2 & 30.06 & 164.8 & 0.009 & 0.67 & 14 \end{bmatrix}$$

其他全部信息在 raw 变量返回,这里显示从略。

# 本章习题

2.1 启动 MATLAB 环境,并给出语句

> $>>$ tic, $A$=rand(500); $B$=inv($A$); norm($A*B$-eye(500)), toc

试运行该语句,观察得出的结果,并利用 help 或 doc 命令对不熟悉的语句进行帮助信息查询,逐条给出上述程序段与结果的解释。

2.2 试对任意整数 $k$ 化简表达式 $\sin(k\pi + \pi/6)$。

2.3 试判定 a=5; key=isinteger(a) 语句的执行结果。key 是什么？

2.4 试求出无理数 $\sqrt{2}$、$\sqrt[6]{11}$、$\sin 1°$、$e^2$、$\ln(21)$、$\log_2(e)$ 的前 200 位有效数字。

2.5 如果想精确地求出 lg(12345678)，试判断下面哪个命令是正确的。

（1）vpa(log10(sym(12345678)))

（2）vpa(sym(log10(12345678)))

2.6 试证明恒等式

（1）$e^{j\pi} + 1 = 0$

（2）$\dfrac{1 - 2\sin\alpha\cos\alpha}{\cos^2\alpha - \sin^2\alpha} = \dfrac{1 - \tan\alpha}{1 + \tan\alpha}$

2.7 可以由 $A$=rand(3,4,5,6,7,8,9,10,11) 命令生成一个多维伪随机数数组。试判定一共生成了多少个随机数，这些随机数的均值是多少。

2.8 用 MATLAB 语句输入矩阵 $A$ 和 $B$，

$$A = \begin{bmatrix} 1 & 2 & 3 & 4 \\ 4 & 3 & 2 & 1 \\ 2 & 3 & 4 & 1 \\ 3 & 2 & 4 & 1 \end{bmatrix}, \quad B = \begin{bmatrix} 1+4j & 2+3j & 3+2j & 4+1j \\ 4+1j & 3+2j & 2+3j & 1+4j \\ 2+3j & 3+2j & 4+1j & 1+4j \\ 3+2j & 2+3j & 4+1j & 1+4j \end{bmatrix}$$

前面给出的是 $4 \times 4$ 矩阵，如果给出 $A(5,6) = 5$ 的命令将得出什么结果？

2.9 试将下面的分块矩阵拆分成 $3 \times 3$ 的单元数组。

$$A = \begin{bmatrix} 3 & 2 & 1 & 3 & 2 & 2 & 3 & 3 \\ 1 & 3 & 1 & 2 & 1 & 2 & 2 & 2 \\ 2 & 1 & 3 & 3 & 2 & 3 & 3 & 1 \\ 3 & 1 & 3 & 1 & 2 & 2 & 1 & 1 \\ 1 & 3 & 2 & 2 & 2 & 3 & 1 & 2 \end{bmatrix}$$

2.10 已知数学函数 $f(x) = \dfrac{x\sin x}{\sqrt{x^2 + 2(x+5)}}$，$g(x) = \tan x$，试求出复合函数 $f(g(x))$ 和 $g(f(x))$。

2.11 由于双精度数据结构有一定的位数限制，大数的阶乘很难保留足够的精度。试用数值方法和符号运算的方法计算并比较 $C_{50}^{10}$，其中 $C_m^n = m!/(n!(m-n)!)$。符号运算工具箱还提供了函数 nchoosek() 专门的计算组合问题，其调用的格式为 nchoosek(sym($m$),$n$)。

2.12 试列出大于 $-100$ 的所有可以被 11 整除的负整数，并找出 [3000,5000] 区间内所有可以被 11 整除的正整数。

2.13 假设已知矩阵 $A$，试给出相应的 MATLAB 命令，将其全部偶数行提取出来，赋给 $B$ 矩阵，用 $A$=magic(8) 命令生成 $A$ 矩阵，用上述命令检验一下结果是否正确。

2.14 试将 $100 \times 100$ 的魔方矩阵的第 2~33 列存入 Excel 文件。

2.15 试将字符串 'Do you speak MATLAB?' 中的 'a' 和 'A' 的位置都找出来，并改变其大小写。

2.16 试用变量编辑界面可视地编辑工作空间中的矩阵变量，具体的方法：单击"打开变量"右侧的黑三角符号，从列表中选择想编辑的变量名，并打开编辑界面。

# 第 3 章

# 基本数学运算

MATLAB 是当今世界上最主流的计算机数学语言之一，已经被广泛地应用于各个领域，并且成为很多学科与工程领域的首选计算机语言。本章将介绍基于 MATLAB 的最基本的数学运算，3.1 节将介绍矩阵的基本代数运算，给出加减乘除、转置与乘方、开方等基本运算，并介绍复数矩阵的处理方法与符号型矩阵的计算方法。3.2 节将介绍逻辑运算与比较运算的计算方法、矩阵元素的查找方法，并介绍一批属性数据判定函数。3.3 节将介绍超越函数的计算方法，先给出超越函数的基本概念与定义，然后介绍基于 MATLAB 的各类超越函数计算方法，包括三角函数、指数与对数等数值与解析运算方法，最后介绍矩阵超越函数的计算方法及求解工具。3.4 节将介绍符号表达式的化简与变换方法，将介绍多项式的化简与变换方法、三角函数的化简方法与一般函数的化简方法，还将介绍符号运算结果的转换方法。3.5 节还将介绍一般数据的计算，如给定数据的取整与有理化计算，数据的排序、最大值、最小值与统计量的计算，数据的最大公约数、最小公倍数与质因式分解方法，还将介绍排列组合等计算。

## 3.1 矩阵的代数运算

代数运算是 MATLAB 科学运算领域很有特色的一类运算。本节将给出代数运算的定义，然后介绍基于 MATLAB 的代数运算实现方法。

**定义 3-1** 变量之间的有限次加、减、乘、除、乘方、开方等运算称为代数运算。

**定义 3-2** 如果一个矩阵 $A$ 有 $n$ 行、$m$ 列元素，则称 $A$ 矩阵为 $n \times m$ 矩阵；若 $n = m$，则矩阵 $A$ 又称为方阵。

### 3.1.1 矩阵的转置、翻转与旋转

在对矩阵进行处理时，有时需要用到矩阵转置，有时可能需要对矩阵进行翻转和旋转处理，这些基本操作在 MATLAB 下都有现成的处理函数，总结如下。

### 1) 矩阵转置

在数学公式中一般把一个矩阵的转置记作 $\boldsymbol{A}^{\mathrm{T}}$，假设 $\boldsymbol{A}$ 矩阵为一个 $n \times m$ 矩阵，则其转置矩阵 $\boldsymbol{B}$ 的元素定义为 $b_{ji} = a_{ij}$, $i = 1, 2, \cdots, n$, $j = 1, 2, \cdots, m$，故 $\boldsymbol{B}$ 为 $m \times n$ 矩阵。如果 $\boldsymbol{A}$ 矩阵含有复数元素，则对之进行转置时，其转置矩阵 $\boldsymbol{B}$ 的元素定义为 $b_{ji} = a_{ij}^*$, $i = 1, 2, \cdots, n$, $j = 1, 2, \cdots, m$，即首先对各个元素进行转置，然后再逐项求取其共轭复数值。这种转置方式又称为 Hermite 转置，其数学记号为 $\boldsymbol{B} = \boldsymbol{A}^*$。MATLAB 中 $\boldsymbol{B} = \boldsymbol{A}\textdegree$ 可求出 $\boldsymbol{A}$ 矩阵的 Hermite 转置，矩阵的直接转置则可以由 $\boldsymbol{C} = \boldsymbol{A}.\textdegree$ 命令求出。

**例 3-1** 考虑例 2-5 中的复数矩阵 $\boldsymbol{B}$，试求其直接转置与 Hermite 转置。

**解** 先将 $\boldsymbol{B}$ 矩阵输入给计算机，再利用下面的命令：

```
>> B=[1+9i,2+8i,3+7j; 4+6j 5+5i,6+4i; 7+3i,8+2j 1i];
   B1=B', B2=B.' %两种不同的转置方式
```

得出的 Hermite 转置与直接转置分别为

$$
\boldsymbol{B}_1 = \begin{bmatrix} 1-9\mathrm{j} & 4-6\mathrm{j} & 7-3\mathrm{j} \\ 2-8\mathrm{j} & 5-5\mathrm{j} & 8-2\mathrm{j} \\ 3-7\mathrm{j} & 6-4\mathrm{j} & -1\mathrm{j} \end{bmatrix}, \quad
\boldsymbol{B}_2 = \begin{bmatrix} 1+9\mathrm{j} & 4+6\mathrm{j} & 7+3\mathrm{j} \\ 2+8\mathrm{j} & 5+5\mathrm{j} & 8+2\mathrm{j} \\ 3+7\mathrm{j} & 6+4\mathrm{j} & 1\mathrm{j} \end{bmatrix}
$$

### 2) 矩阵翻转

MATLAB 提供了一些矩阵翻转处理的特殊命令，如 $\boldsymbol{B} = \mathtt{fliplr}(\boldsymbol{A})$ 函数可以实现矩阵的左右翻转函数，将矩阵 $\boldsymbol{A}$ 进行左右翻转再赋给 $\boldsymbol{B}$，即 $b_{ij} = a_{i, n+1-j}$。从效果上看，左右翻转函数等效于 $\boldsymbol{B} = \boldsymbol{A}(:, \mathtt{end}{:}{-}1{:}1)$，而 $\boldsymbol{C} = \mathtt{flipud}(\boldsymbol{A})$ 命令将 $\boldsymbol{A}$ 矩阵进行上下翻转并将结果赋给 $\boldsymbol{C}$，亦即 $c_{ij} = a_{m+1-i, j}$，矩阵的上下翻转命令等效于 $\boldsymbol{C} = \boldsymbol{A}(\mathtt{end}{:}{-}1{:}1, 1)$。

### 3) 矩阵的旋转

MATLAB 函数 $\boldsymbol{D} = \mathtt{rot90}(\boldsymbol{A})$ 可以将 $\boldsymbol{A}$ 矩阵逆时针旋转 $90\textdegree$ 后赋给 $\boldsymbol{D}$，亦即 $d_{ij} = a_{m+1-j, i}$。函数 $\boldsymbol{E} = \mathtt{rot90}(\boldsymbol{A}, k)$ 还可以逆时针地旋转该矩阵 $(90k)\textdegree$ 后赋给 $\boldsymbol{E}$ 矩阵，其中 $k$ 为整数。

**例 3-2** 已知如下的 $\boldsymbol{A}$ 矩阵，试将其顺时针旋转 $90\textdegree$，转成 $\boldsymbol{B}$ 矩阵的形式。

$$
\boldsymbol{A} = \begin{bmatrix} 1 & 2 & 3 \\ 4 & 5 & 6 \\ 7 & 8 & 0 \end{bmatrix}, \quad
\boldsymbol{B} = \begin{bmatrix} 7 & 4 & 1 \\ 8 & 5 & 2 \\ 0 & 6 & 3 \end{bmatrix}
$$

**解** 标准的 rot90() 函数处理的是逆时针旋转的问题。矩阵顺时针旋转 $90\textdegree$ 有两种方法实现，第一种在调用 rot90() 时令 $k = -1$，另一种是令 $k = 3$，即逆时针旋转 $270\textdegree$，所以下面的语句可以直接得出旋转矩阵 $\boldsymbol{B}_1 = \boldsymbol{B}_2$，都是所需的 $\boldsymbol{B}$ 矩阵。

```
>> A=[1 2 3; 4 5 6; 7 8 0]; B1=rot90(A,-1), B2=rot90(A,3)
```

### 3.1.2 矩阵的加减乘除运算

MATLAB语言中定义了下面各种矩阵的基本代数运算：

#### 1) 加减法运算

假设在MATLAB工作空间下有两个矩阵 $A$ 和 $B$，则可以由 $C=A+B$ 和 $C = A-B$ 命令执行矩阵加减法。若 $A$ 与 $B$ 的维数相同，则自动地将 $A$、$B$ 的相应元素相加减，从而得出正确的结果，并赋给 $C$ 变量。

MATLAB下考虑两种特殊情况，允许不同维数的矩阵作加减运算：

（1）若二者之一为标量，则应该将其遍加（减）于另一个矩阵；

（2）若 $A$ 为 $n \times m$ 矩阵，$B$ 为 $n \times 1$ 列向量或 $1 \times m$ 行向量，早期版本的MATLAB会给出错误信息，而新版本的MATLAB下将允许将列向量或行向量遍加或遍减到另一个矩阵的各列或各行上去，得出新的和矩阵或差矩阵。

在其他情况下，MATLAB将自动地给出错误信息，提示用户这两个矩阵的维数不匹配，不能相加或相减。

例3-3 观察两个简单的变量如下，它们的和 $A+B$ 是多少？

$$A = \begin{bmatrix} 5 \\ 6 \end{bmatrix}, \quad B = \begin{bmatrix} 1 & 2 \\ 3 & 4 \end{bmatrix}$$

**解** 在数学上这两个矩阵是不可加的，早期版本如果作加法也将得到错误信息，在新版本下可以尝试下面的加法运算：

```
>> A=[5;6]; B=[1 2; 3 4]; C=A+B, D=B-A'
```

实际应用中可以定义出一种有意义的"加法"：因为 $A$ 是列向量，所以将其遍加到 $B$ 矩阵的两列上，可以得出"加法矩阵"如下。另外由于 $A^{\mathrm{T}}$ 为行向量，$D$ 矩阵等于 $B$ 矩阵每行遍减 $A^{\mathrm{T}}$ 得出的矩阵。

$$C = \begin{bmatrix} 6 & 7 \\ 9 & 10 \end{bmatrix}, \quad D = \begin{bmatrix} -4 & -4 \\ -2 & -2 \end{bmatrix}$$

#### 2) 矩阵乘法

假设有两个矩阵 $A$ 和 $B$，其中 $A$ 矩阵的列数与 $B$ 矩阵的行数相等，或其一为标量，则称 $A$、$B$ 矩阵是可乘的，或称 $A$ 和 $B$ 矩阵的维数是相容的。假设 $A$ 为 $n \times m$ 矩阵，而 $B$ 为 $m \times r$ 矩阵，则 $C = AB$ 为 $n \times r$ 矩阵，其各个元素为

$$c_{ij} = \sum_{k=1}^{m} a_{ik}b_{kj}, \quad i = 1, 2, \cdots, n, \ j = 1, 2, \cdots, r \tag{3-1-1}$$

MATLAB语言中两个矩阵的乘法由 $C=A*B$ 直接求出，且这里并不需要指定 $A$ 和 $B$ 矩阵的维数。若 $A$ 和 $B$ 矩阵的维数相容，则可以准确无误地获得乘积矩阵 $C$；如果二者的维数不相容，则将给出错误信息，通知用户两个矩阵不可乘。

### 3) 矩阵的左除

MATLAB 中用 "\\" 运算符号表示两个矩阵的左除，$A\backslash B$ 为方程 $AX = B$ 的解 $X$。若 $A$ 为非奇异方阵，则 $X = A^{-1}B$。如果 $A$ 矩阵不是方阵，也可以求出 $X=A\backslash B$，这时将使用最小二乘解法来求取 $AX = B$ 中的 $X$ 矩阵。

### 4) 矩阵的右除

MATLAB 中定义了 "/" 符号，用于表示两个矩阵的右除，相当于求方程 $XA = B$ 的解。$A$ 为非奇异方阵时 $B/A$ 为 $BA^{-1}$，但在计算方法上存在差异，更精确地，有 $B/A=(A'\backslash B')'$。

## 3.1.3 复数矩阵及其变换

MATLAB 可以直接表示复数矩阵。假设已知一个复数矩阵 $Z$，则可以使用简单函数对该矩阵进行如下变换：

（1）共轭复数矩阵 $Z_1=\text{conj}(Z)$；

（2）实部、虚部提取 $R=\text{real}(Z)$，$I=\text{imag}(Z)$；

（3）幅值、相位表示 $A=\text{abs}(Z)$，$P=\text{angle}(Z)$，其中，相位的单位为弧度。

其实，这里的 $Z$ 并不局限于矩阵，还可以是多维数组或符号表达式。

**例 3-4** 考虑例 2-5 中的复数矩阵 $B$，试提取矩阵的实部与虚部矩阵。

$$B = \begin{bmatrix} 1+9j & 2+8j & 3+7j \\ 4+6j & 5+5j & 6+4j \\ 7+3j & 8+2j & j \end{bmatrix}$$

**解** 可以先输入复数矩阵，然后提取其实部与虚部矩阵，代码如下：

```
>> B=[1+9i,2+8i,3+7j; 4+6j 5+5i,6+4i; 7+3i,8+2j 1i];
   R=real(B), I=imag(B)
```

实部与虚部矩阵分别为

$$R = \begin{bmatrix} 1 & 2 & 3 \\ 4 & 5 & 6 \\ 7 & 8 & 0 \end{bmatrix}, \quad I = \begin{bmatrix} 9 & 8 & 7 \\ 6 & 5 & 4 \\ 3 & 2 & 1 \end{bmatrix}$$

## 3.1.4 矩阵的乘方与开方

作为矩阵代数运算的一个重要的部分，本节介绍矩阵的乘方与开方运算方法。值得指出的是，只有方阵才能进行乘方与开方运算，长方形矩阵是不能进行乘方与开方的。其实，矩阵的乘方与开方在数学上都可以统一地表示成 $A^x$，但处理方法可能有差异。

（1）**矩阵乘方运算**。一个矩阵的乘方运算可以在数学上表述成 $A^x$。如果 $x$ 为正整数，则乘方表达式 $A^x$ 的结果可以将 $A$ 矩阵自乘 $x$ 次得出。如果 $x$ 为负整数，则可以将 $A$ 矩阵自乘 $-x$ 次，然后对结果进行求逆运算就可以得出该乘方结果。如果 $x$

是一个分数，例如 $x = n/m$，其中 $n$ 和 $m$ 均为整数，则相当于将 $A$ 矩阵自乘 $n$ 次，然后对结果再开 $m$ 次方。在 MATLAB 中统一表示成 $F = A\hat{\ }x$。

（2）**矩阵开方运算**。数学公式上看，矩阵 $A$ 自乘 $n$ 次是可以得出唯一解的，而其结果再作 $m$ 次开方则应该有 $m$ 个不同的根。考虑 $\sqrt[3]{-1}$，其一个根是 $-1$，对该根在复数平面内旋转 $120°$ 可以得到第二个根，再旋转 $120°$ 则可以得出第三个根。怎么实现旋转 $120°$ 呢？可以将结果乘以复数标量 $\delta = \mathrm{e}^{2\pi \mathrm{j}/3}$ 实现。如果想开 $m$ 次方，则可以将结果 $A\hat{\ }(n/m)$ 乘以 $\delta_k = \mathrm{e}^{2k\pi \mathrm{j}/m}$，其中 $k = 1, 2, \cdots, m-1$。

**例 3-5** 重新考虑例 2-4 中的 $A$ 矩阵，试求出其全部三次方根并检验结果。

**解** 由 $\hat{\ }$ 运算可得出原矩阵的一个三次方根，命令如下：

```
>> A=[1,2,3; 4,5,6; 7,8,0]; C=A^(1/3)
   e=norm(A-C^3) % 求三次方根并检验
```

结果具体表示如下，经检验误差范数为 $e = 1.0145 \times 10^{-14}$，比较精确。

$$C = \begin{bmatrix} 0.77179 + \mathrm{j}0.6538 & 0.48688 - \mathrm{j}0.015916 & 0.17642 - \mathrm{j}0.2887 \\ 0.88854 - \mathrm{j}0.072574 & 1.4473 + \mathrm{j}0.47937 & 0.52327 - \mathrm{j}0.49591 \\ 0.46846 - \mathrm{j}0.64647 & 0.66929 - \mathrm{j}0.6748 & 1.3379 + \mathrm{j}1.0488 \end{bmatrix}$$

事实上，矩阵的三次方根应该有三个结果，而上面只得出其中的一个。对该方根进行两次旋转，即计算 $C\mathrm{e}^{\mathrm{j}2\pi/3}$ 和 $C\mathrm{e}^{\mathrm{j}4\pi/3}$，则将得出另外两个根。

```
>> j1=exp(sqrt(-1)*2*pi/3); A1=C*j1, A2=C*j1^2 % 通过旋转求另外两个根
   e1=norm(A-A1^3), e2=norm(A-A2^3)          % 矩阵方根的直接检验
```

这样可以得出另外两个根如下，误差都是 $10^{-14}$ 级别。

$$A_1 = \begin{bmatrix} -0.9521 + \mathrm{j}0.34149 & -0.22966 + \mathrm{j}0.42961 & 0.16181 + \mathrm{j}0.29713 \\ -0.38142 + \mathrm{j}0.80579 & -1.1388 + \mathrm{j}1.0137 & 0.16784 + \mathrm{j}0.70112 \\ 0.32563 + \mathrm{j}0.72893 & 0.24974 + \mathrm{j}0.91702 & -1.5772 + \mathrm{j}0.63425 \end{bmatrix}$$

$$A_2 = \begin{bmatrix} 0.18031 - \mathrm{j}0.99529 & -0.25722 - \mathrm{j}0.41369 & -0.33823 - \mathrm{j}0.008436 \\ -0.50712 - \mathrm{j}0.73321 & -0.3085 - \mathrm{j}1.4931 & -0.69111 - \mathrm{j}0.20521 \\ -0.79409 - \mathrm{j}0.082464 & -0.91904 - \mathrm{j}0.24222 & 0.23934 - \mathrm{j}1.6831 \end{bmatrix}$$

还可以考虑在符号运算的框架下由变精度算法计算已知矩阵的立方根，精度将达到 $7.2211 \times 10^{-39}$，远远高于双精度框架下的计算结果。

```
>> A=sym([1,2,3; 4,5,6; 7,8,0]); C=A^(sym(1/3));
   C=vpa(C); norm(C^3-A) % 高精度解
```

**例 3-6** 矩阵 $A$ 的逆矩阵在数学上记作 $A^{-1}$，并可以由 $\mathrm{inv}(A)$ 函数直接计算。试求例 2-5 的复数矩阵的 $-1$ 次方，看看是不是等于 $B$ 矩阵的逆矩阵。

**解** 为保证计算精度，这里的计算在符号运算框架下实现，代码如下：

```
>> B=[1+9i,2+8i,3+7j; 4+6j 5+5i,6+4i; 7+3i,8+2j 1i];
   B=sym(B); B1=B^(-1), B2=inv(B), C=B1*B
```

由上面语句可以立即看出二者是相等的,且是正确的。

$$B_1 = B_2 = \begin{bmatrix} 13/18 - 5\mathrm{j}/6 & -10/9 + \mathrm{j}/3 & -1/9 \\ -7/9 + 2\mathrm{j}/3 & 19/18 - \mathrm{j}/6 & 2/9 \\ -1/9 & 2/9 & -1/9 \end{bmatrix}, \quad C = \begin{bmatrix} 1 & 0 & 0 \\ 0 & 1 & 0 \\ 0 & 0 & 1 \end{bmatrix}$$

### 3.1.5 矩阵的点运算

**定义 3-3** 考虑两个相同维数矩阵 $A$ 与 $B$,如果对其相应元素单独进行乘法运算,则可以得出一个新的矩阵 $C$,其中 $c_{ij} = a_{ij}b_{ij}$,矩阵 $C$ 称为 $A$、$B$ 矩阵的 Hadamard 乘积,又称为点乘积。

矩阵的点乘积可以由 MATLAB 的点运算 $C=A.*B$ 直接计算出来。可以看出,这种运算和普通乘法运算是不同的。

除了点乘积之外,还可以定义出两个矩阵之间或矩阵与标量之间其他的点运算,其 MATLAB 处理方法就是在实际运算符号前面加一个圆点(.),如点乘方算符(.^)、点除算符(./与.\)等。如果参与运算的两个变量 $A$ 和 $B$ 都是矩阵,则要求这两个矩阵的维数相同,或其一为标量,否则将给出错误信息。

点运算在 MATLAB 中起着很重要的作用。例如,若想绘制 $x^5$ 的函数曲线,则需要生成一个 $x$ 向量,对其每个元素单独求 5 次方,即 $[x_i^5]$,所以不能直接写成 $x\hat{}5$,必须写成 $x.\hat{}5$。

**例 3-7** 考虑例 2-4 给出的 $A$ 矩阵,试计算并解释 $B=A.\hat{}A$ 命令。

**解** 从点乘方的定义看,点乘方运算下新矩阵 $B$ 的第 $(i,j)$ 元素为 $b_{i,j} = a_{ij}^{a_{ij}}$。可以给出下面的 MATLAB 命令:

```
>> A=[1,2,3; 4 5,6; 7,8 0]; B=A.^A %对应元素单独运算可以求点乘方
```

该语句将计算并生成如下的矩阵:

$$B = \begin{bmatrix} 1^1 & 2^2 & 3^3 \\ 4^4 & 5^5 & 6^6 \\ 7^7 & 8^8 & 0^0 \end{bmatrix} = \begin{bmatrix} 1 & 4 & 27 \\ 256 & 3125 & 46656 \\ 823543 & 16777216 & 1 \end{bmatrix}$$

## 3.2 矩阵的逻辑运算与比较运算

本节将介绍矩阵的逻辑运算与比较运算,矩阵元素的查找与设置方法,以及变量数据结构与属性的判断方法。

### 3.2.1 矩阵的逻辑运算

早期版本的 MATLAB 语言并没有定义专门的逻辑变量。在 MATLAB 语言中,如果一个数的值为 0,则可以认为它为逻辑 0,否则为逻辑 1。较新版本 MATLAB 支持逻辑变量,且上面的定义仍有效。假设矩阵 $A$ 和 $B$ 均为 $n \times m$ 矩阵,则在

MATLAB下定义了如下的逻辑运算：

（1）**矩阵的与运算**。在MATLAB下用&号表示矩阵的与运算。例如，$A \& B$表示矩阵 $A$ 和 $B$ 相应元素的与运算。若两个矩阵相应元素均非零则该结果元素的值为1，否则该元素为0。

（2）**矩阵的或运算**。在MATLAB下用 $A \mid B$ 号表示矩阵 $A$、$B$ 的或运算，如果两个矩阵相应元素存在非零值，则该结果元素的值为1否则该元素为0。

（3）**矩阵的非运算**。在MATLAB下用 $\sim A$ 号表示矩阵的非运算。若矩阵元素为0，则结果为1，否则为0。

（4）**矩阵的异或运算**。矩阵 $A$ 和 $B$ 的异或运算可以表示成 $\mathrm{xor}(A, B)$。若相应的两个数一个为零，一个为非零，则结果为1，否则为0。

### 3.2.2　矩阵的比较运算

MATLAB语言定义了各种比较关系，如 $C = A > B$，当 $A$ 和 $B$ 矩阵满足 $a_{ij} > b_{ij}$ 时，$c_{ij} = 1$，否则 $c_{ij} = 0$。MATLAB语言还支持等于关系（用 == 表示），大于等于关系（用 >= 表示），还支持不等于 ~= 关系，其意义是很明显的，可以直接使用。

**例3-8**　重新考虑例2-4中给出的 $A$ 矩阵，试求出 $A \geq 5$ 逻辑表达式的结果。

**解**　可以直接给出下面的逻辑命令：

```
>> A=[1,2,3; 4 5,6; 7,8 0]; k=A>=5
```

得出的结果为逻辑型矩阵，逻辑条件 $A \geq 5$ 满足的位置上的元素为逻辑1，不满足的位置上的值为逻辑0。为更好地理解得出的结果，同时还给出了 $A$ 矩阵，结果如下：

$$k = \begin{bmatrix} 0 & 0 & 0 \\ 0 & 1 & 1 \\ 1 & 1 & 0 \end{bmatrix}, \quad A = \begin{bmatrix} 1 & 2 & 3 \\ 4 & 5 & 6 \\ 7 & 8 & 0 \end{bmatrix}$$

### 3.2.3　矩阵元素的查询命令

MATLAB还提供了一些特殊的函数，在编程中也是很实用的。其中 find() 函数可以查询出满足某关系的数组下标。除此之外，还提供了 any() 与 all() 函数，用于判定矩阵整列的行为，用户可以通过例子理解这些函数。

**例3-9**　考虑例2-4中给出的 $A$ 矩阵，试找出大于等于5的所有元素的位置。

**解**　若想查出矩阵 $A$ 中数值大于等于5的元素的下标，则应该将 $A \geq 5$ 设置为条件，这样就可以使用 find() 找出满足条件的元素位置了。具体使用的命令为

```
>> A=[1,2,3; 4 5,6; 7,8 0];
   i=find(A>=5)' % 找出矩阵元素大于等于5的单下标
```

这样找出的下标 $i = [3, 5, 6, 8]$。可以看出，该函数相当于先将整个 $A$ 矩阵按列重新排列构成新的列向量，然后再判断哪些元素大于等于5，返回其下标。

还可以用下面的格式同时返回行和列坐标:

>> [i,j]=find(A>=5) % 找出元素大于5的行列位置双下标

这样得出的双下标向量分别为 $i = [3,2,3,2]^{\mathrm{T}}$, $j = [1,2,2,3]^{\mathrm{T}}$,其 $(i,j)$ 对元素满足预期条件。此外,all() 和 any() 函数也是很实用的查询函数,函数如下:

>> a1=all(A>=5), a2=any(A>=5)    % 观察并理解得出的两个向量

前一个命令当 $A$ 矩阵的某列元素全都大于或等于5时,相应元素为1,否则为0。而后者是在某列中含有大于等于5的元素时,相应元素为1,否则为0。故而得出的向量分别为 $a_1 = [0,0,0]$, $a_2 = [1,1,1]$。例如若想判定一个矩阵 $A$ 的元素是否均大于等于5,则可以简单地写成 all($A$(:)>=5)。

**例 3-10**   $n \times n$ 魔方矩阵将 $1 \sim n^2$ 的自然数排放到矩阵的相应位置,使得每行数字的和、每列数字的和、正对角与反对角数字的和都相等。可以使用 $A = \text{magic}(n)$ 命令直接生成这样的矩阵。如果 $n$ 比较大,矩阵的规模是很庞大的,所以用手工方法从矩阵中找出某个具体数字的位置比较困难。试用计算机找出 $1000 \times 1000$ 魔方矩阵中 123456 这个数所在的行号和列号。

**解**   可以直接生成 $1000 \times 1000$ 的魔方矩阵,然后用 find() 函数可以立即找出 $n = 877, m = 545$,即第 877 行、545 列的元素为 123456。

>> A=magic(1000); [n,m]=find(A==123456)

**例 3-11**   重新考虑例 2-4 中的 $A$ 矩阵,试将大于等于5的元素都改成 $-1$。

**解**   在 MATLAB 下实现这样的修改是轻而易举的,只需运行下面语句即可:

>> A=[1,2,3; 4 5,6; 7,8 0]; i=find(A>=5); A(i)=-1

甚至更简单地,由 $A(A>=5)=-1$ 命令即可实现。MATLAB 语言的初学者可能会感到这个命令比较古怪,所以这里稍微解释一下该命令的执行机制。先看一下括号中的条件,该条件将返回一个逻辑向量,满足条件的位置为逻辑1,不满足的为逻辑0。$A(a)$ 命令的作用是将条件 $a$ 为逻辑1位置处的值保留向量,其余的值舍去。了解了这些就不难理解上面的古怪语句了。

### 3.2.4   属性判定语句

MATLAB 还提供了一批以 is 开头的函数,如 isinf()、isfinite()、isnan()、isdouble()、iscell() 等,其含义是很明显的,即满足要求的元素返回逻辑1,否则返回逻辑0。这些函数还可以与 find() 等函数联合使用,例如,find(isnan($A$)) 函数将查出 $A$ 变量中为 NaN 的各元素的下标。

## 3.3   超越函数的计算

本节先给出超越函数的定义,然后将分别介绍指数函数、对数函数、三角函数与反三角函数的计算方法,还将介绍矩阵超越函数的求解方法。

**定义** 3-4 超越函数通常指变量之间的关系不能用有限次加、减、乘、除、乘方、开方运算表示的函数，比如指数函数、对数函数、三角函数等。

一般情况下，超越函数都有直接的MATLAB函数可以使用，这些函数的调用格式也是统一的，均为 $y=\text{fun}(x)$，其中 fun 为相应的函数名，$x$ 为自变量，$y$ 为函数值。$x$ 可以为标量、向量、矩阵、多维数组，也可以为符号型数据结构，$y$ 的数据结构和维数与 $x$ 完全一致，事实上，$y$ 返回的是 $x$ 中每个元素的超越函数值，其计算方式相当于点运算。

### 3.3.1 指数与对数函数的计算

一般指数函数 $a^x$ 可以由 $y=a.\hat{\ }x$ 点运算命令直接计算出来，而指数函数 $e^x$ 可以由 $y=\exp(x)$ 函数直接计算。

**例** 3-12 试用MATLAB语言证明著名的恒等式 $e^{j\pi}+1=0$。

**解** 这个公式被称为史上最漂亮的数学方程，涉及了无理数 $\pi$、虚数 j，经过超越函数运算之后结果竟然是 $-1$。如何证明这样的恒等式呢？其实在符号运算框架下将式子左侧输入给计算机后将立即得出结果为 0，由此可以证明该恒等式。

```
>> exp(sym(pi)*1i)+1
```

自然对数 $\ln x$ 可以由 log() 计算；常用对数 $\lg x$ 可以由 log10() 函数计算；以 2 为底的对数 $\log_2 x$ 可以由 log2() 计算；一般的对数函数 $\log_a x$ 可以由对数的换底公式 $\log(x)/\log(a)$ 直接计算。

**例** 3-13 试化简对数计算表达式

$$f = \log_3 729 + \frac{4\ln e^3}{\lg 5000 - \lg 5}\log_2 17 - \log_2 83521$$

**解** 这样的问题可以直接输入给计算机，让计算机去计算表达式的结果。在计算中可以使用相应的对数求解函数与换底公式，得到的符号运算结果为 $f=6$。

```
>> f=log(729)/log(3)+4*log(exp(sym(3)))/...
     (log10(5000)-log10(5))*log2(17)-log2(83521)
```

### 3.3.2 三角函数的计算

正弦、余弦、正切、余切函数是常用的三角函数，除此之外，正割、余割、双曲正弦、双曲余弦函数也常用的是三角函数，这里重新给出这些函数的定义。

**定义** 3-5 正割函数是余弦函数的倒数 $\sec x = 1/\cos x$，余割函数是正弦函数的倒数 $\csc x = 1/\sin x$。

**定义** 3-6 双曲正弦函数的定义为 $\sinh x = (e^x - e^{-x})/2$，双曲余弦函数的定义为 $\cosh x = (e^x + e^{-x})/2$。

正弦、余弦、正切、余切这些三角函数的 MATLAB 函数分别为 sin()、cos()、tan()、cot()；正割、余割函数可以由 sec()、csc() 函数计算；双曲正弦 $\sinh x$、双曲余弦 $\cosh x$ 函数可以由 sinh()、cosh() 函数直接计算。三角函数默认的单位是弧度，若使用角度单位，可以由单位变换公式 $y$=pi*$x$/180 进行转换，还可以使用 sind() 这类函数。

其实一些特殊的函数，如 sin() 也是由点运算的形式进行的，因为它要对矩阵的每个元素求取正弦值。

**例 3-14** 试计算下面的三角函数
$$T = \frac{4}{3}\cos\frac{7\pi}{3} + 3\tan^2\frac{11\pi}{6} - \frac{1}{2\cos^2(17\pi/4)} - \frac{1}{3}\sin^2\frac{\pi}{3}$$

**解** 可以根据给出的公式输入下面的语句，得出结果为 $T=5/12$。这里建议使用符号型数据结构作三角函数计算，如果使用符号型数据结构，只需把式子中的一个量由符号数据结构表示出来，则整个式子将在符号型数据结构框架下计算，得出原式的精确的结果。

```
>> T=4/3*cos(7*sym(pi)/3)+3*tan(11*pi/6)^2-1/(2*cos(17*pi/4)^2)...
        -1/3*sin(pi/3)^2
```

**例 3-15** 试计算三角函数 $\dfrac{\cos 40° + \sin 50°(1 + \sqrt{3}\tan 10°)}{\sin 70°\sqrt{1 + \cos 40°}}$。

**解** 由于这里给出的单位为度，不是默认的弧度，所以可以使用两种方式计算这个三角函数表达式，第一种方法是使用单位变换公式 $x_1 = \pi x/180$ 将自变量变换成弧度再计算，另一种是直接使用 sind() 等函数直接计算。

```
>> T1=(cosd(40)+sind(50)*(1+sqrt(3)*tand(10)))/...
        sind(70)/sqrt(1+cosd(40))
   p=sym(pi)/180;
   T2=(cos(40*p)+sin(50*p)*(1+sqrt(3)*tan(10*p)))/...
        sin(70*p)/sqrt(1+cos(40*p))
   vpa(T2-sqrt(2))
```

上述代码得出的数值结果为 $T_1 = 1.414213562373095$，比较接近 $\sqrt{2}$。如果采用符号运算方法则会得出一个表达式，但也不能化简为 $\sqrt{2}$，不过由 vpa() 函数可见二者误差为零。

**例 3-16** 在人们的印象中应该有 $|\cos x| \leqslant 1$，果真如此吗？

**解** 满足 $|\cos x| \leqslant 1$ 应该有个前提条件，$x$ 为实数。如果 $x$ 为虚数或复数，则可以由下面的语句直接计算函数的值，得出 $a_1 = 3.762195691083631, a_2 = 2.032723007019666 - 3.051897799151800j, a_3 = 2.032723007019666 + 3.051897799151800j$，得出的每个值的模都大于 1。

```
>> a1=cos(2i), a2=cos(1+2i), a3=cos(1-2i)
```

### 3.3.3 反三角函数的计算

**定义 3-7** 反三角函数(inverse trigonometric functions)是三角函数的反函数。以反正弦函数为例,如果 $\sin x = y$,则其反函数称为反正弦函数,记作 $x = \sin^{-1} y$ 或 $x = \arcsin y$,本书将统一采用后者。

由于三角函数 $y = \sin x$ 是周期函数,所以其反函数不是单值函数,若 $x$ 为其反正弦函数的值,则 $x + 2k\pi$ 也是原函数的反正弦函数,$k$ 为任意整数,所以,在实际应用中反正弦函数的值域为 $[-\pi/2, \pi/2]$。类似地,反正切、反余切与反余割函数的值域也都为 $[-\pi/2, \pi/2]$,而反余弦与反正割函数的值域范围为 $[0, \pi]$。

如果三角函数名前有一个 a,如 asin(),则计算反三角函数。这类 MATLAB 函数还有 acos()、atan()、acot()、asec()、acsc()、asinh()、acosh() 等,这些函数的单位都是弧度,如果需要角度,则应该对结果进行后处理 **y**=180***x**/pi,或调用 asind() 这类函数。

**例 3-17** 已知 $\tan(\alpha + \pi) = -1/3$,且 $\tan(\alpha + \beta) = \dfrac{\sin 2(\pi/2 - \alpha) + 4\cos^2 \alpha}{10\cos^2 \alpha - \sin 2\alpha}$,试求 $\tan(\alpha + \beta)$ 与 $\tan \beta$。

**解** 由第一个已知公式,通过反正切运算可以求出 $\alpha$,代入第二个公式右侧则可以求出所需的 $\tan(\alpha + \beta)$,对其求反正切函数则可以求出 $\alpha + \beta$,由于 $\alpha$ 已经求出,所以不难求出 $\beta$,再进一步求出所需的 $\tan \beta$。如果利用 MATLAB 求解,所需的两个正切函数可以轻而易举地得出,化简则得出最终结果。上述分析可以由下面的语句实现：

```
>> a=atan(-sym(1/3))-pi;
   T=(sin(2*(pi/2-a))+4*cos(a)^2)/(10*cos(a)^2-sin(2*a));
   T=simplify(T), b=atan(T)-a; T1=simplify(tan(b))
```

得出的结果为 $\tan(\alpha + \beta) = T = 5/16, \tan \beta = T_1 = 31/43$。

### 3.3.4 矩阵的超越函数

前面介绍的各个超越函数都相当于点运算函数,是对输入变量每个元素单独计算得出函数值。在实际应用中有时需要对整个矩阵求取矩阵函数,这里先给出一个矩阵函数的例子,然后探讨矩阵任意函数的求解方法。

**定义 3-8** 矩阵的指数 $e^{\boldsymbol{A}}$ 可以定义为如下的无穷矩阵多项式

$$e^{\boldsymbol{A}} = \boldsymbol{I} + \boldsymbol{A} + \frac{1}{2!}\boldsymbol{A}^2 + \frac{1}{3!}\boldsymbol{A}^3 + \frac{1}{4!}\boldsymbol{A}^4 + \cdots \tag{3-3-1}$$

MATLAB 提供了 expm() 函数,可以直接求取矩阵指数 $\boldsymbol{F}$=expm($\boldsymbol{A}$),该函数的符号变量重载函数还可以计算 $e^{\boldsymbol{A}t}$ 这样的矩阵函数。除了指数函数之外,还可以使用 funm() 函数求取其他的矩阵函数,其调用格式为 funm($\boldsymbol{B}$, @funname),不过,

$B$ 矩阵不能太复杂,否则不能求解。

文献 [12] 还给出了更强大的矩阵函数通用求解函数 funmsym(),理论上可以求解任意复杂度的矩阵函数,在本丛书的文件包中给出了该函数,可以直接调用。该函数的调用格式为 $F$=funmsym$(A,\text{fun},x)$,$x$ 为自变量,fun 为任意复杂的原型函数表达式。下面将通过例子介绍该函数的使用方法。

**例**3-18    已知如下的 $A$ 矩阵,试求出矩阵的指数函数 $\mathrm{e}^{At}$。

$$A = \begin{bmatrix} -1 & -1 & 1 & 0 \\ -1 & -1 & -1 & 0 \\ 1 & 2 & -1 & 1 \\ 0 & -1 & 0 & -2 \end{bmatrix}$$

**解**    矩阵的指数函数可以由下面两种方法直接求出:

```
>> A=[-1,-1,1,0; -1,-1,-1,0; 1,2,-1,1; 0,-1,0,-2]; A=sym(A);
   syms t x;  A1=expm(A*t), A2=funmsym(A,exp(x*t),x)
```

两种方法得出的结果是完全一致的,为

$$\mathrm{e}^{At} = \begin{bmatrix} \mathrm{e}^{-t}+t+t^2/2 & \mathrm{e}^{-t}-1+t^2/2 & t+t^2/2 & t^2/2 \\ -t-t^2/2 & 1-t^2/2 & -t-t^2/2 & -t^2/2 \\ 1-\mathrm{e}^{-t}-t^2/2 & 1-\mathrm{e}^{-t}+t-t^2/2 & 1-t^2/2 & t-t^2/2 \\ t^2/2 & t\,(t-2)\,/2 & t^2/2 & (t^2-2t+2)/2 \end{bmatrix} \mathrm{e}^{-t}$$

**例**3-19    仍考虑例 3-18 的矩阵 $A$,试求出矩阵的复杂函数 $\csc \mathrm{e}^{A^2 \sin At^2}t$。

$$A = \begin{bmatrix} -1 & -1 & 1 & 0 \\ -1 & -1 & -1 & 0 \\ 1 & 2 & -1 & 1 \\ 0 & -1 & 0 & -2 \end{bmatrix}$$

**解**    对于这样给出的复杂函数,用 funm() 求解可能很麻烦,需一步一步从内到外将矩阵函数去求解,不过对这个具体的例子而言,一直求解到矩阵指数时都是正常的,不过求解最后一步出错,此方法失败。

```
>> A=[-1,-1,1,0; -1,-1,-1,0; 1,2,-1,1; 0,-1,0,-2]; A=sym(A);
   syms t x; F1=funm(expm(A^2*funm(A*t^2,@sin))*t,@csc)
```

如果采用 funmsym() 函数,只须将原型函数描述出来就可以了,将表达式中的 $A$ 矩阵看作 $x$,则原型函数可以简记为 $\csc\left(\mathrm{e}^{x^2\sin xt^2}t\right)$,可以给出下面的语句:

```
>> syms t x;  F=funmsym(A,csc(exp(x^2*sin(x*t^2))*t),x)
```

上述语句可以求解原始问题。这样的矩阵函数极其复杂,这里只列出左上角项

$$f_{1,1}(t) = \frac{1}{\sin\left(te^{-4\sin 2t^2}\right)} + \frac{t\cos t\mathrm{e}^{-\sin t^2}\mathrm{e}^{-\sin t^2}\left(2\sin t^2+4t^2\cos t^2-t^4\sin t^2\right)}{2\sin^2\left(te^{-\sin t^2}\right)}$$

$$+ \frac{t^2\mathrm{e}^{-2\sin t^2}\left(2\sin t^2+t^2\cos t^2\right)^2}{2\sin\left(t\,\mathrm{e}^{-\sin t^2}\right)} + \frac{t^2\cos^2 t\mathrm{e}^{-\sin t^2}\mathrm{e}^{-2\sin t^2}\left(2\sin t^2+t^2\cos t^2\right)^2}{\sin^3\left(t\mathrm{e}^{-\sin t^2}\right)}$$

$$- \frac{t\cos t\mathrm{e}^{-\sin t^2}\mathrm{e}^{-\sin t^2}\left(2\sin t^2+t^2\cos t^2\right)\left(1+2\sin t^2+t^2\cos t^2\right)}{2\sin^2\left(t\mathrm{e}^{-\sin t^2}\right)}$$

**例 3-20** 考虑例 3-18 中给出的矩阵 $A$，试求出 $A^k$ 与 $k^A$，其中 $k$ 为任意整数。

**解** 将 $A$ 矩阵可作自变量 $x$，则所需矩阵函数的原型可以分别简记作 $x^k$ 与 $x^x$，这样，由下面的命令可以求出 $A^k$ 与 $k^A$。

```
>> A=[-1,-1,1,0; -1,-1,-1,0; 1,2,-1,1; 0,-1,0,-2]; A=sym(A);
   syms t x k;  A1=funmsym(A,x^k,x), A2=funmsym(A,k^x,x)
```

其中 $k^A$ 可以写成

$$A_2 = \frac{1}{k}\begin{bmatrix} \ln k+\ln^2 k/2+1/k & \ln^2 k/2-1+1/k & \ln k+\ln^2 k/2 & \ln^2 k/2 \\ -\ln k-\ln^2 k/2 & 1-\ln^2 k/2 & -\ln k-\ln^2 k/2 & -\ln^2 k/2 \\ 1-\ln^2 k/2-1/k & \ln k-\ln^2 k/2+1-1/k & 1-\ln^2 k/2 & \ln k-\ln^2 k/2 \\ \ln^2 k/2 & \ln^2 k/2-\ln k & \ln^2 k/2 & \ln^2 k/2-\ln k+1 \end{bmatrix}$$

值得指出的是，后两个例子中的矩阵函数用 MATLAB 的 funm() 都不能求解，必须借助 funmsym() 函数才能求解。

# 3.4  符号表达式的化简与变换

多项式是最常见的一类数学表达式，本节将介绍多项式符号表达式的输入与处理方法，还将介绍其他符号多项式的处理方法，比如变量替换方法，符号表达式的通用与专用化简工具，还将介绍其他的转换方法。

## 3.4.1  多项式的运算

MATLAB 支持多项式的输入与基本处理，提供了专门的多项式处理与化简函数，如 collect() 函数可以合并同类项，expand() 可以展开多项式，factor() 可以进行因式分解。

**例 3-21** 假设已知含有因式的多项式

$$P(s) = (s+3)^2(s^2+3s+2)(s^3+12s^2+48s+64)$$

试用各种化简函数对之进行处理，并理解得出的变换结果。

**解** 首先应该定义符号变量 $s$，这样就可以将该多项式直接输入。

```
>> syms s; P(s)=(s+3)^2*(s^2+3*s+2)*(s^3+12*s^2+48*s+64) % 输入 P
   P1=expand(P), P2=factor(P), P3=prod(P2)                % 不同变换
```

该多项式展开后的结果为

$$P_1(s) = s^7 + 21s^6 + 185s^5 + 883s^4 + 2454s^3 + 3944s^2 + 3360s + 1152$$

函数 factor() 可以得出多项式的各个因式，较新版本将得出的是由所有因子构成的向量 $P_2$；由 prod() 函数将因式乘起来，则 $P_3$ 为因式分解的结果。

$$P_2(s) = [s+3, s+3, s+2, s+1, s+4, s+4, s+4], \quad P_3(s) = (s+1)(s+2)(s+3)^2(s+4)^3$$

**例 3-22** 函数 $f(x) = \mathrm{e}^{ax}\sin(b+x)$ 的 Taylor 幂级数展开可以由 taylor() 函数得

出,是多项式形式的表达式,但直接生成的比较凌乱,试对结果进行合并同类项处理。

**解** 可以用常规方法得出函数的 Taylor 幂级数展开,再合并同类项。

```
>> syms x a b; f(x)=exp(a*x)*sin(b+x); F=taylor(f,'Order',5)
   collect(F)
```

合并同类项后的结果为

$$F(x) = \left(a^4 \sin b/24 + a^3 \cos b/6 - a^2 \sin b/4 - a \cos b/6 + \sin b/24\right) x^4$$
$$+ \left(a^3 \sin b/6 + a^2 \cos b/2 - a \sin b/2 - \cos b/6\right) x^3$$
$$+ (a^2 \sin b/2 + a \cos b - \sin b/2)x^2 + (\cos b + a \sin b)x + \sin b$$

### 3.4.2 三角函数的变换与化简

三角函数领域存在大量的化简公式与变换公式,例如,下面定理中的公式可以将 $(x+y)$ 的三角函数展开成 $x$ 的三角函数与 $y$ 的三角函数的运算表达式。

**定理 3-1** 三角函数的展开公式为

$$\sin(x+y) = \cos x \sin y + \cos y \sin x, \quad \cos(x+y) = \cos x \cos y - \sin x \sin y \qquad (3\text{-}4\text{-}1)$$

利用 MATLAB 语言的符号运算工具箱可以实现很多三角函数表达式的变换与化简操作,例如,利用 $F_1 = \mathtt{simplify}(F)$ 可以实现三角函数表达式的自动化简,用 $\mathtt{expand}()$ 函数可以实现三角函数表达式的展开等。

**例 3-23** 试用 MATLAB 的符号运算功能推导出式(3-4-1)。有什么方法能从方程的右边反变换为左边的式子吗?

**解** 式(3-4-1)这类公式可以由 $\mathtt{expand}()$ 函数直接得出。对其结果调用 $\mathtt{simplify}()$ 函数,则可以反变换回左边的函数。

```
>> syms x y; F1=expand(sin(x+y)), F2=expand(cos(x+y))
   simplify(F1), simplify(F2), F3=expand(tan(x+y))
```

上述语句还可以得出 $\tan(x+y) = (\tan x + \tan y)/(1 - \tan x \tan y)$。

### 3.4.3 符号表达式的化简

符号运算工具箱可以用于推导数学公式,但其结果往往不是最简形式,或不是用户期望的格式,所以需要对结果进行化简处理。MATLAB 中最常用的化简函数是 $\mathtt{simplify}()$ 函数,调用格式为 $s_1 = \mathtt{simplify}(s)$,该函数将自动对表达式 $s$ 尝试各种化简函数,最终得出计算机认为最简的结果 $s$。早期版本的化简函数 $\mathtt{simple}()$ 已不能使用。

除了 $\mathtt{simplify}()$ 函数外,$\mathtt{numden}()$ 可以提取多项式的分子和分母等。这些函数的信息与调用格式可以由 $\mathtt{help}$ 命令得出。

MATLAB 还提供了自定义化简与变换函数 $F_1 = \mathtt{rewrite}(F, \mathtt{fun})$,其中,$\mathtt{fun}$

为用户自选的变换函数,例如,'sin'表示化简结果中只含正弦函数、'sincos'(只含正弦和余弦函数)、'cos'(只含余弦)、'tan'(只含正切)等三角函数,也可以选择'exp'(指数)、'sqrt'(平方根)、'log'(对数)等超越函数,还可以选择为'heaviside'(Heaviside函数)、'piecewise'(分段函数)等选项。

**例3-24** 试将例3-23中$\tan(x+y)$的展开表达式变换成只含有正弦函数的表达式。

**解** 可以重新获得展开的表达式,再作正弦变换,代码如下:

```
>> syms x y, F=tan(x+y), F1=rewrite(expand(F),'sin')
```

得出的结果为

$$F_1 = \frac{\sin x/(2\sin^2 x/2-1)+\sin y/(2\sin^2 y/2-1)}{\sin x \sin y/[(2\sin^2 x/2-1)(2\sin^2 y/2-1)]-1}$$

**例3-25** 已知$x$为实数,$y=|2x^2-3|+|4x-5|$,试将其表示为分段函数。

**解** 可以用MATLAB直接表示原函数,然后调用rewrite()函数即可以将其改写为分段函数。代码如下:

```
>> syms x real; y(x)=abs(2*x^2-3)+abs(4*x-5);
   y1=rewrite(y,'piecewise')    %将结果变换成分段函数形式
```

得出的分段函数为

$$y_1(x) = \begin{cases} 2x^2+4x-8, & 5/4 \leqslant x \\ 2x^2-4x+2, & x \leqslant 5/4 \text{ 且 } 0 \leqslant 2x^2-3 \\ -2x^2-4x+8, & x \leqslant 5/4 \text{ 且 } 2x^2-3 \leqslant 0 \end{cases}$$

### 3.4.4 符号表达式的变量替换

在实际科学运算中,经常需要将函数中某个自变量替换成另一个自变量,或将自变量替换成另一个表达式。符号运算工具箱中有一个很有用的变量替换函数subs(),其调用格式为

$f_1=\text{subs}(f,x_1,x_1^*)$,        % 变量简单替换,相当于点运算

$f_1=\text{subs}(f,\{x_1,x_2,\cdots,x_n\},\{x_1^*,x_2^*,\cdots,x_n^*\})$, % 同时替换多个变量

其中$f$为原表达式。该函数的目的是将其中的$x_1$替换成$x_1^*$,生成新的表达式$f_1$。后一种格式表示可以同时替换多个变量。

### 3.4.5 符号运算结果的转换

符号运算工具箱的结果可以通过latex()函数转换成科学排版语言LaTeX能支持的字符串,该字符串可以直接嵌入LaTeX文档[13],得出更好的科学排版效果。

**例3-26** 考虑例3-21中给出的多项式$P(s)$,试用$s=(z-1)/(z+1)$对原式进行双线性变换,化简得出的结果并得出其LaTeX排版格式。

**解** 下面语句可以直接完成双线性变换,并得出结果的最简表达式。

```
>> syms s z; P=(s+3)^2*(s^2+3*s+2)*(s^3+12*s^2+48*s+64); %输入多项式
   P1=simplify(subs(P,s,(z-1)/(z+1))), latex(P1)    %变量替换并转换
```

该语句将得出如下的字符串：

```
\frac{8\, z\, {\left(2\, z + 1\right)}^2\, \left(3\, z + 1\right)
\,{\left(5\, z + 3\right)}^3}{{\left(z + 1\right)}^7}
```

而该字符串在 LaTeX 排版语言下可以显示为

$$P_1(z) = 8\frac{(2z+1)^2 z (3z+1)(5z+3)^3}{(z+1)^7}$$

对于非科技文献排版工具，如 Microsoft Word 等，则没有直接的转换程序。

MATLAB 还可以从已知的分式表达式提取出分子与分母表达式，相应的函数名 numden()，其调用格式为 $[n,d]=$numden$(f)$，其中 $f$ 为一般数学表达式，$n$ 与 $d$ 为提取出来的分子、分母符号表达式。

**例 3-27** 考虑例 3-26 中的替换结果，试将其分子与分母表达式分别提取出来。

**解** 由下面语句可以直接提取出该结果的分子为 $n = 8z(2z+1)^2(3z+1)(5z+3)^3$，分母为 $d = (z+1)^7$。

```
>> syms s z; P=(s+3)^2*(s^2+3*s+2)*(s^3+12*s^2+48*s+64);%输入多项式
   P1=simplify(subs(P,s,(z-1)/(z+1))); [n,d]=numden(P1)
```

## 3.5 基本数据运算

MATLAB 语言还提供了一组简单的数据变换和基本离散数学计算函数。下面将演示其中若干函数的应用。读者还可以自己选定矩阵对其他函数实际调用，观察得出的结果，以便更好地体会这些函数。本节将介绍给定数据的取整方法与实现，并介绍数据排序、最大最小值、统计量计算等基本处理方法，还将介绍质因式分解、质数运算与排列组合等计算问题。

### 3.5.1 数据的取整与有理化运算

MATLAB 提供了一组不同方向的取整函数，如表 3-1 所示，其含义与调用格式都是很明显的，后面将通过例子演示。

**例 3-28** 考虑一组数据 $-0.2765, 0.5772, 1.4597, 2.1091, 1.191, -1.6187$，试用不同的取整方法观察所得出的结果，并进一步理解取整函数。

**解** 可以用下面的语句将数据用向量表示，调用取整函数则得出如下的结果：

```
>> A=[-0.2765,0.5772,1.4597,2.1091,1.191,-1.6187];
   v1=floor(A), v2=ceil(A), v3=round(A)
   v4=fix(A) % 不同取整函数，观察并理解其结果
```

采用不同的取整函数将得出下面不同的结果：

$$\boldsymbol{v}_1 = [-1,0,1,2,1,-2], \boldsymbol{v}_2 = [0,1,2,3,2,-1], \boldsymbol{v}_3 = [0,1,1,2,1,-2], \boldsymbol{v}_4 = [0,0,1,2,1,-1]$$

表 3-1  数据取整与变换函数

| 函数名 | 调用格式 | 函数说明 |
|--------|----------|----------|
| floor() | $n$=floor($x$) | 将 $x$ 中元素按 $-\infty$ 方向取整，即取不足整数，得出 $n$，记作 $n = \lfloor x \rfloor$ |
| ceil() | $n$=ceil($x$) | 将 $x$ 中元素按 $+\infty$ 方向取整，即取过剩整数，得出 $n = \lceil x \rceil$ |
| round() | $n$=round($x$) | 将 $x$ 中元素按最近的整数取整，亦即四舍五入，得出 $n$ |
| fix() | $n$=fix($x$) | 将 $x$ 中元素按离 0 近的方向取整，得出 $n$ |
| rat() | [$n$,$d$]=rat($x$) | 将 $x$ 中元素变换成最简有理数，$n$ 和 $d$ 分别为分子和分母矩阵 |
| rem() | $B$=rem($A$,$C$) | $A$ 中元素对 $C$ 中元素求模得出的余数 |
| mod() | $B$=mod($A$,$C$) | $A$ 中元素对 $C$ 中元素求模得出的模数 |

**例 3-29**  假设 $3 \times 3$ 的 Hilbert 矩阵可以由 $A$=hilb(3) 定义，试求其有理数变换。

**解**  用下面的语句可以进行所需变换，并得出所需结果。

>> A=hilb(3); [n,d]=rat(A) %矩阵的有理化，提取分子与分母矩阵

这时得出的两个整数矩阵分别为

$$n = \begin{bmatrix} 1 & 1 & 1 \\ 1 & 1 & 1 \\ 1 & 1 & 1 \end{bmatrix}, \quad d = \begin{bmatrix} 1 & 2 & 3 \\ 2 & 3 & 4 \\ 3 & 4 & 5 \end{bmatrix}$$

**例 3-30**  已知数组 $v = [5.2, 0.6, 7, 0.5, 0.4, 5, 2, 6.2, -0.4, -2]$，找出并显示其中的整数。

**解**  MATLAB 的 isinteger() 只能用于判定整型数据结构，并不能由双精度数据中找整数。如果想找整数，则可以对其求余数，如果余数为零则为整数否则非整数。这样可以给出下面语句，得出 $i = [3, 6, 7, 10]$，说明这些位置的数为整数，还将显示出整数值为 $[7, 5, 2, -2]$，与直接观测到的完全一致。

>> v=[5.2 0.6 7 0.5 0.4 5 2 6.2 -0.4 -2];
    i=find(rem(v,1)==0), v(i)  %这两句可以简化为 v(rem(v,1)==0)

其实，在数值运算的框架内这样判定整数的方法有时并不可靠，比如使用了双精度数据的结构，有的时候即使有可能得出整数，在双精度数据结构下可能得出不精确的数值如 5.000000000000001，所以判定时应有意放宽条件，例如

>> i=find(rem(v,1)<=1e-12), v(i)   %或使用其他的小数判定

### 3.5.2  向量的排序、最大值与最小值

MATLAB 提供了排序函数 sort()，可以对一个向量从小到大排序，该函数的调用结果为 $v$=sort($a$)，$[v,k]$=sort($a$)，前者返回排序后的向量 $v$，后者还将返回序号向量 $k$。如果想从大到小排序，可以对 $-a$ 排序，或给出从大到小的选项 'descend'，即 sort($a$,'descend')。

**例 3-31**  如果 $a$ 是矩阵，也可以使用 sort() 函数对其排序，其规则是矩阵的每一列单独排序。试对 $4 \times 4$ 魔方矩阵进行从小到大的排序。

**解** 如果对矩阵排序,则可以给出下面的命令:

```
>> A=magic(4), [a k]=sort(A)
```

得出的结果如下,读者可以自己理解这样的排序结果。

$$
A = \begin{bmatrix} 16 & 2 & 3 & 13 \\ 5 & 11 & 10 & 8 \\ 9 & 7 & 6 & 12 \\ 4 & 14 & 15 & 1 \end{bmatrix},\ a = \begin{bmatrix} 4 & 2 & 3 & 1 \\ 5 & 7 & 6 & 8 \\ 9 & 11 & 10 & 12 \\ 16 & 14 & 15 & 13 \end{bmatrix},\ k = \begin{bmatrix} 4 & 1 & 1 & 4 \\ 2 & 3 & 3 & 2 \\ 3 & 2 & 2 & 3 \\ 1 & 4 & 4 & 1 \end{bmatrix}
$$

如果 $a$ 为矩阵,且想对每一行排序,则有两种解决方法,第一种是对 $a^{\mathrm{T}}$ 作排序处理,另一种是使用命令 sort$(a,2)$,其中 2 表示按行排序,如果给出选项 1,则是默认的对列排序。下面的语句可以实现对行排序。

```
>> A, [a k]=sort(A,2)
```

这样得出的排序结果为

$$
A = \begin{bmatrix} 16 & 2 & 3 & 13 \\ 5 & 11 & 10 & 8 \\ 9 & 7 & 6 & 12 \\ 4 & 14 & 15 & 1 \end{bmatrix},\ a = \begin{bmatrix} 2 & 3 & 13 & 16 \\ 5 & 8 & 10 & 11 \\ 6 & 7 & 9 & 12 \\ 1 & 4 & 14 & 15 \end{bmatrix},\ k = \begin{bmatrix} 2 & 3 & 4 & 1 \\ 1 & 4 & 3 & 2 \\ 3 & 2 & 1 & 4 \\ 4 & 1 & 2 & 3 \end{bmatrix}
$$

如果想对矩阵的所有元素进行排序,则应该由 $A(:)$ 将矩阵转换成列向量,再调用 sort() 函数进行排序,其实,这样的方法同样适用于多维数组的排序。

```
>> [v,k]=sort(A(:))    % 对全部数据进行排序
```

上面得出的排序下标向量为 $k = [16, 5, 9, 4, 2, 11, 7, 14, 3, 10, 6, 15, 13, 8, 12, 1]^{\mathrm{T}}$。

MATLAB 提供了提取最大值、最小值的函数 max() 和 min(),求和与求乘积的函数 sum() 和 prod(),其调用格式与排序函数很接近,也可以按列求取矩阵最大值、最小值、和或乘积,这里不再赘述。

### 3.5.3 数据的均值、方差与标准差

如果得到一组数据,有时为分析数据分布的需要,经常需要计算这组数据的均值与方差等统计量,这里先给出这些统计量的定义,然后介绍统计量的计算方法。

**定义 3-9** 如果向量 $A = [a_1, a_2, \cdots, n]$,则其均值 $\mu$、方差 $\sigma^2$ 与标准差分别定义为

$$
\mu = \frac{1}{n} \sum_{k=1}^{n} a_k,\ \sigma^2 = \frac{1}{n} \sum_{k=1}^{n} (a_k - \mu)^2,\ s = \sqrt{\frac{1}{n-1} \sum_{k=1}^{n} (a_k - \mu)^2} \tag{3-5-1}
$$

如果 $A$ 是一个向量,则可以由 $\mu$=mean$(A)$,$c$=cov$(A)$ 与 $s$=std$(A)$ 直接求取向量 $A$ 中各个元素的均值、方差与标准差。

如果 $A$ 是矩阵,则这些函数将对矩阵的每一列单独运算,则 mean() 函数可以得出其每一列的均值,得到的结果是行向量。这些函数的调用方式与前面介绍的 max() 等函数是一致的。如果将 $A$ 矩阵的每一列看成一个信号的样本点,则函数 cov() 得出的是这些路信号的协方差矩阵。

**例 3-32** 由 `randn(3000,4)` 函数可以生成四路标准正态分布的随机信号，每路信号有 3000 个样本点，试求每路信号的均值，并求出这四路信号的协方差矩阵。

**解** 有了 MATLAB 这样强大的计算机语言，由下面几条语句就可以求解问题：

```
>> R=randn(3000,4); m=mean(R), C=cov(R)
```

得出的均值向量为 $m = [-0.00388, 0.0163, -0.00714, -0.0108]$，协方差矩阵为

$$C = \begin{bmatrix} 0.98929 & -0.01541 & -0.012409 & 0.011073 \\ -0.01541 & 0.99076 & -0.003764 & 0.003588 \\ -0.012409 & -0.003764 & 1.0384 & 0.013633 \\ 0.011073 & 0.003588 & 0.013633 & 0.99814 \end{bmatrix}$$

### 3.5.4 质因数与质因式

MATLAB 提供了求解最大公约数与最小公倍数的函数 `gcd()` 和 `lcm()`，其调用函数为 $k=\text{gcd}(n,m)$ 和 $k=\text{lcm}(n,m)$，用于求取两个整数 $n$ 和 $m$ 的最大公约数与最小公倍数。如果 $n$ 与 $m$ 都是多项式，也可以用这样的方法求取最大公约式与最小公倍式。

MATLAB 还提供了质因数分解的函数 $v=\text{factor}(n)$，对 $n$ 进行质因数分解，其各个质因数由向量 $v$ 返回。如果 $n$ 为多项式，仍可用该函数进行因式分解。

**定义 3-10** 如果多项式 $P(s)$ 与 $Q(s)$ 的最大公约式与 $s$ 无关，则称它们互质。

**例 3-33** 试求 1856120 和 1483720 两个数值的最大公约数与最小公倍数，并得出最小公倍数的质因数分解。

**解** 由于数值较大，不适合用 MATLAB 的数值形式处理，所以有必要将其转换成符号型数据结构，并由下面的语句求解：

```
>> m=sym(1856120); n=sym(1483720);
   gcd(m,n), lcm(m,n), factor(lcm(n,m))
```

亦即其最大公约数为 1960，最小公倍数为 1405082840。其最小公倍数的质因数分解可以由下面的语句求出为 $2^3 \times 5 \times 7^2 \times 757 \times 947$。

这里使用的 `gcd()` 和 `lcm()` 函数只能用于求解两个整数或多项式的运算。如果想求多个数的最大公约数，则可以嵌套使用函数 `gcd(gcd(m,n),k)`。

**例 3-34** 给出两个多项式 $A(x) = x^4+7x^3+13x^2+19x+20, B(x) = x^7+16x^6+103x^5+346x^4+655x^3+700x^2+393x+90$，试判定它们是否互质。

**解** 求解这样的问题可以采用 MATLAB 语言提供的 `gcd()` 函数完成。

```
>> syms x; A=x^4+7*x^3+13*x^2+19*x+20; %输入两个多项式并求最大公约式
   B=x^7+16*x^6+103*x^5+346*x^4+655*x^3+700*x^2+393*x+90;
   d=gcd(A,B)        % 两个多项式的最大公约式求取
```

可见，两个多项式具有最大公约式 $d = x+5$，故两个多项式不是互质的。

**例**3-35 试列出 1~1000 之间的全部质数。

**解** 用下面的语句就可以立即求出所有满足条件的质数。这里以表 3-2 的形式给出可读性更好的结果。在实际求解过程中，用 isprime(A) 测出每个整数是否为质数，最后用下标提取的方式将这些质数提取出来。该结构比较特殊，起的作用是将向量 isprime(A) 中下标为 1 的那些位保留下来。

```
>> A=1:1000; B=A(isprime(A))   %注意,这也是一种子矩阵提取方法
```

更简单地,由 primes(1000) 命令就可以直接列出这些质数。

表 3-2  1000 以内的质数表

| | | | | | | | | | | | | | | | | | | |
|---|---|---|---|---|---|---|---|---|---|---|---|---|---|---|---|---|---|---|
| 2 | 3 | 5 | 7 | 11 | 13 | 17 | 19 | 23 | 29 | 31 | 37 | 41 | 43 | 47 | 53 | 59 | 61 | 67 |
| 71 | 73 | 79 | 83 | 89 | 97 | 101 | 103 | 107 | 109 | 113 | 127 | 131 | 137 | 139 | 149 | 151 | 157 | 163 |
| 167 | 173 | 179 | 181 | 191 | 193 | 197 | 199 | 211 | 223 | 227 | 229 | 233 | 239 | 241 | 251 | 257 | 263 | 269 |
| 271 | 277 | 281 | 283 | 293 | 307 | 311 | 313 | 317 | 331 | 337 | 347 | 349 | 353 | 359 | 367 | 373 | 379 | 383 |
| 389 | 397 | 401 | 409 | 419 | 421 | 431 | 433 | 439 | 443 | 449 | 457 | 461 | 463 | 467 | 479 | 487 | 491 | 499 |
| 503 | 509 | 521 | 523 | 541 | 547 | 557 | 563 | 569 | 571 | 577 | 587 | 593 | 599 | 601 | 607 | 613 | 617 | 619 |
| 631 | 641 | 643 | 647 | 653 | 659 | 661 | 673 | 677 | 683 | 691 | 701 | 709 | 719 | 727 | 733 | 739 | 743 | 751 |
| 757 | 761 | 769 | 773 | 787 | 797 | 809 | 811 | 821 | 823 | 827 | 829 | 839 | 853 | 857 | 859 | 863 | 877 | 881 |
| 883 | 887 | 907 | 911 | 919 | 929 | 937 | 941 | 947 | 953 | 967 | 971 | 977 | 983 | 991 | 997 | | | |

### 3.5.5  排列与组合

排列组合是组合学最基本的概念。本节将先给出排列和组合的定义与计算公式，然后探讨如何利用 MATLAB 语言求解排列组合问题。

**定义** 3-11  从 $n$ 个不同元素中取出 $k$ $(k \leqslant n)$ 个元素，按照一定的顺序排成一列，称为从 $n$ 个元素中取出 $k$ 个元素的一个排列（permutation），记作 $\mathrm{P}_n^k$。

**定义** 3-12  从 $n$ 个不同元素中取出 $k$ $(k \leqslant n)$ 个元素，称为从 $n$ 个元素中取出 $k$ 个元素的一个组合（combination），记作 $\mathrm{C}_n^k$，可以由 $C$=nchoosek($n,k$) 直接计算。

**定理** 3-2  排列与组合的直接计算公式为

$$\mathrm{P}_n^k = \frac{n!}{k!}, \ \mathrm{C}_n^k = \frac{n!}{k!(n-k)!} \tag{3-5-2}$$

排列 $\mathrm{P}_n^k$ 可以由定理 3-2 的公式直接计算，组合可以由 nchoosek() 函数计算。另外，perms($v$) 函数可以列出向量 $v$ 中元素的所有排列方式（$v$ 中元素的个数 $n \leqslant 10$），而 $v$=randperm($n$) 将 $1 \sim n$ 按随机的方式排成向量 $v$。

**例**3-36  假设有 5 个人(编号 1~5)站成一横排照合影，请列出所有的排列形式。

**解** 这是一个标准的全排列问题，因为人们不只关心有多少种排列方式，还想知道具体有哪些可能的排列方式。可以给出下面的求解语句，返回的 $P$ 矩阵为 $120 \times 5$ 矩阵，

列出所有的排列方式，其中每一行就是一种排列方式，且 $120 = 5!$。

>> P=perms(1:5), size(P) %得出全排列并计算有多少种排列方式

如果这些人的标识为'a'～'e'，则可以使用命令P=perms('abcde')。

**例**3-37 假设有15个学生参加口试，试给出一个随机的考试次序。

**解** MATLAB 提供的randperm()函数可以直接完成这个任务，得出一组排序 $v = [9, 14, 2, 12, 4, 6, 11, 5, 13, 10, 3, 8, 1, 7, 15]$。这个语句每次运行的结果是不一样的，以表示其"随机性"，所以实际应用中可以与学生约定，以当场生成一个随机顺序为准。

>> randperm(15) %将1～15随机排列

# 本章习题

3.1 用MATLAB语句输入复数矩阵

$$A = \begin{bmatrix} 1+4j & 2+3j & 3+2j & 4+1j \\ 4+1j & 3+2j & 2+3j & 1+4j \\ 2+3j & 3+2j & 4+1j & 1+4j \\ 3+2j & 2+3j & 4+1j & 1+4j \end{bmatrix}$$

并求出 $B = A + A^{\mathrm{T}}$，$C = A + A^{\mathrm{H}}$，得出的 $B$ 与 $C$ 是对称矩阵吗？

3.2 试用符号运算工具箱支持的方式表达多项式 $f(x) = x^5 + 3x^4 + 4x^3 + 2x^2 + 3x + 6$，并令 $x = (s-1)/(s+1)$，将 $f(x)$ 替换成 $s$ 的函数。

3.3 已知数学函数 $f(x) = \dfrac{x \sin x}{\sqrt{x^2 + 2}(x+5)}$，$g(x) = \tan x$，试用变量替换的方法求出复合函数 $f(g(x))$ 和 $g(f(x))$。

3.4 试对习题3.1给出的 $A$ 矩阵计算 $A^2$、$A.*A$ 与 $A.\^2$。

3.5 试求出习题3.1中 $A$ 矩阵的全部四次方根，并验证结果的正确性。

3.6 考虑习题3.1中复数矩阵 $A$，试找出其中全部模大于5的元素的和。

3.7 若矩阵 $A$、$B$ 如下，试对每个矩阵分别求 $\mathrm{e}^{At}$、$\sin At$、$\mathrm{e}^{A^2 \cos At^2}$、$A^k$、$k^A$。

$$A = \begin{bmatrix} -4 & 1 & 0 & -2 \\ -6 & 2 & 0 & -8 \\ -10 & 8 & -3 & -14 \\ -1 & 1 & 0 & -4 \end{bmatrix}, \quad B = \begin{bmatrix} -1-15j & -4j & -14j & 1+4j \\ -1+4j & -1+j & -1+4j & -2j \\ 16j & 4j & -1+15j & -1-4j \\ 4j & 0 & 4j & -1-j \end{bmatrix}$$

3.8 由于双精度数据结构有一定的位数限制，大数的阶乘很难保留足够的精度。试用数值方法和符号运算的方法计算并比较 $C_{50}^{10}$。

3.9 试求出 $12!$ 与 $120392876530261281929 34$ 的最大公约数。

3.10 试求出下面多项式的因式分解表达式并得出其最简形式。

$$P(s) = s^{11} + 89s^{10} + 3512s^9 + 80766s^8 + 1196322s^7 + 11902506s^6 + 80458224s^5 +$$
$$365455332s^4 + 1079056341s^3 + 1953065477s^2 + 1984148320s + 974358550$$

3.11 试求下面两个多项式的最大公约式。

$$P(x) = x^5 + 10x^4 + 34x^3 + 52x^2 + 37x + 10, \quad Q(x) = x^5 + 15x^4 + 79x^3 + 177x^2 + 172x + 60$$

3.12 试求出 10000 以下所有的质数的和,并求出结果的质因数分解。

3.13 试生成一个 $100 \times 100$ 的魔方矩阵,找出其中大于 1000 的所有元素,并强行将它们置成 0。

3.14 试生成一个 $1000 \times 1000$ 的魔方矩阵,能找出 34438 这个元素在哪行哪列吗?

3.15 试化简三角函数 $5\cos^4 \alpha \sin \alpha - 10\cos^2 \alpha \sin^3 \alpha + \sin^5 \alpha$。

3.16 试得出无理数 $\pi$、$\sqrt{2}$、$\sqrt{3}$、$\mathrm{e}$、$\lg 2$、$\sin 22$ 的有理近似,并估计误差。

3.17 区间 $[1, 1000000]$ 内总共有多少个质数?试求出所有这些质数的乘积,判断这个乘积有多少位十进制数,并测试一下执行这些语句的总耗时。

3.18 假设已知矩阵 $A$,试给出相应的 MATLAB 命令,将其全部偶数行提取出来,赋给 $B$ 矩阵,用 $A$=magic(8) 命令生成 $A$ 矩阵,用上述命令检验一下结果是否正确。

3.19 试提取习题 3.7 中 $B$ 矩阵的实部与虚部,并计算其相位。

3.20 假设通过实验获得如表 3-3 给出的数据,试找出这些数据的最大值与最小值,并比较各种求整方法得出的结果。对所有的数据进行排序,并求取这些数据的平均值与方差。

表 3-3  习题 3.20 的数据

| | | | | | | | | |
|---|---|---|---|---|---|---|---|---|
| 2.6869 | 0.7039 | −1.1656 | 0.7794 | 0.1191 | 1.866 | −1.6775 | 1.969 | −0.6671 |
| −1.9059 | 2.9030 | 2.8706 | 0.9849 | 2.9186 | −1.4595 | 1.5469 | 0.9357 | −0.8233 |
| 0.8607 | −0.0129 | −0.5865 | 0.2939 | 1.8141 | −1.3040 | 1.0276 | 0.2378 | 1.9766 |
| 1.1452 | 2.8639 | 2.8673 | −0.1366 | 1.5918 | 1.9394 | 2.1184 | 0.8581 | −1.7122 |
| 1.5864 | 0.0084 | 0.0875 | 1.9327 | 0.6563 | 1.6381 | −0.0420 | −1.3064 | 0.8062 |

3.21 考虑表 3-3 中的数据,试对其进行处理,只保留小数点后两位数值。

# 第4章 MATLAB语言的流程结构

流程结构又称控制流程（control flow），是指计算机语句运行顺序的控制方法。作为一种程序设计语言，MATLAB 提供了循环语句结构、条件语句结构、开关语句结构以及与众不同的试探语句。本章将介绍各种各样的流程语句结构。

4.1节将介绍两种不同的循环结构，并介绍迭代方法的循环结构实现与向量化编程的方法，后者的最终目标是以更高效的编程结构取代循环结构。4.2节将介绍有条件的转移结构，还将介绍分段函数向量化的处理方法，以便用高效的向量化编程取代转移结构。4.3节与4.4节将分别介绍开关结构与试探结构。

## 4.1 循环结构

如果想反复执行一段代码，则需要使用循环结构。一般情况下，循环结构又分为两种形式，一种是事先指定次数 $n$，然后反复 $n$ 次执行一段代码，这里称其为 for循环；另一种循环为条件循环，在给定的条件满足时反复地执行一段代码，称为while循环。本节将分别介绍这两种循环结构及其使用方法。

### 4.1.1 for循环结构

for 循环是最常用的一类循环结构。for 循环的一般结构为

for $i = v$，循环结构体，end

在标准的for循环结构中，$v$ 为一个向量，循环变量 $i$ 每次从 $v$ 向量中依次取一个数值，执行一次循环体的内容，再返回 for 语句，将 $v$ 向量中的下一个分量提取出来赋给 $i$，再次执行循环体的内容。这样的过程一次一次执行下去，直至执行完 $v$ 向量中所有的分量，将自动结束循环体的执行。

如果 $v$ 是矩阵，则每次 $i$ 从中取一个列向量，直至提取完矩阵的所有列向量。

**例4-1** 先考虑一个简单的例子，用循环结构求解 $S = \sum\limits_{i=1}^{100} i$。

**解** 可以考虑用 for 循环结构求解这样的问题。将 $v$ 向量设定为行向量 $[1, 2, \cdots,$

100],并设定一个初值为零的累加变量 $s$。让循环变量每次从 $v$ 向量中取一个数值,加到累加变量 $s$ 上,这样可以给出如下的程序段,得出的结果为 $s = 5050$。

```
>> s=0; for i=1:100, s=s+i; end, s  %简单的循环结构
```

事实上,前面的求和用 sum(1:100) 就能够得出所需的结果,这样做借助了 MATLAB 的 sum() 函数对整个向量进行直接操作,故程序更简单了。

由此可见,这样的格式比 C 语言的相应格式灵活得多。下面将再给出一个例子演示 for 循环再迭代过程中的应用。

**例 4-2** 考虑一个序列,其第一项为 $a_1 = 3$,第二项可以由第一项计算出来,$a_2 = \sqrt{1 + a_1}$,后续各项可以通过递推公式 $a_{k+1} = \sqrt{1 + a_k}$ $(k = 1, 2, \cdots, m)$ 计算出来,如何计算 $a_{32}$ 呢?

**解** 这样的过程可以通过一种称为"迭代"的方法实现。为编程方便起见,可以使用向量来存储 $a_k$,使得 $a(1) = 3$。现在让循环变量 $k$ 执行 31 次,则可以计算出 $a(32)$。可以用 MATLAB 的循环结构求解:

```
>> a(1)=3; format long              %设初值并设定显示格式
    for k=1:31, a(k+1)=sqrt(1+a(k)); end, a %迭代并显示全部向量
```

从得出的结果看,在当前的显示状况下第 31 项与第 32 项都是 1.618033988749895,在双精度意义下是完全一致的,再继续迭代下去结果也没有变化,可以认为这样的迭代过程是收敛的,该收敛的最终结果又称为黄金分割数[14]。

如果从数学表达式角度理解这样的序列,则可以将其前几项写成

$$3, \sqrt{1 + 3}, \sqrt{1 + \sqrt{1 + 3}}, \sqrt{1 + \sqrt{1 + \sqrt{1 + 3}}}, \cdots$$

如果这样的序列收敛,并假设其收敛到 $x$,则由迭代公式可以得出 $x = \sqrt{1 + x}$,求解方程则可以得出 $x = \left(1 + \sqrt{5}\right)/2 \approx 1.618033988749895$。

**例 4-3** 试生成 $9 \times 9$ 的魔方矩阵,并求其每一行的和。

**解** 直接生成一个魔方矩阵的语句如下:

```
>> A=magic(9)
```

这时生成的魔方矩阵为

$$A = \begin{bmatrix} 47 & 58 & 69 & 80 & 1 & 12 & 23 & 34 & 45 \\ 57 & 68 & 79 & 9 & 11 & 22 & 33 & 44 & 46 \\ 67 & 78 & 8 & 10 & 21 & 32 & 43 & 54 & 56 \\ 77 & 7 & 18 & 20 & 31 & 42 & 53 & 55 & 66 \\ 6 & 17 & 19 & 30 & 41 & 52 & 63 & 65 & 76 \\ 16 & 27 & 29 & 40 & 51 & 62 & 64 & 75 & 5 \\ 26 & 28 & 39 & 50 & 61 & 72 & 74 & 4 & 15 \\ 36 & 38 & 49 & 60 & 71 & 73 & 3 & 14 & 25 \\ 37 & 48 & 59 & 70 & 81 & 2 & 13 & 24 & 35 \end{bmatrix}$$

前面介绍过,sum($A$) 命令可以将矩阵 $A$ 每列元素加起来,得出一个和向量,这与

我们期待的有点差距，我们期待的是每行的和。当然最简单的方法是将 $A$ 矩阵转置再调用 sum() 函数直接求解。不过这里要演示的是用循环来求解每一行的和。

可以生成一个 $9 \times 1$ 的零向量 $s$，然后令循环变量 $i=A$。由于 $A$ 是矩阵，所以循环变量 $i$ 每一次取的都是一个列向量，可以将这些列向量一步一步累加起来，起的作用就是将第二列加到第一列上，再加上第三列、第四列，直至最后一列，得出的列向量就是矩阵每一行的和。从程序实现角度看，初始的零向量还可以简化成标量 0，这样可以给出下面的语句实现前面的思路，得出每一行元素的和都是 369。

```
>> s=0; for i=A, s=s+i; end, s, sum(A.').' %两种方法结果一致
```

**例 4-4** 已知 Fibonacci 序列可以由式 $a_k = a_{k-1} + a_{k-2}$，$k = 3, 4, \cdots$ 生成，其中，初值为 $a_1 = a_2 = 1$，试生成 Fibonacci 序列的前 100 项。

**解** 由 Fibonacci 序列的生成公式可见，可以用数组描述该序列，并令初始值 $a(1) = a(2) = 1$，从第三项开始就可以用递推公式计算了，生成 Fibonacci 序列的命令如下：

```
>> a=[1 1]; for k=3:100, a(k)=a(k-1)+a(k-2); end, a(end)
```

不过，从得出的结果看，由于双精度数据结构只能保留 15 位有效数字，所以这样得出的序列数值可能不完全，说明双精度数据结构在这个问题上不适用，应该采用符号型数据结构。若想使用符号型数据结构，只须修改初始值即可，则可以得出精确的 $a_{100} = 354224848179261915075$。

```
>> a=sym([1 1]); %将初值修改成符号型数据结构
   for k=3:100, a(k)=a(k-1)+a(k-2); end, a(end)
```

for 循环事先预定一个循环的执行条件，选择循环变量应该取的所有的值，然后开始循环过程，所以可以认为这样的循环是一种纯粹的循环或无条件的循环。

### 4.1.2 while 循环结构

while 循环是另一种常用的循环结构。和 for 循环这种无条件的循环相比，在 while 循环中允许条件表达式的使用，一旦条件表达式不成立，则自动终止循环过程。while 循环的典型结构为

while （条件式），循环结构体，end

while 循环中，while 语句的条件式是一个逻辑表达式，若其值为"真"则将自动执行一次循环体的结构，执行完后返回 while 语句，再判定其"条件式"的真伪，如果为真则仍然执行结构体，否则将退出循环体结构。如果使用的不是逻辑变量，则若表达式非零可以认为表达式为真，否则为伪，可以终止循环。

循环结构可以由 for 或 while 语句引导，用 end 语句结束，在这两个语句之间的部分称为循环体。这两种语句结构的用途与使用方法不尽相同，下面将通过例子演示它们的区别及适用场合。

**例4-5** 用while循环结构重新计算 $S = \sum_{i=1}^{100} i$。

**解** 与for循环一样,仍然可以设定一个初值为零的累加变量 $s$,同时,for循环中的 $i$ 变量在这里也设置成一个单独的变量,并令其初值为零。while循环将判定 $i$ 的值,如果 $i \leqslant 100$,则将 $i$ 的值累加到 $s$ 上,其本身也自增1,然后返回while语句再判定条件式 $i \leqslant 100$ 是否成立,如果成立就一直累加下去,如果不成立,就说明已经累加完100项了,程序就可以结束了。这样的思路可以由下面的MATLAB语句直接实现,得出累加的结果为 $s = 5050$,与前面得出的完全一致。

```
>> s=0; i=1;
   while (i<=100), s=s+i; i=i+1; end, s
```

对这个具体问题而言,while循环要比for循环结构稍显麻烦。

**例4-6** 求出满足 $s = \sum_{i=1}^{m} i > 10000$ 的最小 $m$ 值。

**解** 此问题用for循环结构就不便求解了,因为在作加法之前事先并不知道加到哪项,用for循环这样的无条件循环是不可行的。求解这样的问题应该用while结构来求出所需的 $m$ 值,其思路是,一项一项累加,在每次累加之前判定一下和 $s$ 是否超过了10000,如果未超过则继续累加,如果超过则停止累加,终止循环过程。这里介绍的想法可以由下面的语句具体实现,得出的结果为 $s = 10011, m = 141$,该结果也可以通过 sum(1:m)命令检验。

```
>> s=0; m=0;
   while (s<=10000), m=m+1; s=s+m; end, s, m   %和大于10000时终止循环
```

### 4.1.3 迭代方法的循环实现

迭代方法是数值计算中的一种典型的方法,通常用逐步逼近的方法重复执行同样一段代码,通过逼近误差的大小反复修正得出的解,使其逼近原始问题的解。MATLAB比较适合迭代算法的实现,通常用循环结构表示整个迭代框架,如果终止条件满足则可以结束整个迭代过程。本节将通过例子演示迭代计算方法。

**例4-7** 已知 $\arctan x = x - x^3/3 + x^5/5 - x^7/7 + \cdots$。取 $x = 1$,则立即得出下面的计算式:

$$\pi \approx 4\left(1 - \frac{1}{3} + \frac{1}{5} - \frac{1}{7} + \frac{1}{9} - \frac{1}{11} + \cdots\right)$$

试利用循环累加的迭代方法计算出圆周率 $\pi$ 的近似值,要求精度达到 $10^{-6}$。

**解** 如果要求解这类问题,需要给出括号内序列的通项。如果让 $k$ 从1开始变化,则可以得出通项为 $s_1 = (-1)^{k+1}/(2k-1), k = 1, 2, \cdots$。由于不知道需要加到哪项为止,所以应该使用while循环完成这样的计算任务,将累加量 $s_1$ 的绝对值作为判定条件,如果该值小于等于 $10^{-6}$,则终止循环,其结果乘以4就是 $\pi$ 的数值解,得出 $S = 3.141594653585692$,累加步数为 $k = 500002$,耗时 $0.04\,\mathrm{s}$。

```
>> s=0; k=1; s1=1; tic
   while (abs(s1)>1e-6),
      s1=(-1)^(k+1)/(2*k-1); k=k+1; s=s+s1;
   end, format long, S=4*s, k, toc, S-pi
```

　　从得出的结果看,这样的结果没有预期的精确,因为误差为$2\times10^{-6}$,其小数点后的前5位都是正确的,说明判定条件稍有问题。其实,若想真正达到$10^{-6}$精度,则应该修改判定条件,如$4|s-s_0|\leqslant10^{-6}$,其中$s$为当前的计算结果,而$s_0$为上一步的计算结果。为使得循环能启动起来,则设$s_0\neq0$,如令$s_0=1$。这样,整个循环结构可以改写如下,得出的近似结果为$\pi\approx3.1415931$,计算步数为2000002,耗时0.078s,误差为$5\times10^{-7}$。

```
>> s=0; s0=1; k=1; tic
   while (abs((s-s0)*4)>1e-6), s0=s;
      s1=(-1)^(k+1)/(2*k-1); k=k+1; s=s+s1;
   end, S=4*s, k, toc
```

　　**例4-8**　同样是逼近π,不同方法的效率是不同的。试用下面的方法编写循环语句近似地用连乘的方法计算π值,当乘法因子$|\delta-1|<\epsilon$时停止循环。选择精度为比例4-7中的精度苛刻得多的$\epsilon=10^{-15}$,试得出精确的π值并评价结果。

$$\frac{2}{\pi}\approx\frac{\sqrt{2}}{2}\cdot\frac{\sqrt{2+\sqrt{2}}}{2}\cdot\frac{\sqrt{2+\sqrt{2+\sqrt{2}}}}{2}\cdots$$

　　**解**　此问题依然只能用while循环求解,不能采用for循环求解。设累乘量$P=1$,通项的分子可以用递推的方法求出$\sqrt{2+d_0}\rightarrow d_0$,这样在每一步循环中,将累乘量乘以通项$d=d_0/2$,则可以判定累乘量与1的差$|d-1|$是否满足误差限,如果满足则停止循环结构,计算出π的近似值。可以看出,只需$k=28$步迭代,就可以得出$\pi\approx3.141592653589794$,耗时仅为0.0072s,其效率与精度远高于例4-7中的算法。

```
>> tic, P=1; d=2; d0=sqrt(2); k=1;
   while(abs(d-1)>eps)
      d=d0/2; P=P*d; d0=sqrt(2+d0); k=k+1;
   end, toc, 2/P, k
```

　　**例4-9**　矩阵的正弦函数可以由幂级数展开式

$$\sin\boldsymbol{A}=\sum_{k=0}^{\infty}(-1)^k\frac{\boldsymbol{A}^{2k+1}}{(2k+1)!}=\boldsymbol{A}-\frac{1}{3!}\boldsymbol{A}^3+\frac{1}{5!}\boldsymbol{A}^5+\cdots \tag{4-1-1}$$

求出,考虑例3-18中的$\boldsymbol{A}$矩阵,试由上面的公式求$\sin\boldsymbol{A}$。

　　**解**　如果想用累加的形式求取矩阵函数的数值解,很重要的一步是由通项公式求出后项对前项的增量,然后用循环形式编写数值求解的累加函数。对这个例子而言,其第$k$项的通项为

$$\boldsymbol{F}_k=(-1)^k\frac{\boldsymbol{A}^{2k+1}}{(2k+1)!},\ k=0,1,2,\cdots \tag{4-1-2}$$

这样,由后项比前项很容易求出(为叙述方便起见,矩阵除法简记为一般除法形式)

$$\frac{\boldsymbol{F}_{k+1}}{\boldsymbol{F}_k} = \frac{(-1)^{k+1}\boldsymbol{A}^{2(k+1)+1}/(2(k+1)+1)!}{(-1)^k\boldsymbol{A}^{2k+1}/(2k+1)!} = -\frac{\boldsymbol{A}^2}{(2k+3)(2k+2)} \quad (4\text{-}1\text{-}3)$$

可以用迭代方法实现正弦函数幂级数的求和,如果误差足够小则停止累加程序。这里采用的判定条件为 $\|\boldsymbol{E}+\boldsymbol{F}-\boldsymbol{E}\|_1 > 0$,其物理含义是 $\boldsymbol{F}$ 加到 $\boldsymbol{E}$ 上的量可忽略,不建议也不能简化成 $\|\boldsymbol{F}\|_1 > 0$,数学符号 $\|\cdot\|$ 为矩阵的范数,可以由 norm() 函数直接计算。

```
>> A=[-1,-1,1,0; -1,-1,-1,0; 1,2,-1,1; 0,-1,0,-2];
   F=A; E=A; k=0; %用累加法,如果累加量可以忽略则终止循环
   while norm(E+F-E,1)>0
       F=-A^2*F/(2*k+3)/(2*k+2); E=E+F; k=k+1;
   end, E, k
```

得出的结果如下,迭代次数为 $k = 12$。

$$\boldsymbol{E} = \begin{bmatrix} 0.0517403714464 & 0.352909050386 & 0.961037798272 & 0.420735492404 \\ -0.961037798272 & -1.26220647721 & -0.961037798272 & -0.420735492404 \\ -0.352909050386 & 0.187393255482 & -1.26220647721 & 0.119566813464 \\ 0.420735492404 & -0.119566813464 & 0.420735492404 & -0.961037798272 \end{bmatrix}$$

其实矩阵 $\boldsymbol{A}$ 的正弦函数还可以由 $\mathrm{funm}(\boldsymbol{A},@\sin)$ 直接计算,得出的结果是一致的。

### 4.1.4 循环结构的辅助语句

循环语句在 MATLAB 语言中是可以嵌套使用的,也可以在 for 循环下使用 while,或 while 循环下使用 for。如果想结束每一层循环,都应该对应地有一个 end 语句。

循环结构还可能用到下面的辅助语句:

(1) break 语句。在循环结构内部任何地方都可以放置 break 语句,其作用是结束本层的循环结构。

(2) continue 语句。在循环内部如果遇到 continue 语句,则舍弃循环体内部后续的语句,返回循环起点继续执行。

(3) return 语句。这个语句并不专属于循环结果,它可以出现在 MATLAB 函数的任意位置。如果执行到该语句,将结束函数的调用,直接返回到主调程序。

这些辅助语句一般需要配合其他语句结构给出,其使用方法将在后面介绍。

### 4.1.5 向量化编程实现

在 MATLAB 程序中,循环结构的执行速度较慢。所以在实际编程过程中,如果能对整个矩阵或向量进行运算时,尽量不要采用循环结构,应该采用向量化方法完成任务,这样可以提高代码的效率。

向量化编程是 MATLAB 程序设计中引人注意的问题,向量化编程的使用会使

得MATLAB程序具有美感,而过多使用循环的程序会被业内人士认为代码质量不高。下面将通过例子演示循环与向量化编程的区别。

**例4-10** 假设有一组圆,其半径分别为 $r = [1.0, 1.2, 0.9, 0.7, 0.85, 0.9, 1.12, 0.56, 0.98]$,试求这些圆的面积。

**解** 有C语言基础的MATLAB初学者可能会给出下面的命令:

```
>> r=[1.0,1.2,0.9,0.7,0.85,0.9,1.12,0.56,0.98];
   for i=1:length(r), S(i)=pi*r(i)^2; end, S
```

这些命令可以正确地计算出这组圆的面积,不过这不是地道的MATLAB编程,如果使用MATLAB的向量化编程结构,则下面一整行程序应该替换成如下的一条语句,得出的结果与前面是完全一致的,但程序漂亮得多。

```
>> S=pi*r.^2
```

**例4-11** 求解级数求和问题 $S = \sum\limits_{i=1}^{10000000} \left( \dfrac{1}{2^i} + \dfrac{1}{3^i} \right)$。

**解** 对这个例子而言,可以仿照例4-1用循环语句直接实现,得出的和为1.5,总耗时为1.96 s。

```
>> N=10000000;
   tic, s=0; for i=1:N, s=s+1/2^i+1/3^i; end; toc %普通循环运算
```

如果构造一个 $i$ 行向量,则 $1/2^i$ 的数学表达式可以由点运算 1./2.^i 命令实现,结果仍然是一个行向量,同理可以将数学表达式 $1/3^i$ 用向量 1./3.^i 表示。将得出的向量 1./2.^i+1./3.^i 逐项加起来,最简洁的方法是调用 sum() 函数。这样做就可以避开循环,由向量化的方式得出问题的解。这段代码得出的和仍然为1.5,耗时0.64 s。

```
>> tic, i=1:N; s=sum(1./2.^i+1./3.^i); toc %向量化编程
```

对这个例子而言,向量化编程的效率明显高于循环结构。其实,MATLAB新版本对循环结构的效率已经有了大幅提升,如果早期版本下比较两种方法,差距将更为悬殊。

**例4-12** Hilbert矩阵是一类特殊的矩阵,其通项为 $h_{ij} = 1/(i+j-1)$,其中 $i$ 为行号,$j$ 为列号。MATLAB提供了生成 $n \times n$ Hilbert方阵的函数 hilb(),不过不能生成长方形矩阵。试给出 $50000 \times 50$ Hilbert矩阵的语句。

**解** 很显然,利用下面的双重循环就可以直接构造所需的矩阵,耗时33.92 s。

```
>> tic, for i=1:50000, for j=1:50, H(i,j)=1/(i+j-1); end, end, toc
```

现在考虑 $50000 \times 500$ 的矩阵,使用上面的方法是不能生成这样矩阵的。如果调换循环的次序,将大循环移入内层,则耗时降至0.49 s。可见,对同样的问题而言,可以将大循环移至内层,小循环移至外层,会使得效率大大地提高。

```
>> tic
   for j=1:500, for i=1:50000, H1(i,j)=1/(i+j-1); end, end, toc
```

如果内层循环由向量化语句取代,则耗时会进一步减少至0.33 s。

```
>> tic, for j=1:500, i=1:50000; H2(i,j)=1./(i+j-1); end, toc
```

如果两重循环都由向量化的方式取代，则耗时将减少至 0.11s。

```
>> tic, [i,j]=meshgrid(1:50000,1:500); H3=1./(i+j-1); toc
```

**例 4-13** 前面例子中使用了 meshgrid() 函数，试显示该函数的功能。

**解** meshgrid() 函数可以生成二维的网格，而二维网格也可以理解成二维的坐标。假设横坐标设定为 $v_1 = [1, 2, 4, 3, 5, 7, 9]$，纵坐标选作 $v_2 = [-1, 0, 2]$，则由下面的语句可以调用 meshgrid() 函数，生成两个网格矩阵。

```
>> v1=[1 2 3 4 5 7 9]; v2=[-1 0 2]; %横坐标纵坐标划分
   [x,y]=meshgrid(v1,v2)              %直接生成网格,构造两个网格矩阵
```

得出的两个网格矩阵结果如下，试由结果理解 meshgrid() 函数的构建方法。

$$x = \begin{bmatrix} 1 & 2 & 4 & 3 & 5 & 7 & 9 \\ 1 & 2 & 4 & 3 & 5 & 7 & 9 \\ 1 & 2 & 4 & 3 & 5 & 7 & 9 \end{bmatrix}, \quad y = \begin{bmatrix} -1 & -1 & -1 & -1 & -1 & -1 & -1 \\ 0 & 0 & 0 & 0 & 0 & 0 & 0 \\ 2 & 2 & 2 & 2 & 2 & 2 & 2 \end{bmatrix}$$

**例 4-14** 例 2-7 中曾经说过，由命令行显示的方式最多可以显示 32766 个字符，其余的不能显示出来，如何用 MATLAB 显示 π 的前 1000000 位数字呢？

**解** 既然只能显示前若干位，我们可以考虑将全部数字用分段的方式显示，比如每行显示 10000 个字符。显然，需要使用循环的方式分段显示，不过分段之前应该将得出的 π 值由数值型变量转换成字符串变量，然后给出下面命令分段显示。

```
>> P=vpa(pi,1000000); str=char(P); n=10000;
   for i=1:n:length(str)
       disp(str(i:min(i+n-1,length(str))));
   end
```

上面语句可以将 π 的值分 101 行显示出来，最后一行显示一位数字，因为转换出来的字符一共有 1000001 位（小数点占一位）。

# 4.2　条件转移结构

条件转移结构是一般程序设计语言都支持的结构。通常条件转移语句通过判定条件来决定到底执行哪个程序分支，在不同的条件下执行不同的任务。MATLAB 下的最基本的转移结构是 if··· end 型的，也可以配合 else 语句与 elseif 语句扩展转移语句。本节将介绍各种条件转移结构，并通过例子介绍其应用方法。

## 4.2.1　简单的条件转移结构

最简单的条件转移结构为

　if （条件表达式），语句段落，end

其中"条件表达式"是一个逻辑表达式，而这种条件转移语句的物理意义为，如果"条件表达式"为真，则执行"语句段落"中的程序段，执行完成后，转移到 end 关键

词的后面去执行。如果"条件表达式"不成立，则跳过"语句段落"后继续执行。

另一种简单条件转移语句的结构为

if （条件表达式），段落1，else，段落2，end

类似于前面的最简单结构，如果"条件表达式"为真，则执行"段落1"，之后完成此结构；如果"条件表达式"不成立，则执行"段落2"，执行完成后，转移到 end 关键词后继续执行。

### 4.2.2 条件转移结构的一般形式

除了前面给出的简单条件转移结构之外，MATLAB还支持一般的条件转移结构，其相应的语句格式为

```
if （条件1）        %如果条件1满足，则执行下面的段落1
    语句组1          %这里也可以嵌套下级的if结构
elseif （条件2）%否则如果满足条件2，则执行下面的段落2
    语句组2
        ⋮            %可以按照这样的结构设置多种转移条件
else                 %上面的条件均不满足时，执行下面的段落
    语句组n+1
end
```

**例4-15**　用 for 循环和 if 语句的形式重新求解例4-6的问题。

**解**　例4-6中提及只用 for 循环结构不便于实现求出和式大于10000的最小 $m$ 值，利用该结构必须配合 if 语句结构才能实现。具体的思路是，让 $m$ 在一个大范围内取值作 for 循环，将结果累加到 $s$ 上，累加后判定和式是不是大于10000，若不是则继续循环，若是则给出 break 命令，强行退出循环结构，得出所需结果。求解问题具体的MATLAB命令如下：

```
>> s=0; for m=1:10000, s=s+m; if s>10000, s, m, break; end, end
```

可见，这样的结构较烦琐，不如直接使用 while 结构直观、方便。

**例4-16**　二分法是代数方程 $f(x) = 0$ 求解中一种比较好理解的方法。若在某个区间 $(a,b)$ 内 $f(a)f(b) < 0$，且该函数连续，则该区间内存在方程的根。取中点 $x_1 = (a+b)/2$，则可以根据 $f(x_1)$ 和 $f(a)$、$f(b)$ 的关系确定根的范围，用这样的方法可以将区间的长度减半。重复这样的过程，直至区间长度小于预先指定的 $\epsilon$，则可以认为得出的区间端点是方程的解。令 $\epsilon = 10^{-10}$，试用二分法求区间 $(-4,5)$ 内 $f(x) = x^2 \sin(0.1x+2) - 3 = 0$ 方程的近似解。

**解**　可以考虑用匿名函数描述代数方程(匿名函数在后面将详细介绍)：

```
>> f=@(x)x.^2.*sin(0.1*x)-3;
```

程序的整体部分还需要循环结构,如果区间长度大于 $\epsilon$,则循环会自动执行下去,如果区间长度小于 $\epsilon$ 则循环结束。在循环体内,选择中心点 $x = (a+b)/2$,则判定 $f(x)$ 与 $f(a)$ 是否异号,如果异号,则说明 $(a,x)$ 区间内有根,这时可以将 $b$ 设置为 $x$,否则,将 $a$ 设置为 $x$。通过这样的方法可以将 $(a,b)$ 区间减半,继续循环。经过若干次减半,则剩余的区间长度会变得很小,最终不再满足 $|a-b| > \epsilon$,则可以结束求解过程。

二分法可以具体地通过下面语句实现,可以用于求解原始方程。

```
>> a=-4; b=5; err=1e-10; k=0; tic
   while abs(b-a)>err, x=(a+b)/2; k=k+1;
       if f(x)*f(a)<0, b=x; else, a=x; end
   end, x, f(x), k, toc
```

得出的解为 $x = 3.124182730367465$,循环次数 $k = 37$,总耗时 0.0141 s。将解代入方程,则 $f(x) = -8.4361 \times 10^{-11}$,满足原来的方程,所以这里的求解方法是可行的。对这个具体的程序而言,不宜将 err 的值选择得过小。

**例** 4-17 考虑用计算机实现抛硬币的试验,如果抛 100000 次,找出总共有多少次正面朝上。

**解** 可以考虑用伪随机数完成这样的随机试验。由 rand() 函数可以直接生成 $(0,1)$ 区间内均匀分布的伪随机数。可以定义随机数大于等于 0.5 表示正面朝上,否则为反面朝上。这样可以给出下面的语句完成抛硬币实验。这次实验正面朝上的次数为 50132。

```
>> r=rand(1,100000); k=0;
   for i=1:length(r), if r(i)>=0.5, k=k+1; end, end, k
```

这种实验是随机试验,每次试验得出的结果不尽相同,但总的次数相差不会太大。其实,如果不采用循环与条件转移结构,也可以用向量化的方式得出同样的结果,其中 nnz($A$) 函数可以用来计算矩阵 $A$ 中非零元素的个数。

```
>> k1=nnz(r>=0.5)
```

**例** 4-18 分形树的数学模型:任意选定一个二维平面上的初始点坐标 $(x_0, y_0)$,假设可以生成一个在 $[0,1]$ 区间上均匀分布的随机数 $\gamma_i$,那么根据其取值的大小,可以按下面的公式生成一个新的坐标点 $(x_1, y_1)$ [15]。

$$(x_1, y_1) \Leftarrow \begin{cases} x_1 = 0, y_1 = y_0/2, & \gamma_i < 0.05 \\ x_1 = 0.42(x_0 - y_0), y_1 = 0.2 + 0.42(x_0 + y_0), & 0.05 \leqslant \gamma_i < 0.45 \\ x_1 = 0.42(x_0 + y_0), y_1 = 0.2 - 0.42(x_0 - y_0), & 0.45 \leqslant \gamma_i < 0.85 \\ x_1 = 0.1x_0, y_1 = 0.2 + 0.1y_0, & \text{其他} \end{cases}$$

**解** 令新生成的点 $(x_1, y_1)$ 为初始点 $(x_0, y_0)$,可以再生成一个新的点,可以多次重复这样的过程,这样就能生成一族坐标点。假设想根据这样的方式产生 $N$ 个点,则可以给出下面的 MATLAB 语句生成 10000 个随机点,这样可以用循环的方法对每个点单独处理,利用条件转移结构生成这组离散点。

```
>> v=rand(10000,1); N=length(v); x=0; y=0;
```

4

```
for k=2:N, gam=v(k);
    if gam<0.05, x(k)=0; y(k)=0.5*y(k-1);
    elseif gam<0.45,
        x(k)=0.42*(x(k-1)-y(k-1)); y(k)=0.2+0.42*(x(k-1)+y(k-1));
    elseif gam<0.85,
        x(k)=0.42*(x(k-1)+y(k-1)); y(k)=0.2-0.42*(x(k-1)-y(k-1));
    else, x(k)=0.1*x(k-1); y(k)=0.1*y(k-1)+0.2;
    end, end
```

### 4.2.3　分段函数的向量化表示

考虑下面给出的典型一元分段函数：

$$f(x) = \begin{cases} f_1(x), & x \geqslant 2 \\ f_2(x), & \text{其他} \end{cases}$$

如果自变量 $x$ 是一个由数据点构成的向量 $\boldsymbol{x}$，如何求出相应的函数值向量 $\boldsymbol{y}$ 呢？对有 C 语言基础的 MATLAB 初学者而言，很自然会想到用循环结构处理每一个 $x_i$ 值，用 if 语句对其分类，得出函数的值。

其实，如果读者能理解 $\boldsymbol{x}>=2$ 这个语句是什么含义，则可以采用更简洁的方法处理这个分段函数。语句 $\boldsymbol{x}>=2$ 将生成一个与 $\boldsymbol{x}$ 等长的向量，其元素为 0 和 1，满足 $x \geqslant 2$ 的一些点对应的值标为 1，其余的为 0。除此之外，还需要确定性地表示出"其他"。从逻辑上来理解，"其他"应该是不满足 $x \geqslant 2$ 的条件，亦即 $x < 2$。这两个条件可以看成两个事件，如果一个发生则另一个肯定不发生，这样的关系称为互斥。

有了互斥的逻辑条件，则可以用向量化方法计算出分段函数的值：

$\boldsymbol{y}=f_1(\boldsymbol{x}).*(\boldsymbol{x}>=2)+f_2(\boldsymbol{x}).*(\boldsymbol{x}<2)$

这样做的好处是可以避免循环与条件转移语句，用简单的点乘运算就可以直接计算分段函数的值。这样的方法还可以直接用于多元分段函数的数值计算，不过计算之前一定要确认逻辑条件是互斥的，否则可能得出错误的结果。

MATLAB 提供的 piecewise() 函数可以在符号型数据结构框架下直接定义分段函数，该函数的调用格式为

$f=\text{piecewise}(\text{condition}_1,\text{fun}_1,\text{condition}_2,\text{fun}_2,\cdots,\text{condition}_m,\text{fun}_m)$

其中 condition$_i$ 为分段函数的条件，fun$_i$ 为函数表达式，使用时需要确保条件与函数成对出现，否则将给出错误信息。

**例 4-19**　试用 MATLAB 表示饱和非线性函数 $y = \begin{cases} 1.1\,\text{sign}(x), & |x| > 1.1 \\ x, & |x| \leqslant 1.1 \end{cases}$

**解**　先考虑在符号运算的框架下描述分段函数：

```
>> syms x
   f(x)=piecewise(abs(x)>1.1,1.1*sign(x),abs(x)<=1.1,x);
```

如果 $|x| \leqslant 1.1$ 在数学上表示成 $-1.1 \leqslant x \leqslant 1.1$，也可以将其理解成 $x \geqslant -1.1$ 且 $x \leqslant 1.1$，这时相应的符号表达式表示应该为 x>=-1.1 & x<=1.1。

如果生成一个样本点向量 $\boldsymbol{x}$，则可以由点运算的方式描述 $\boldsymbol{y}$ 向量，由下面的语句计算出函数值：

```
>> x=-2:0.01:2; y=1.1*sign(x).*(abs(x)>1.1)+x.*(abs(x)<=1.1);
```

**例 4-20** 二元分段函数的一个实例 [16]

$$p(x_1,x_2) = \begin{cases} 0.5457\exp(-0.75x_2^2 - 3.75x_1^2 - 1.5x_1), & x_1 + x_2 > 1 \\ 0.7575\exp(-x_2^2 - 6x_1^2), & -1 < x_1 + x_2 \leqslant 1 \\ 0.5457\exp(-0.75x_2^2 - 3.75x_1^2 + 1.5x_1), & x_1 + x_2 \leqslant -1 \end{cases}$$

**解** 有了 piecewise() 函数，则利用相应的规则，由下面的语句就可以定义出符号型分段函数的表达式。

```
>> syms x1 x2;
   p(x1,x2)=piecewise(x1+x2>1,...
       0.5457*exp(-0.75*x2^2-3.75*x1^2-1.5*x1),...
       -1<x1+x2 & x1+x2<=1,0.7575*exp(-x2^2-6*x1^2),...
       x1+x2<=-1,0.5457*exp(-0.75*x2^2-3.75*x1^2+1.5*x1))
```

如果有一组网格数据 $x_1$、$x_2$，仍然采用条件点乘分段函数的方法，则可以给出下面的语句计算分段函数。

```
>> [x1,x2]=meshgrid(-2:0.1:2,-1.5:0.1:1.5);
   y=0.5457*exp(-0.75*x2.^2-3.75*x1.^2-1.5*x1).*(x1+x2>1),...
     0.7575*exp(-x2.^2-6*x1.^2).*(-1<x1+x2 & x1+x2<=1),...
     0.5457*exp(-0.75*x2.^2-3.75*x1.^2+1.5*x1).*(x1+x2<=-1));
```

**例 4-21** 可以使用向量化方法取代例 4-18 中的循环与条件转移结构吗？

**解** 由于计算公式中每一个点的计算都依赖于该点的前一个状态，所以这样的数据点是不能用向量化编程结构直接实现的，必须使用循环结构，内部的条件转移结构可以由"向量化"思想实现，但每步处理的是一个标量点，没有必要利用"向量化"的结构。

## 4.3 开关结构

所谓开关语句就像在电路中安装多路开关一样，当开关拨至一个挡位，则一个回路接通，其他回路切断。从程序流程上也可以做类似的处理。开关结构可以用 if、elseif、end 结构实现，例如，可以使用下面的嵌套语句：

if key== 表达式 1，段落 1；elseif key== 表达式 2，段落 2；⋯，end

不过这样的语句可读性是比较差的，所以应该引入开关语句结构。典型的开关

语句的基本结构为

```
switch 开关表达式
    case  表达式1, 语句段1
case {表达式2, 表达式3, …, 表达式m}，语句段2
        ⋮
    otherwise, 语句段n
end
```

其中，开关语句的关键是对"开关表达式"值的判断，当开关表达式的值等于某个case语句后面的条件时，程序将转移到该组语句中执行，执行完成后程序转出开关体继续向下执行。

在使用开关语句结构时应该注意下面几点：

（1）当开关表达式的值等于表达式1时，将执行语句段1，执行完语句段1后将转出开关体，而无须像C语言那样在下一个case语句前加break语句，本结构与C语言是不同的。

（2）当开关表达式满足若干个表达式之一就执行某一程序段时，则应该把这样的一些表达式用花括号括起来，中间用逗号分隔。事实上，这种结构是MATLAB语言定义的单元结构。

（3）当前面枚举的各个表达式均不满足时，则将执行otherwise语句后面的语句段，此语句等价于C语言中的default语句。

（4）程序的执行结果和各个case语句的次序是无关的。当然这也不是绝对的，当两个case语句中包含同样的条件时，执行结果则和这两个语句的顺序有关。

（5）在case语句引导的各个表达式中，不要用重复的表达式，否则列在后面的开关通路将永远也不能执行。

开关结构与条件转移结构从本质上看都属于条件转移结构——在满足条件的前提下转移到程序的某个模块去执行，它们之间又有什么区别呢？从满足的条件看，条件转移语句经常会以不等式作为条件，如if $x>0$，可以认为是连续的，而开关结构的所有开关都是可枚举的离散点，所以在条件的表示上可见，二者的适用范围是不同的。

**例**4-22  试编写一个求圆（球）周长、面积和体积的程序。

**解**  给定半径$r$，可以作如下约定：设置一个key变量，若其值为1,2,3时分别求圆的周长、面积或球的体积，形成一个程序段落。在执行这个段落前，需要用户指定$r$与key，再运行这个段落，则可以根据需要求出圆的周长、面积或球的体积。

```
>> switch key
```

```
    case 1, S=2*pi*r;
    case 2, S=pi*r^2;
    case 3, S=4*pi*r^3/3;
  end
```

有了这个语句段落,输入半径与 key 的值,就可以根据需要求出周长、面积或体积。在下面的语句中求出的是面积的值 $S = 78.5398$。

```
>> r=5; key=2; %再执行上述的语句段落
```

## 4.4  试探结构

MATLAB 语言提供了一种新的试探式语句结构,其调用格式如下:

try, 语句段 1, catch, 语句段 2, end

本语句结构首先试探性地执行"语句段 1",如果在此段语句执行过程中出现错误,则将错误信息赋给保留的 lasterr 变量,并终止这段语句的执行,转而执行"语句段 2"中的语句;如果执行"语句段 1"不出错,则执行完之后,整个结构就结束了,不再去执行"语句段 2"中的语句了。

试探性结构在实际编程中还是很实用的,例如可以将一段不保险但速度快的算法放到 try 段落中,而将一个保险的但速度慢的程序放到 catch 段落中,这样就能保证原始问题的求解更加可靠,且可能使程序高速执行。该结构的另外一种应用是,在编写通用程序时,某算法可能出现失效的现象,这时在 catch 语句段说明错误的原因。此外,这种试探性结构还经常用于错误陷阱的设置与处理。

**例 4-23**  MATLAB 有两种表示数值 $a$ 的方法,第一种是用双精度形式表示,第二种是用符号型表达式表示。MATLAB 的 isnumeric$(a)$ 是可以识别出来的,如果一个数值是由符号型变量给出的,如 sqrt(sym(2)),则 isnumeric() 将返回 0,与所期望的相反。试设计一个 MATLAB 函数,可以判定输入变量是不是数值型标量。

**解**  为解决这个问题可以编写出一个 MATLAB 函数,其结构将在第 5 章中详细介绍。如果输入变量 $a$ 是一个向量,不是标量,则令返回变量 key 为 0,并结束程序调用;如果 $a$ 是标量,则提取其数据结构,如果为双精度变量,则令 key 为 1 后结束程序调用;如果 $a$ 为符号型变量,则可以尝试对其作双精度转换,如果成功,说明 $a$ 是数值型符号变量,令 key 为 1 后返回,否则,说明 $a$ 不是数值型数据,执行 double() 函数将出错,转到 catch 语句后返回,这时 key 并未被修改,仍保持为 0。

```
function key=isanumber(a)
key=0; if length(a)~=1, return; end
switch class(a)
    case 'double', key=1;
```

```
    case 'sym', try, double(a); key=1; catch, end
end
```

这里比较关键的一步是对符号变量调用double()函数,该函数调用有时不能成功。什么时候不成功的呢?如果$a$不是数值型标量,则调用double()函数时会出现错误,这时try函数将终止,转到catch段落其执行,而该段落是空的,所以函数调用结束,保留并返回key的值为0,说明$a$不是数值型的标量。

# 本章习题

4.1 试生成一个$100 \times 100$的魔方矩阵,试分别用循环和向量化的方法找出其中大于1000的所有元素,并强行将它们置成0。

4.2 试用循环结构由底层命令找出1000以下所有的质数。

4.3 可以由$A$=rand(3,4,5,6,7,8,9,10,11)命令生成一个多维的伪随机数数组。试判定一共生成了多少个随机数,这些随机数的均值是多少。

4.4 用数值方法可以求出$S = \sum\limits_{i=0}^{63} 2^i = 1 + 2 + 4 + 8 + \cdots + 2^{62} + 2^{63}$,试不采用循环的形式求出和式的数值解。由于数值方法采用double形式进行计算,难以保证有效位数字,所以结果不一定精确。试采用符号运算的方法求该和式的精确值。

4.5 $n$阶Pascal矩阵的第一行与第一列的值都是1,其余元素可以按照下式计算:
$$p_{i,j} = p_{i,j-1} + p_{i-1,j}, \ i = 2,3,\cdots,n, \ j = 2,3,\cdots,n$$
试编写一段底层的循环程序生成任意阶的Pascal矩阵,并与pascal()得出的结果相比较,检验正确性及其执行效率。

4.6 给出阶次$n$,试将下面矩阵输入计算机。
$$A = \begin{bmatrix} 1 & -2 & 4 & \cdots & (-2)^{n-1} \\ 0 & 1 & -2 & \cdots & (-2)^{n-2} \\ 0 & 0 & 1 & \cdots & (-2)^{n-3} \\ \vdots & \vdots & \vdots & \ddots & \vdots \\ 0 & 0 & 0 & \cdots & 1 \end{bmatrix}$$

4.7 已知某迭代序列$x_{n+1} = x_n/2 + 3/(2x_n)$, $x_0 = 1$,并已知该序列当$n$足够大时将趋于某个固定的常数,试选择合适的$n$,求该序列的稳态值(达到精度要求$10^{-14}$),并找出精确的数学表示。

4.8 已知某迭代公式为$x_{k+1} = (x_k + 2/x_k)/2$,任取一个初值$x_0$,并设置一个停止条件来结束迭代过程,试观察该迭代公式将收敛到什么值。

4.9 试求$S = \prod\limits_{n=1}^{\infty} \left(1 + 2/n^2\right)$,使计算精度达到$\epsilon = 10^{-12}$级。

4.10 试求出多项式$\prod\limits_{k=1}^{10} \left(x^k + 2k\right)$,并得出其展开式。

4.11 假设已知乘积序列的通项为 $a_k = (x+k)^{(-1)^k}$，试求 $a_1 a_2 \cdots a_{40}$。

4.12 试计算扩展 Fibonacci 序列的前 300 项，其中 $T(n) = T(n-1) + T(n-2) + T(n-3)$，$n = 4, 5, \cdots$，且初值为 $T(1) = T(2) = T(3) = 1$。

4.13 试用底层命令重新求解例 4-17 中的抛硬币随机试验。

4.14 试判定 4-18 中的计算可以由向量化方法实现吗? 为什么?

4.15 Lagrange 插值算法是一般代数插值教材中经常介绍的一类插值算法 [12]，对已知的 $x_i$、$y_i$ 点，可以求出 $x$ 向量上各点处的插值为

$$\phi(\boldsymbol{x}) = \sum_{i=1}^{m} y_i \prod_{j=1, j \neq i}^{m} \frac{\boldsymbol{x} - x_j}{(x_i - x_j)}$$

试编写一段代码实现 Lagrange 插值 (提示: 下面给出了一段代码，可供参考)。

```
>> ii=1:length(x0); y=zeros(size(x));        %生成插值的初值向量
   for i=ii, ij=find(ii~=i); y1=1;           %剔除向量当中当前值
      for j=1:length(ij), y1=y1.*(x-x0(ij(j))); end %连乘运算
      y=y+y1*y0(i)/prod(x0(i)-x0(ij));        %作外环的累加处理
   end
```

4.16 Monte Carlo 方法是一种常用的统计试验方法。考虑在边长为 1 的正方形内投入 $N$ 个均匀分布的随机数点，则如果 $N$ 足够大，$\pi$ 的值可以由 $\pi \approx 4N_1/N$，其中 $N_1$ 是落入半径为 1 的四分之一圆内的随机数点个数。试选择不同的 $N$ 值，观察 $\pi$ 值的近似效果 (提示: 下面给出了 Monte Carlo 算法的参考语句)。

```
>> N=100000; x=rand(1,N); y=rand(1,N);
   i=(x.^2+y.^2)<=1; N1=nnz(i); p=N1/N*4
```

4.17 随机整数方阵可以由 $\boldsymbol{A}$=randi($[a_{\mathrm{m}}, a_{\mathrm{M}}], n$) 命令直接生成，试找出一个数值在 $-8 \sim 8$ 之间的 $4 \times 4$ 方阵，使得其行列式的值等于 1。有没有可能构造这样的一个复数矩阵呢?

4.18 若某个三位数，每位数字的三次方的和等于其本身，则称其为水仙花数，试找出所有水仙花数。如果不使用循环能求出所有的水仙花数码?

# 第5章

# 函数编写与调试

MATLAB提供了两种源程序文件格式。其中一种是普通的ASCII码构成的文件，在这样的文件中包含一族由MATLAB语言所支持的语句，它类似于DOS下的批处理文件，这种文件称作M脚本文件（M-script，本书中将其简称为脚本文件）；另一种是MATLAB函数源程序。这两种文件有一个共性——后缀名为m。

MATLAB源程序是ASCII码纯文本文件，可以使用任意的纯文本编辑界面编写与调试程序，不过还是建议使用MATLAB自带的程序编辑界面处理MATLAB编程问题，该界面可以方便地调试程序，还可以使用MATLAB的实时编辑器（live editor）编辑MATLAB程序，这类程序不再是ASCII的纯文本文件，而是所谓的实时文件，后缀名为mlx。

5.1节将介绍MATLAB脚本文件编程方法，并指出脚本文件形式编程的局限性与函数编程的必要性。5.2节将介绍MATLAB函数的程序结构，并将通过例子介绍 MATLAB程序的编程方法。5.3节将介绍MATLAB编程的技巧，介绍函数的递归调用方法，并将介绍如何实现任意输入输出变量的方法，还将介绍全局变量的概念，并介绍如何从MATLAB工作空间读取存储变量的方法。5.4节将介绍MATLAB程序调试的方法，包括程序跟踪调试的方法与工具，MATLAB函数的伪代码化方法等。5.5节还将介绍实时编辑界面的应用，利用MATLAB的实时编辑技术可以容易地建立起MATLAB演示文档。

## 5.1 MATLAB的脚本程序

本节侧重于介绍脚本文件的编程方式。脚本文件的执行方式很简单，用户只需在MATLAB的提示符 >> 下输入该脚本文件的文件名，MATLAB就会自动地顺序执行该M文件中的各条语句。脚本文件只能对MATLAB工作空间中的数据进行处理，文件中所有语句的执行结果也完全保留在工作空间中。M文件格式适用于用户需要立即得到结果的小规模运算。

**例5-1** 重新考虑例4-6中的问题,试用MATLAB脚本文件的形式实现该功能。

**解** 在MATLAB命令窗口提示符下给出edit命令,或单击"新建脚本"图标,均可以打开MATLAB下的编辑程序界面。可以将例4-6中的代码复制到编辑器内,如图5-1所示,就会构建出第一个MATLAB程序了。可以将这个程序存入文件,如生成"test.m"文件。MATLAB源程序就是这样的纯文本文件。

图 5-1 程序编辑器界面

建立了这样的程序后,就可以在MATLAB环境中随时运行该程序——在MAT-LAB窗口的命令提示符输入test,则每次将得到一模一样的结果。

**例5-2** 仍考虑前面的例子。原来例4-6中的例子可以求出和式大于10000的最小 $m$,所以若想分别求出大于20000、30000的 $m$ 值,则需要用户改变源程序的限制值10000,将其设置成20000、30000才可以满足要求,但这样做还是很繁杂的。如果能建立一种机制或建立一个程序模块,给它输入20000的值就能返回满足它的 $m$ 与 $s$ 值,无疑这样的要求是很合理的。

在实际的MATLAB程序设计中,前面的修改程序本身的方法为M文件的方法,而后一种方法为函数的基本功能。后面将继续介绍函数的编写与应用。

# 5.2 MATLAB语言函数的基本结构

M函数格式是MATLAB程序设计的主流,在实际编程中,不建议使用M脚本文件格式编程。本章后续内容将着重介绍MATLAB函数的编写方法与技巧。本节先介绍MATLAB函数的基本结构,给出函数命名时的注意事项,然后通过例子介绍MATLAB函数的基本编写方法。

## 5.2.1 函数的基本结构

可以将MATLAB函数看成是一个信息处理单元,它从主调函数处接收一组变量 $\mathrm{in}_1, \mathrm{in}_2, \cdots, \mathrm{in}_n$,这些变量可以看作输入变元(本书中对函数输入与输出的变量将统称为变元,以区别于其他的变量)。在信息处理单元内对这些输入变元进行处理，处理后将结果 $out_1, out_2, \cdots, out_m$ 作为输出变元返回给主调函数。相应的流程关系在图 5-2 中给出。

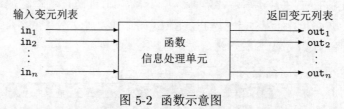

图 5-2　函数示意图

MATLAB 的 M 函数是由 function 语句引导的，其基本结构如下：

function　[返回变元列表]=函数名（输入变元列表）

注释说明语句段，由百分号（%）引导

输入、返回变元格式的检测

函数体语句

这里输入和返回变元的实际个数分别由 nargin 和 nargout 两个 MATLAB 保留变量来给出，只要进入该函数，MATLAB 就将自动生成这两个变量。

返回变元如果多于一个，则应该用方括号将它们括起来，否则可以省去方括号。多个输入变元或返回变元之间用逗号分隔。注释语句段的每行语句都应该由百分号（%）引导，百分号后面的内容不执行，只起注释作用。用户采用 help 命令则可以显示出注释语句段的内容。此外，从规范编程的角度来看，输入变元的个数与类型检测也是必要的。如果输入或返回变元格式不正确，则应该给出相应的提示。

从系统的角度（见图 5-2）来说，MATLAB 函数是一个信息处理单元，它从主调函数接收输入变元，对之进行处理后，将结果返回到主调函数中。除了输入和输出变元外，其他在函数内部产生的所有变量都是局部变量，在函数调用结束后这些变量将消失。下面将通过例子来演示函数编程的格式与方法。

**例 5-3**　例 4-23 中已经给出了一个 M 函数的实例，给出任意的输入变元 $a$，就可以判定它是不是数值量，如果是则返回 1，如果不是则返回 0。

**例 5-4**　考虑例 5-2 中的问题，试将其变成 M 函数的形式。

**解**　根据要求，可以选择实际的输入变元为 $N$，返回的变元为 $m$ 和 $s$，其中 $s$ 为 $m$ 项的和，这样就可以编写出该函数为

```
function [m,s]=findsum(N)   %将脚本文件封装就成了M函数
s=0; m=0; while (s<=N), m=m+1; s=s+m; end %原来的代码
```

编写了函数，就可以将其存为 findsum.m 文件，这样就可以在 MATLAB 环境中对不同的 $k$ 值调用该函数。例如，若想求出和式大于 145323 的最小 $m$ 值，则可以给出如下命令，这时得出的结果为 $m_1 = 539, s_1 = 145530$。

>> [m1,s1]=findsum(145323) %函数求解同类问题更灵活,无须修改源程序

可见,这样的调用格式很灵活,无须修改程序本身就可以很容易地调用函数,得出所需的结果,所以建议采用这样的方法进行编程。

### 5.2.2 函数名的命令规则

函数名的命名规则与变量名一致,必须由字母引导,一般情况下,应该给函数设置一个有意义的函数名:

(1)避免使用过简的函数名,如 a,否则可能与已知变量发生冲突。

(2)命名前应该确认在现有的路径下没有同名的文件,否则编写这个函数后可能屏蔽掉其他的命令或函数,导致不可预见的错误。在实际应用中应该如何做这样的确认呢?可以选择一个文件名,如 my_fname,然后运行 which my_fname 命令,看看能不能找到结果,如果找不到则说明这个文件名可用。也可以利用 exist()函数作更可靠的判定。

(3)由于 MATLAB 是区分大小写的,所以尽量不要用大小写混用的文件名。

### 5.2.3 函数编写举例

本节将给出几个例子演示 MATLAB 函数的编写方法。首先将介绍将一般的MATLAB 脚本文件改变成函数的一般性方法与步骤,再介绍如何让一个函数有不同的调用格式。

**例** 5-5 考虑例 4-8 给出的 $\pi$ 值迭代计算方法,试将其改变为函数的形式。

**解** 在将一个脚本文件改变成函数之前需要做两件事,第一件是设计输入、输出变元,第二件是选择一个函数名。对这个例子而言,输入变元可以设置成误差容限 $\epsilon$,输出变元可以选择得出的 $\pi$ 的近似值,除此之外,还可以再加一项 $k$(迭代次数)。函数名可用选择一个有意义的,且是当前 MATLAB 下不存在的名字,如选择为 pi_iter,做了这些准备工作之后,就可以将原来的脚本文件改变成 M 函数了。

```
function [P,k]=pi_iter(eps0)
P=1; d=2; d0=sqrt(2); k=1;
while(abs(d-1)>eps0),
    d=d0/2; P=P*d; d0=sqrt(2+d0); k=k+1;
end, P=2/P;
```

编写了这个函数就可以在 MATLAB 下直接调用该函数了。给出不同的 $\epsilon$,可能得出不同的结果。如果 $\epsilon$ 足够小,则由于双精度数据结构本身的限制,再减小其值也不能增加其精度。

```
>> [p1,k1]=pi_iter(1e-10), [p2,k2]=pi_iter(eps)
   [p3,k3]=pi_iter(1e-20)
```

在MATLAB函数实际编程中，有的时候需要自动识别输入变元与返回变元的个数。进入了函数之后，可以由nargin命令自动提取输入变元的个数，由nargout命令来提取返回变元的个数。下面的例子将演示这些命令的应用。

例5-6 假设想编写一个函数生成$n \times m$阶的Hilbert矩阵，它的第$i$行第$j$列的元素值为$h_{i,j} = 1/(i+j-1)$。想在编写的函数中实现下面几点：

(1) 如果只给出一个输入参数，则会自动生成一个方阵，即令$m = n$；

(2) 在函数中给出合适的帮助信息，包括基本功能、调用方式和参数说明；

(3) 检测输入和返回变元的个数，如果有错误则给出错误信息。

解 正常情况下，若给出了矩阵期望的函数$n$与列数$m$，则可以利用双重循环，由通项公式直接生成Hilbert矩阵。考虑(1)的要求，需要判定调用该函数时使用几个输入变元，若只有一个(即nargin读数为1)，则强制令$m = n$，从而产生一个方阵；再考虑(2)，其实在编写程序时应详细给出注释语句，养成一个好的习惯，无论对程序设计者还是对程序的维护者、使用者都是大有裨益的。这里将演示比较规范的注释语句写法；还可以根据(3)对输入变元的个数作一个检测。综上所述，可以编写一个MATLAB函数myhilb()，文件名为myhilb.m，并应该放到MATLAB的路径下。

```
function A=myhilb(n,m)
%MYHILB 本函数用来演示MATLAB语言的函数编写方法
%      A=myhilb(n,m) 将产生一个 n 行 m 列的 Hilbert 矩阵 A
%      A=myhilb(n) 将产生一个 n×n 的 Hilbert 方阵 A
%See also: HILB

%Designed by Professor Dingyu Xue, (c) 1995-2017
if nargout>1, error('Too many output arguments.'); end
if nargin==1, m=n; %如果只给出一个输入变元 n,则强行生成一个 n×n 方阵
elseif nargin==0 | nargin>2,
    error('Wrong number of input arguments.'); end
for i=1:n, for j=1:m, A(i,j)=1/(i+j-1); end, end %逐项计算矩阵元素
```

在这段程序中，由%引导的部分是注释语句，通常用来给出一段说明性的文字来解释程序段落的功能和变元含义等。第一行注释用来说明这个函数是做什么的，是可以由lookfor命令搜索到的，后面的各行将描述函数的调用格式，这个段落的最后一行可以由See also引导，列出与其关联的其他MATLAB函数。

如果给出如下命令调阅帮助信息：

```
>> help myhilb   %显示函数的联机帮助信息
```

则函数的联机帮助信息可以显示如下：

MYHILB 本函数用来演示MATLAB语言的函数编写方法

$A$=myhilb$(n,m)$ 将产生一个 $n$ 行 $m$ 列的 Hilbert 矩阵 $A$

$A$=myhilb$(n)$ 将产生一个 $n \times n$ 的 Hilbert 方阵 $A$

See also: HILB

注意，这里只显示了程序及调用方法，而没有把该函数中有关作者的信息显示出来。对照前面的函数可以发现，因为在作者信息的前面给出了一个空行，所以可以容易地得出结论；如果想使一段信息用 help 命令显示出来，在它前面不应该加空行，即使想在 help 中显示一个空行，这个空行也应该由 % 来引导。

有了函数之后，可以采用下面的各种方法来调用它，并产生出所需的结果。

>> A1=myhilb(4,3), A2=myhilb(sym(4)) % 不同调用格式产生不同结果矩阵

这样可以得出

$$\boldsymbol{A}_1 = \begin{bmatrix} 1 & 0.5 & 0.33333 \\ 0.5 & 0.33333 & 0.25 \\ 0.33333 & 0.25 & 0.2 \\ 0.25 & 0.2 & 0.16667 \end{bmatrix}, \quad \boldsymbol{A}_2 = \begin{bmatrix} 1 & 1/2 & 1/3 & 1/4 \\ 1/2 & 1/3 & 1/4 & 1/5 \\ 1/3 & 1/4 & 1/5 & 1/6 \\ 1/4 & 1/5 & 1/6 & 1/7 \end{bmatrix}$$

**例 5-7** 回到例 5-5。如果不给出输入变元，则希望输入默认值 eps，在调用语句中无须给出。试改写源函数来实现这样的功能。

**解** 如果不给出输入变元，则意味着 nargin 为零，这样可以给出如下的新 M 函数：

```
function [P,k]=pi_iter1(eps0)
if nargin==0, eps0=eps; end, P=1; d=2; d0=sqrt(2); k=1;
while(abs(d-1)>eps0),
    d=d0/2; P=P*d; d0=sqrt(2+d0); k=k+1;
end, P=2/P;
```

**例 5-8** 考虑例 4-16 中给出的二分法方程求根程序，试将其改为函数。

**解** 从原始问题看，输入变元 $f$ 应该为匿名函数，除此之外，输入变元还应该包括 $a$、$b$ 与误差限 err（默认值为 eps）。返回的变元为方程的根 $x$，还可以包含迭代次数 $k$，这样就可以将原来的脚本文件改变成 M 函数的形式。$f_1$ 是 $x$ 处的函数值。

```
function [x,k,f1]=bi_sect(f,a,b,err)
k=0; if nargin==3, err=eps; end
while abs(b-a)>err, x=(a+b)/2; k=k+1;
    if f(x)*f(a)<0, b=x; else, a=x; end
end
```

定义了这样的 M 函数，可以用下面的语句直接求解代数方程 $f(x) = x^2 \sin(0.1x + 2) - 3 = 0$，不过用户需要自己选择 $a$ 与 $b$，且需要保证 $f(a)$ 与 $f(b)$ 异号，否则不能使用二分法。可以给出下面的命令直接求解，可以看出这样的函数调用格式比前面介绍的脚本文件形式更灵活。

>> f=@(x)x.^2.*sin(0.1*x)-3; [x,k]=bi_sect(f,-4,5,1e-12)

## 5.3 函数编写的技巧

除了前面介绍的常规编程方法之外,为使得程序能高效地执行,用户还需要学会一些编写MATLAB函数的技巧。本节将介绍函数的递归调用结构,并通过实例演示其应用与局限性。另外,还将介绍如何让函数接受任意多输入变元的方法,全局变量的处理方法,如何在函数内对MATLAB工作空间进行读写,并介绍匿名函数、子函数、私有函数等特殊函数的定义与使用方法。

### 5.3.1 递归调用

**定义5-1** MATLAB函数是可以递归调用的,所谓递归调用就是在函数的内部可以调用函数自身。

**例5-9** 试用递归调用的方式编写一个求阶乘$n!$的函数。

**解** 考虑求阶乘$n!$的例子。阶乘满足一个特殊的递推公式

$$n! = n(n-1)!$$

这样,如果能编写出一个计算阶乘的函数my_fact(),则其核心的语句将是
$k$=n*my_fact$(n-1)$
其中$k$为期待的$n!$,而这类关系又称为递归关系。

当然,只有上述的递归语句是不够的,因为该关系会一直无休止地执行下去。为了使得该函数能正常计算阶乘,必须为其设计出口,让该函数能够停止下来。从阶乘的定义看,$n$的阶乘可以由$n-1$的阶乘求出,而$n-1$的阶乘可以由$n-2$的阶乘求出,依次类推,直到计算到已知的$1! = 0! = 1$。为了节省篇幅这里略去了注释行段落。

```
function k=my_fact(n)
if nargin~=1, error('Error: Only one input variable accepted'); end
if abs(n-floor(n))>eps | n<0    %判断n是否为非负整数
    error('n should be a non-negative integer'); %给出错误信息
end
if n>1, k=n*my_fact(n-1);        %若n > 1,则采用递归调用
elseif any([0 1]==n), k=1; end %0! = 1! = 1,建立函数的出口
```

可以看出,该函数首先判定$n$是否为非负整数,如果不是则给出错误信息,如果是,则在$n > 1$时递归调用该程序自身,若$n = 1$或0时则直接返回1。由my_fact(11)格式调用该函数则立即可以得出阶乘$11! = 39916800$。其实MATLAB提供了求取阶乘的函数factorial(),其核心算法为 prod(1:n),从结构上更简单、直观,速度也更快。

**例5-10** 试比较递归算法和循环算法在Fibonacci序列中应用的优劣。

**解** 递归算法无疑是解决一类问题的有效算法,但不宜滥用。现在考虑一个反例,考虑Fibonacci序列,$a_1 = a_2 = 1$,第$k$项$(k = 3, 4, \cdots)$可以写成$a_k = a_{k-1} + a_{k-2}$,这

样很自然地想到可以使用递归调用算法编写相应的函数, 该函数设置 $k = 1, 2$ 时出口为 1, 这样函数清单如下:

```
function a=my_fibo(k)   % 递归调用格式编写的函数
if k==1 | k==2, a=1; else, a=my_fibo(k-1)+my_fibo(k-2); end
```

该函数中略去了检测输入变元 $k$ 是否为正整数的语句。如果想得到第 40 项, 则需要给出如下的语句, 同时测出运行该函数的时间为 13.2 s, MATLAB 早期版本耗时将比新版本多很多。

```
>> tic, my_fibo(40), toc % 计算序列的第 40 项,并只能返回这一项
```

如果用递归方法求 $k = 42$, 运算时间将达到 41.02 s, 求解 $k = 50$ 的问题则可能需要几天的时间, 计算量呈几何级数增长。为什么会有如此大的计算量呢? 假设 $k = 8$, 则需要重新计算 $k = 7, k = 6$ 项, 而计算 $k = 7$ 项又需要重新计算 $k = 6, k = 5$ 项, 由此产生树状结构, 所以很耗时。如果计算 $k = 8$ 项能利用以前计算出的 $k = 7, k = 6$ 项而不用重新计算它们, 则计算量将显著减小。

现在改用循环语句结构求解 $k = 100$ 时的项, 耗时仅 0.0002 s。

```
>> tic, a=[1,1]; for k=3:100, a(k)=a(k-1)+a(k-2); end, toc % 前 100 项
```

可见, 一般循环方法用极短的时间就能算出来递归调用不可能解决的问题, 所以在实际应用时应该注意不能滥用递归调用格式。进一步观察结果可见, 由于该序列的值过大, 用上述的双精度算法并不能得出整个序列的精确结果, 所以应该采用符号运算数据类型, 例如将 $a = [1,1]$ 修改成 $a = \mathrm{sym}([1,1])$, 这样可以得出数值解难以达到的精度, 如 $a_{100} = 354224848179261915075$, 耗时 0.8 s。

```
>> tic, a=sym([1,1]); for k=3:100, a(k)=a(k-1)+a(k-2); end, toc
```

### 5.3.2  可变输入输出个数的处理

下面将介绍单元数组的一个重要应用 —— 如何建立起任意多个输入或返回变元的函数调用格式。应该指出的是, 很多 MATLAB 语言函数均采用本方法编写。

在了解如何处理任意多输入输出变元之前, 应该先了解输入变元是怎么从主调函数传递到 M 函数的。根据 MATLAB 自身的传递机制, 会将输入变元以单元的形式传递给一个名为 varargin 的变量, 其结构如图 5-3 所示, 且 $n$ 的值可以由 nargin 命令直接提取。类似地, 输出变元由单元数组型变量 varargout 返回。

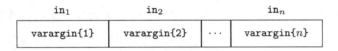

图 5-3  输入变元传递示意图

**例5-11**  在 MATLAB 下多项式有两种表示方法: 一种方法是利用符号表达式来表示; 另一种方法是数值方法, 将多项式系数按 $s$ 的降幂次序构造成向量。现在考虑后一

种方法。MATLAB提供的conv()函数可以用来求两个多项式的乘积。对于多个多项式的连乘，则不能直接使用此函数，而需要用该函数嵌套使用，这样在计算多个多项式连乘时相当麻烦。试编写一个MATLAB函数，使得它能直接处理任意多个多项式的连乘积问题。

**解** 可以为函数取函数名convs()。输入变元可以由可变输入单元数组varargin表示，返回的变元选择为$a$，返回最终的乘积多项式系数。从多项式乘积的实现方面考虑，首先将$a$的初值设置置为1，然后用循环结构提取图5-3中的每个单元数组，用MATLAB提供的conv()函数累乘到$a$上，最终将得到所需的多项式连乘结果，由$a$返回。

```
function a=convs(varargin)
a=1; %设置连乘初值
for i=1:nargin,
    a=conv(a,varargin{i}); %每步从输入变元中提取一个多项式进行连乘
end
```

这时，所有的输入变元列表由单元数组型变量varargin表示，实际调用语句的第$i$个变元存储在varargin{$i$}中。相应地，如有需要，也可以将返回变元列表用一个单元变量varargout表示。该表示理论上可以处理任意多个多项式的连乘问题。例如可以用下面的格式调用该函数：

```
>> P=[1 2 4 0 5]; Q=[1 2]; F=[1 2 3];
   D=convs(P,Q,F)          %先处理3个多项式的乘积
   E=conv(conv(P,Q),F) %若采用conv()函数，则需要嵌套调用，很不方便
   G=convs(P,Q,F,[1,1],[1,3],[1,1]) %处理任意个多项式的连乘积
```

可以得出相同的$D$和$E$向量，还可以得出$G$，结果如下：

$$D = [1, 6, 19, 36, 45, 44, 35, 30]^{\mathrm{T}}$$
$$G = [1, 11, 56, 176, 376, 578, 678, 648, 527, 315, 90]^{\mathrm{T}}$$

**例5-12** 例2-20曾经给出了MuPAD接口函数的编写过程，现在可以重新理解阅读该函数了。试通过这个例子学习MuPAD接口函数的编写方法。

**解** 例2-20给出的函数清单为

```
function p=padefrac(f,varargin)
[x,n,m]=default_vals({symvar(f),2,2},varargin{:});
orders=['[' int2str(n) ',' int2str(m) ']'];
p=feval(symengine,'pade',f,x,orders);
```

先观察第一条语句，函数的调用语句给出了一个固定的输入变元$f$，其他的输入变元是以可变的形式给出的。我们编写了一个底层函数default_vars()，从可变变元中提取默认值，其清单如下：

```
function varargout=default_vals(vals,varargin)
if nargout~=length(vals), error('number of arguments mismatch');
else, nn=length(varargin)+1;
```

```
   varargout=varargin; for i=nn:nargout, varargout{i}=vals{i};
end, end, end
```

其中 vals 为默认值列表, 是以单元数组的形式给出的。可以这样理解这个底层函数: 如果调用 padefrac() 接口函数时使用了 padefrac($f$) 格式, 则 default_vals() 函数的 varargin 为空, 将自动设置全部三个默认值; 如果使用了 padefrac($f, x$) 格式, 则自动设置后两个默认值。

### 5.3.3 输入变元的容错处理

尽管 MATLAB 函数允许使用不同的调用格式, 但不同的调用格式是需要用户自己编程来支持的。在实际编程中用户可以调用 nargchk() 函数来检测输入或输出变元的个数, 如果不符合要求则会自动终止函数, 给出错误信息。

$$\texttt{msg=nargchk}(n_{\mathrm{m}}, n_{\mathrm{M}}, \texttt{'nargin'} \text{ 或 } \texttt{'nargout'})$$

其中 $n_{\mathrm{m}}$ 是最小允许的变元个数, $n_{\mathrm{M}}$ 是最大允许的变元个数, 最后一个变元指定输入或输出检测。返回的变元 msg 为字符串, 存储错误信息, 如果变元通过了检验, 则 msg 返回空白字符串。

**例 5-13** 再考虑例 5-11 中的多项式乘法问题。正常情况下每个多项式都是行向量, 如果不慎将某个或某几个多项式写成列向量, 则会得出比较混乱的结果。试对源函数进行容错的修改。

**解** 如果想作这样的容错处理, 最简单的方法是, 提取第 $i$ 个单元的向量之后, 不管它是行向量还是列向量, 调用 (:) 处理将其统一转换成列向量, 再对结果作 .' 处理, 则可以将每个向量统一强行转换成相应的行向量。

```
function a=convs1(varargin)
a=1; %设置连乘初值
for i=1:nargin,
    a=conv(a,varargin{i}(:).'); %每步从输入变元中提取一个多项式连乘
end
```

### 5.3.4 全局变量

MATLAB 函数可以接收通过变元传递的输入变元, 在输入变元的基础上计算输出变元, 而计算过程中产生的中间变量又称为局部变量, 这些变量在函数调用结束后会自动消失。即使在函数内部采用了与 MATLAB 工作空间中同名的变量, 也不会影响 MATLAB 工作空间中原始变量的内容。

**例 5-14** 考虑例 5-5 中的 M 函数, eps0 为输入变元, $P$ 与 $k$ 为返回变元。函数中的 $d_0$、$d$ 变量都是局部变量, 在函数调用之后, 这两个变量就会自动消失。

在实际编程中, 如果想让两个或多个 M 函数共享某个或某些变量, 则需要使用

全局变量的概念。全局变量需要由global命令声明出来。全局变量至少需要在两个地方进行声明,其一是为全局变量赋值的地方,其二是使用或修改该全局变量的地方。

**例5-15** 考虑例5-8中给出的函数,试将$a$、$b$用全局变量表示,改写源函数。

**解** 如果参数$a$、$b$用全局变量设定,则它们将不再出现在输入变元列表中,而在函数内部用global命令直接声明,这时可以将源函数改写成下面的形式:

```
function [x,k,f1]=bi_sect1(f,err)
global a b, k=0;
if nargin==1, err=eps; end
while abs(b-a)>err, x=(a+b)/2; k=k+1;
    if f(x)*f(a)<0, b=x; else, a=x; end
end
```

如果想求解方程,则在MATLAB工作空间中也需要声明$a$、$b$为全局变量,再为其赋值,然后调用求解函数得出方程的解。

```
>> global a b; a=-4; b=5;
   f=@(x)x.^2.*sin(0.1*x)-3; [x,k]=bi_sect1(f,1e-12)
```

从给出的命令看,选择全局变量传递数据的方法比用变元的方法麻烦得多,所以实际编程中除非万不得已,一般不建议采用全局变量的方式传递数据,应该尽量利用变元进行传递。

### 5.3.5 存取MATLAB工作空间中的变量

在某些特定的应用中, 有时可能需要将得出的结果从函数的内部直接写入MATLAB工作空间, 还有的时候可能要求从MATLAB工作空间读入某些变量。当然用前面介绍的全局变量方式可能实现这样的任务, 现在我们将介绍解决这样问题更好的方法。

MATLAB提供了一对函数来实现这样的目标,用assignin()与evalin()函数进行读写。可以使用assignin('base',varname,var)将var变量写入MATLAB的工作空间,存储的变量名为varname。还可以使用$a$=evalin('base',var)命令将MATLAB工作空间中的var变量读入函数,赋给变量$a$。

如果将前面的'base'选项替换成'caller', 则这些读写变量不是与MATLAB的工作空间作数据交换,只是与主调函数进行数据交换。

**例5-16** 考虑例5-15中给出的函数,该函数使用的是全局变量$a$、$b$,试取消全局变量,用evalin()函数从工作空间直接读入$a$、$b$变量,并改写源函数。

**解** 如果不使用global命令,可以由evalin()函数直接读入工作空间中的$a$、$b$变量,这时可以将源函数改写成下面的形式:

```
function [x,k,f1]=bi_sect2(f,err)
k=0; if nargin==1, err=eps; end
a=evalin('base','a'); b=evalin('base','b');
while abs(b-a)>err, x=(a+b)/2; k=k+1;
    if f(x)*f(a)<0, b=x; else, a=x; end
end
```

如果想求解方程,则需在 MATLAB 工作空间中先给 $a$、$b$ 赋值,然后调用求解公式得出方程的解,得出的结果与前面函数得出的完全一致。

```
>> a=-4; b=5; %在工作空间中给变量赋值
   f=@(x)x.^2.*sin(0.1*x)-3; [x,k]=bi_sect2(f,1e-12)
```

**例 5-17**   在文献 [17] 中曾经设计了一种特定的优化目标函数,将决策向量 $x$ 中的各个分量依次写入 MATLAB 工作空间的 $K_p$、$K_i$、$K_d$ 三个变量,以便后续的 Simulink 模型可以直接利用这些参数进行仿真。这样的数据交换只能采用 assignin() 函数实现。在代码的段落中用了下面的一组语句:

```
assignin('base','Kp',x(1)); assignin('base','Ki',x(2));
assignin('base','Kd',x(3));
```

这样,每调用一次这个 M 函数时,都会自动地将决策向量 $x$ 的值直接写入 MATLAB 工作空间的相应变量中。

再次强调说明,这里介绍的变量传递方法属于非常规的方法,最规范的方法还是通过变元来传递变量,所以不到万不得已时尽量不要采用非常规的传递方法。

### 5.3.6  匿名函数与 inline 函数

到目前为止,所介绍的函数都对应着一个 *.m 实体文件。有时为了方便描述某个数学函数,可以用匿名函数直接编写该数学函数,匿名函数的调用形式相当于前面介绍的 M 函数,但无须编写一个真正的 M 文件,这样的处理方法可以理解为动态定义函数的方法。匿名函数的基本格式为

$f$=@(变元列表) 函数计算表达式,例如,$f$=@$(x,y)\sin(x.\hat{}\,2+y.\hat{}\,2)$

此外,该函数还允许直接使用 MATLAB 工作空间中的变量。例如,若在 MATLAB 工作空间内已经定义了 $a$、$b$ 变量,则匿名函数可以用

$f$=@$(x,y)a*x.\hat{}\,2+b*y.\hat{}\,2$  定义数学关系式 $f(x,y) = ax^2 + by^2$

这样无须将 $a$、$b$ 作为附加参数在输入变元里表示出来,所以使得数学函数的定义更加方便。注意,在匿名函数定义时,$a$、$b$ 的值以当前 MATLAB 工作空间中的数值为准,在定义该匿名函数后,若 $a$、$b$ 的值再发生变化,则在匿名函数中的值不随之改变;如果确实想让匿名函数中的参数随着 $a$、$b$ 的值变化,则应该在它们变化后重新运行匿名函数。使用工作空间变量时要格外注意这一点,以免得出不期望的结果。

　　其实在前面解方程的例子中已经多次用到了匿名函数,匿名函数在数值计算中也是很有用的。简单的数学函数最适合用匿名函数描述。

　　**例5-18**　假设 $a = 1, b = 2$,试用匿名函数定义 $f(x,y) = ax^2 + by^2$,并求出 $f(2,3)$ 的值。修改 $a = 2, b = 1$,再求出 $f(2,3)$ 的值。

　　**解**　可以先给 $a$、$b$ 赋值,再用匿名函数定义固定的函数,有了匿名函数就可以求出函数值了,得出的结果为 $f(2,3) = 22$。修改 $a$、$b$ 的值,再调用匿名函数求函数值,仍得出 $f(2,3) = 22$,而直接求解则得出 $f_1 = 17$,显然二者是不同的。

```
>> a=1; b=2; f=@(x,y)a*x^2+b*y^2; f(2,3)
   a=2; b=1; f(2,3), f1=a*2^2+b*3^2
```

　　为什么会出现这样的情况呢? 在匿名函数定义时,使用的不是 $a$ 和 $b$ 这两个符号,使用的是工作空间内这两个变量当前的值,相当于定义 $f=@(x,y)x^2+2*y^2$。所以定义完匿名函数后,即使 $a$、$b$ 再发生变化时,匿名函数中的 $a$ 与 $b$ 也不会跟着变化,所以直接由匿名函数求函数值得到的结果与直接计算的结果不同。

　　如何得出与直接计算相同的结果呢? 在 $a$、$b$ 参数修改之后再重新定义匿名函数,然后再求函数值,这样就能得出正确的结果。

```
>> a=2; b=1; f=@(x,y)a*x^2+b*y^2; f(2,3)
```

　　早期版本中的 inline() 函数功能类似于匿名函数,但现在看来其使用不方便,也不支持 MATLAB 工作空间中变量的直接使用,运行效率也远远低于匿名函数,所以这里只给出其调用格式 fun=inline(函数内容,自变量列表),其中“函数内容”是以字符串形式描述的函数表达式,而“自变量列表”为由字符串表示的一系列自变量名称。例如, $f(x,y) = \sin(x^2 + y^2)$ 可以用下面的语句直接描述:

$f$=inline('sin(x.^2+y.^2)','x','y')

　　匿名函数与 inline() 函数的功能是重叠的,从复杂程度看,inline() 函数的格式要烦琐得多。从代码的执行速度来看,匿名函数的效率要远远高于 inline() 函数,另外,inline() 函数不允许直接使用 MATLAB 工作空间中的变量。所以除非需要运行早期版本中的相应代码,否则不建议再使用 inline() 函数,建议尽量使用匿名函数。

　　匿名函数与 inline() 函数返回的 $f$ 又称为函数句柄,和常规M函数相比,其局限性在于这样的函数句柄只能返回一个变元,另外,在函数定义语句中不能有中间语句,必须由一个表达式定义出函数的全部内容。其优点在于简洁、方便,无须提供实体的 *.m 文件。

### 5.3.7 子函数与私有函数

如果一个函数 A 需要调用下一级函数 B,且这个下一级的函数 B 只能由函数 A 调用,别的函数并不去调用它,则可以把这个函数 B 写在函数 A 文件的末尾,这时,B 函数称为 A 函数的子函数。子函数 B 只对函数 A 可见,只能由函数 A 调用,其他函数是看不到也是不能调用子函数 B 的。

子函数可以任意取名,即使取了被占用的名字也无关紧要,因为该函数的优先级要高于其他的函数。即使重名,也不会影响 MATLAB 路径下的其他函数。

**例** 5-19 考虑例 5-8 中的函数,试将其循环核心部分用子函数表示并改写源程序。

**解** 其核心部分写成 abc(),因为其他函数不可能调用这个函数,所以可以将其附在函数文件的后面作为子函数,这样可以更新原函数为

```
function [x,k,f1]=bi_sect3(f,a,b,err)
k=0; while abs(b-a)>err, [a,b,x]=abc(f,a,b); k=k+1; end
function [a,b,x]=abc(f,a,b)
x=(a+b)/2; if f(x)*f(a)<0, b=x; else, a=x; end
```

由于原函数只调用一次 abc(),大可不必为其写子函数,只须按照例 5-8 给出的格式就足够了。这里只用于演示子函数的应用。

MATLAB 下另一类比较特殊的函数是私有函数。在文件夹 A 下可以建立一个 private 文件夹,该文件夹称为私有文件夹,有些不希望其他 MATLAB 程序看到的 M 函数可以置于该文件夹内,这些函数称为私有函数,私有函数只能由 A 文件夹中的 M 函数调用。在 MATLAB 命令提示符中用 which 或 lookfor 等函数是不会显示私有函数信息的。

除了这些特殊的函数之外,MATLAB 还允许使用重载函数,这类函数将位于以 @ 开头的文件夹内,从属于相应的类,后面面向对象编程的章节将会详细介绍重载函数的相关内容。

## 5.4 MATLAB程序的调试

MATLAB 提供了比较完善的跟踪调试(debug)功能,可以在指定的函数中设置断点,读取函数内部的局部变量的值,或对函数内部的语句进行单步执行等。这些调试功能可以由界面实现,也可以由命令实现。本节将通过例子介绍 MATLAB 函数的跟踪调试方法,并介绍 MATLAB 的伪代码技术与应用。

### 5.4.1 MATLAB程序的跟踪调试

前面介绍过,MATLAB 与主调函数之间可以通过输入、输出变元传递变量,除了这些变量之外,其他变量都是局部变量,从程序外部是不可能监测到的,所以可

以考虑引入跟踪调试功能，在函数运行过程中有选择地监测内部变量的变化情况。

和其他计算机语言相仿，在MATLAB下也可以通过设置断点（breakpoint）的方法对程序进行跟踪调试，下面将通过例子演示MATLAB编辑界面的跟踪调试方法及其应用。

**例5-20** 考虑例5-8中的二分法方程求根函数，演示函数的跟踪调试功能。

**解** 例5-8给出了如下的MATLAB函数：

```
function [x,k,f1]=bi_sect(f,a,b,err)
k=0; if nargin==3, err=eps; end
while abs(b-a)>eps, x=(a+b)/2; k=k+1;
    if f(x)*f(a)<0, b=x; else, a=x; end
end
```

其中，循环语句中每一步会计算$x$，并更新$a$或$b$的值，但用户看不到这些值的内容，所以可以借助MATLAB的跟踪调试功能来观察这些值，比如在if语句处设置一个断点，如图5-4所示。具体设置断点的方法是单击现有的程序行号后面的一号，标记出红圆点，再次单击则取消断点。如果需要，用户可以在程序中设置多个断点。

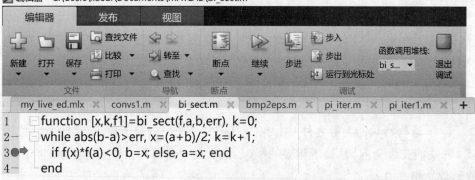

图 5-4 断点的设置

设置了断点之后，再运行下面的语句：

```
>> f=@(x)x.^2.*sin(0.1*x)-3; [x,k]=bi_sect(f,-4,5,1e-12)
```

则程序会暂停于断点处，MATLAB命令窗口的提示符也将变成K>>，允许用户获得函数内部变量，比如显示$x$，则得出其值为0.5。如果想在程序编辑界面上获得$x$的值，则可以将鼠标光标移动到$x$变量名的上方（移动但不点击），则该变量的值会自动显示出来，如图5-5所示。用这样的方法还可以跟踪各个内部变量的值。

还可以单击编辑程序工具栏中的"步进"按钮，这时程序执行一步，单击"继续"，则程序将继续执行到下一个断点处（由于这里使用的是循环，所以又将停止于当前的断点处），再显示$x$值的时候则显示$x = 2.75$，再步进再显示，则$x = 3.875$，$x = 3.3125$，$\cdots$，

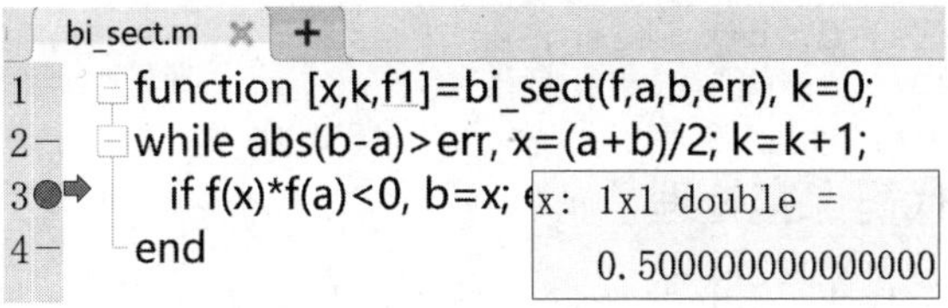

图 5-5 显示函数的内部变量

通过这样的方式可以跟踪函数内部变量。

如果当前函数调用了下一级函数,则可以单击"步入"按钮进入下一级函数去单步执行,单击"步出"将退出下级函数的执行。

如果想执行到程序的末尾,则可以清除断点,再单击"继续"图标,或单击"退出调试"图标,则完成函数的执行,这时 MATLAB 提示符将变回 >>。

**例** 5-21  如果只关心每一步迭代中 $x$ 的变化,试用更简洁的方法显示中间结果。

**解**  如果不使用各种调试功能,也可以修改源程序如下,加入一条语句,将中间结果直接显示出来,其中的 pause 命令会产生暂停,用户可以单击任意键继续执行,这样就可以显示出每步 $k$ 迭代时的中间结果。

```
function [x,k,f1]=bi_sect3(f,a,b,err), k=0;
while abs(b-a)>err, x=(a+b)/2; k=k+1;
    disp(['k=' int2str(k),'时,x=' num2str(x,16)]), pause
    if f(x)*f(a)<0, b=x; else, a=x; end
end
```

由下面语句执行该函数:

```
>> f=@(x)x.^2.*sin(0.1*x)-3; [x,k]=bi_sect3(f,-4,5,1e-15);
```

则显示出下面的中间结果,每一步迭代的结果都会自动显示出来。

```
k=1 时,x=0.5
k=2 时,x=2.75
k=3 时,x=3.875
...
k=52 时,x=3.124182730397072
k=53 时,x=3.124182730397073
```

**例** 5-22  考虑 bi_sect3() 等一系列函数中的代码,如果用户输入的误差限过小,则代码会变成死循环,如何修改这样的代码,使其能正常停下来呢?

**解**  若 err 选择为 $10^{-19}$,则 while 循环的条件永远不可能满足,应该给 err 设置一个下限,比较合适的是 2×eps,所以应该修改如下:

```
function [x,k,f1]=bi_sect4(f,a,b,err), k=0;
while abs(b-a)>max(err,2*eps), x=(a+b)/2; k=k+1;
    disp(['k=' int2str(k),'时,x=' num2str(x,16)]),
```

```
     if f(x)*f(a)<0, b=x; else, a=x; end
  end
```

### 5.4.2 伪代码与代码保密处理

MATLAB的伪代码（pseudo code）技术的目的有两个：一是能提高程序的执行速度，因为采用了伪代码技术，MATLAB将.m文件转换成能立即执行的代码，所以在程序实际执行时，省去了再转换的过程，从而能使得程序的速度加快。由于MATLAB本身的转换过程也很快，所以在一般程序执行时速度加快的效果并不是很明显。然而当执行较复杂的图形界面程序时，伪代码技术的应用便能很明显地加快程序执行的速度。二是伪代码技术能把可读的ASCII码构成的.m文件转换成一种加密的二进制代码，使得其他用户无法读取其中的语句，从而对源代码起到某种保密作用。

MATLAB提供了pcode命令将.m文件转换成伪代码文件，伪代码文件后缀名为.p。如果想把某文件mytest.m转换成伪代码文件，则可以使用pcode mytest命令；若想让生成的.p文件也位于和原.m文件相同的目录下，则可以使用命令

```
pcode mytest -inplace
```

如果想把整个目录下的.m文件全转换为.p文件，则首先用cd命令进入该目录，然后输入pcode *.m。若原文件无语法错误，则可以在本目录下将.m文件全部转换为.p文件；若存在语法错误，则将中止转换，并给出错误信息。用户可以通过这样的方法发现程序中存在的语法错误。如果同时存在同名的.m文件和.p文件，则.p文件优先执行。

用户一定要在安全的位置保存.m源文件，不能轻易删除，因为.p文件是不可逆的。一旦丢失了*.m文件，只保存了*.p文件，则意味着只能用这个函数，但不能修改这个函数，因为*.m文件是不能由*.p文件恢复的。

## 5.5　MATLAB实时编辑器

MATLAB提供了实时编辑器（live editor，官方译作实时编辑器，似不妥，更确切的应为活性编辑器或实境编辑器，但本书仍沿用"实时"），这个功能有些像Mathematica的notebook程序，也类似于MATLAB早期版本的notebook（M-book），只不过M-book是基于Microsoft Word的编辑程序，使用不方便。

实时编辑器可以编辑的是图文并茂的文本，其中嵌入了可以运行的MATLAB语句或程序，可以在浏览文本时随意执行嵌入的程序。与普通编辑器对应的*.m文件不同，实时编辑器文件的后缀名为*.mlx，其编码也不再是ASCII码了。实时文件

更适合于 MATLAB 的展示与教学。

## 5.5.1 实时文档编辑界面

可以用 MATLAB 普通编辑器创建一个空白的实时文档,单击图5-1中的"新建"→"实时脚本"菜单将打开一个空白文件,编辑器也切入"实时"模态,允许用户编辑自己的实时程序了,这时的编辑器界面如图5-6所示。

图 5-6 实时编辑器界面

实时文档更像一个常规的电子文档,用户可以围绕某一个主题写一篇文章,文章有自己的标题和作者信息,此外,文章应该有自己的结构,比如"节"等,还应该有相应的正文与公式、图形与链接等。与普通文档最大的区别是,实时文档嵌入了可以执行的 MATLAB 代码,可以在文档中"实时地"计算结果,并生成新的图形。还可以修改代码的参数或语句,直接得出不同的结果。

实时编辑器每一行文字有两种模态 —— 文本与代码,可以单击工具栏中的"文本""代码"按钮进行切换。从界面上看,代码应该写入带阴影的框内,文档应该写入其余的部分。如果选择文本模态,工具栏里提供的按钮允许用户选择对其的方式,选择黑体、斜体的模式等,所使用的图标与 Microsoft Word 的图标是很接近的,所以创建文本是很容易的。

## 5.5.2 建立一个简单的文档

再观察这些图标上面的"普通"右边的黑三角符号,单击该符号会给出下拉式菜单,其中有三个选项"普通""题头""标题",允许用户选择文字的格式,下面是利用这些功能生成一个实时文档的例子。

**例5-23** 试利用实时编辑器编辑如图5-7所示的实时文档。

**解** 先由实时编辑器打开空白文档,下面将逐行解释文档的建立方法:

(1)选择文本状态,从"普通"下拉式菜单中选择"标题",输入"This Is My First LIVE Document",并单击居中图标■,则得出实时文本的第一行显示,其字体与颜

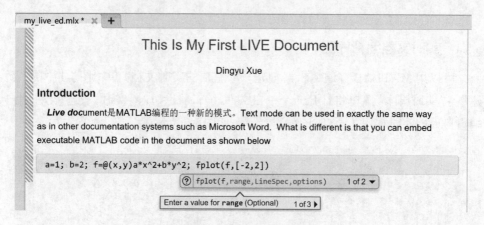

图 5-7 实时编辑器界面

色等都是自动生成的。

（2）换行之后会自动进入"普通"模态，输入作者名，并居中。

（3）换行，将"普通"模态改成"题头"，输入"Introduction"，默认为"左对齐"模式，其字号与字体也都是默认设定的。

（4）换行进入"普通"模态，输入四个空格，并写入这段文字。在实时编辑器中允许使用中文或其他语言文字，另外，选中"Live doc"这几个字符，单击"B"再单击"I"图标，则可以将这几个字符单独变成黑斜体，其他未选中的字符不发生任何变化。

（5）换行，单击"代码"图标，则会自动给出阴影框，可以在其中输入 MATLAB 命令，在输入的过程中 MATLAB 会自动根据函数的语法结构给出提示，有助于编写程序。例如，在输入 fplot() 时，会给出该函数的调用方法，在输入 [] 时，会提示这里应该输入绘图范围等。

可以用文件存储的方法，将上述内容存储成 my_live_ed.mlx 文件。

注意图 5-7 右侧的竖线，这是文本的右边界，用户可以拖动鼠标调整文档的右边界，使得文档的宽度为任意期望的宽度。

### 5.5.3 嵌入代码的运行

其实，在生成实时文本时，图 5-7 左侧会出现一个蓝色的斜线区域，双击该区域会自动执行这个段落内的嵌入代码，得出运行结果。

例 5-24　前面嵌入的代码是有错误的，执行该代码将给出如图 5-8 所示的错误信息提示。后面将介绍，fplot() 函数只能用于显函数的绘图，而 $f(x,y)$ 定义的是隐函数，所以不能用 fplot() 绘图，只能用 fimplicit() 函数绘图。

此外，原函数的调用还有许多其他的错误，例如，应该使用点运算，另外 $ax^2 + by^2 = 0$ 是没有曲线的，应该将其改成 $ax^2 + by^2 - 2 = 0$ 或其他的方程，所以正确的绘图命令应该改写成

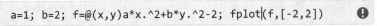

图 5-8　错误信息提示

```
>> a=1; b=2; f=@(x,y)a*x.^2+b*y.^2-2; fimplicit(f,[-2,2])
```

执行这段嵌入的代码,将在右侧分区绘制出一个椭圆。

### 5.5.4　在实时编辑器中嵌入其他对象

实时编辑器允许在实时文本中插入各种各样的对象。单击实时编辑器上端的"插入"标签,则可以得出如图 5-9 所示的可插入选项,可见,除了前面介绍的代码与文本之外,还允许插入分节符、图像、超链接与方程,本节将分别介绍各种对象的插入方法。

图 5-9　允许插入的对象

（1）**图像文件的嵌入**。单击图 5-9 中的"图像",则会自动打开一个标准的文件名选择对话框。从中选择想插入的图像文件,则可以将该图像插入到实时文本中。一个图像插入之后,即使原图像文件被删除了,也不会改变实时文档中的图像。

（2）**数学公式的嵌入**。MATLAB 允许两种"方程"的描述方式,一种是公式编辑器写出的公式,另一种是 LaTeX 描述的公式。单击图 5-9 中的"方程",则打开一个类似 Word 公式编辑器的界面,为排版方便起见,将图 5-10 中的图标重新安排了一下。利用该工具可以方便地建立起相应的数学公式。

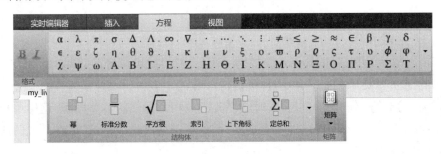

图 5-10　公式编辑器工具栏

除了这种典型的公式输入方法，单击"方程"下面的黑三角，则可以从中选择"LaTeX方程"选项，自动得出图5-11中的编辑界面。实时编辑器还可以将标准的LaTeX代码嵌入公式编辑栏内。注意，当前版本的LaTeX代码兼容性不是很理想，只支持简单的LaTeX代码，复杂的结构或自定义的命令是不能支持的。

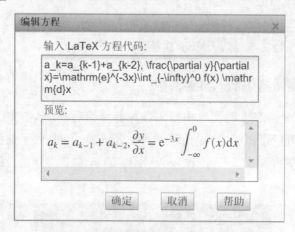

图 5-11 公式编辑器的 LaTeX 输入界面

**例5-25** 试将下面的公式输入到实时文档中。

$$a_k = a_{k-1} + a_{k-2}, \ \frac{\partial y}{\partial x} = \mathrm{e}^{-3x}\int_{-\infty}^{0} f(x)\mathrm{d}x$$

**解** 可以将下面的底层LaTeX代码嵌入到实时文档，得出期望的显示效果，得出的结果如图5-11的预览部分所示。

```
a_k=a_{k-1}+a_{k-2}, ~\frac{\partial y}{\partial x}=
\mathrm{e}^{-3x}\int_{-\infty}^0 f(x) \mathrm{d}x
```

实时编辑器对LaTeX代码的支持不甚理想，即使比较简单、典型的LaTeX代码也不能完全支持，比如

```
\begin{array}{ccc} 1 & 2 & 3\\ 4 & 5 & 6\\ 7 & 8 & 0\end{array}
```

只能在公式的位置留下一个\beginarrayccc1记号，双击该记号还可以打开嵌入的公式对象，所以使用实时编辑器时应该注意。这时可以考虑采用图5-10中的"矩阵"方式输入。

（3）**超链接**。若单击"超链接"，则将给出如图5-12所示的对话框，可以在"显示文本"栏目给出链接的标注，在"目标URL"栏目给出命令，可以为http://…的网址，也可以是mailto:引导的email地址等。

（4）**分节符**。分节符可以将实时文档分隔成相互独立的两个段落，这样用户可以单独处理或运行不同段落的实时文档，而不会影响其他段落。可以在公式的前面插入一个"分节符"。

图 5-12  超链接输入界面

**例 5-26**  图 5-13 给出了完整的实时文档的截图，文件存储在 my_live_ed.mlx 文件中，读者可以打开该文件，进一步理解实时文档的处理方法。

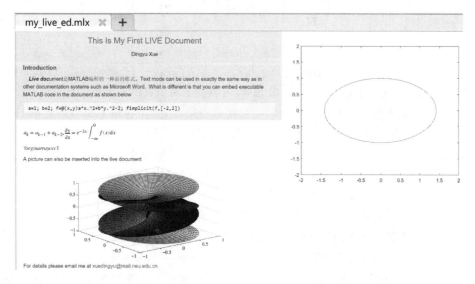

图 5-13  完整的实时文档截图

### 5.5.5  实时编辑文档的输出

实时文档的默认后缀名为 mlx，除了这类典型的文件之外，还可以将文件输出成 PDF 格式、HTML 格式或 LaTeX 格式，可以由"保存"按钮下面的黑三角选择输出格式，得出所需的输出结果。即使原实时文档存在未正常显示的信息，如例 5-25 中未转换成功的 \beginarrayccc1，在输出过程中也可以转换成正确的 LaTeX 源文件。

注意：由于输出的是静态文本，不能由其反变换回实时文本。

## 本章习题

5.1  编写一个矩阵相加函数 mat_add()，使其具体的调用格式为

$$\boldsymbol{A} = \text{mat\_add}(\boldsymbol{A}_1, \boldsymbol{A}_2, \boldsymbol{A}_3, \cdots)$$

要求该函数能接受任意多个矩阵进行加法运算。

5.2 用 MATLAB 语言实现下面的分段函数:

$$y = f(x) = \begin{cases} h, & x > D \\ h/Dx, & |x| \leqslant D \\ -h, & x < -D \end{cases}$$

5.3 试编写一个 MATLAB 函数,其调用格式为 $H$=mat_roots($A$,$n$),其中 $A$ 为方矩阵,$n$ 为整数,$H$ 为单元数组,使得每一单元存储矩阵 $A$ 的一个 $n$ 次方根。

5.4 自己编写一个 MATLAB 函数,使它能自动生成一个 $m \times m$ 的 Hankel 矩阵

$$H = \begin{bmatrix} h_1 & h_2 & \cdots & h_m \\ h_2 & h_3 & \cdots & h_{m+1} \\ \vdots & \vdots & \ddots & vdots \\ h_m & h_{m+1} & & h_{2m-1} \end{bmatrix}$$

并使其调用格式为 $v$=[$h_1, h_2, h_m, h_{m+1}, \cdots, h_{2m-1}$]; $H$=myhankel($v$)。

5.5 例 3-33 中演示了 gcd() 与 lcm() 函数,可以找出两个数的最大公约数与最小公倍数,不过这两个函数的缺陷是只能处理两个输入变元,试编写扩展函数 gcds() 与 lcms(),使它们可以一次性处理任意多个输入变元。

5.6 已知 Fibonacci 序列可以由式 $a_k = a_{k-1} + a_{k-2}, k = 3, 4, \cdots$ 生成,其中,初值为 $a_1 = a_2 = 1$,试编写出生成某项 Fibonacci 数值的 MATLAB 函数,要求:

(1) 函数格式为 $y$=fib($k$),给出 $k$ 即能求出第 $k$ 项 $a_k$ 并赋给 $y$ 向量;

(2) 编写适当语句,对输入输出变元进行检验,确保函数能正确调用;

(3) 利用递归调用的方式编写此函数。

5.7 试用下面的方法编写循环语句函数来近似地用连乘的方法计算 π 值,当乘法因子 $|\delta - 1| < 10^{-6}$ 时停止循环。如果再缩小误差限能得到更精确的 π 值吗?试比较哪种方法更高效,其在双精度数据结构下能得到的最精确的 π 值是多少?

$$\frac{2}{\pi} \approx \frac{\sqrt{2}}{2} \cdot \frac{\sqrt{2 + \sqrt{2}}}{2} \cdot \frac{\sqrt{2 + \sqrt{2 + \sqrt{2}}}}{2} \cdots$$

5.8 Newton–Raphson 迭代法。假设该方程解的某个初始猜测点为 $x_n$,则由梯度法可以得出下一个近似点 $x_{n+1} = x_n - f(x_n)/f'(x_n)$。若两个点足够近,即 $|x_{n+1} - x_n| < \epsilon$,其中 $\epsilon$ 为预先指定的误差限,则认为 $x_{n+1}$ 是方程的解,否则将 $x_{n+1}$ 设置为初值继续搜索,直至得出方程的解。令 $x_0 = -4$, $\epsilon = 10^{-12}$,试用 Newton–Raphson 迭代法求解方程 $f(x) = x^2 \sin(0.1x + 2) - 3 = 0$。

5.9 著名的 Mittag-Leffler 函数的基本定义为

$$E_\alpha(x) = \sum_{k=0}^{\infty} \frac{x^k}{\Gamma(\alpha k + 1)}$$

其中 $\Gamma(x)$ 为 Gamma 函数,可以由 gamma($x$) 函数直接计算。试编写出 MATLAB 函数,使得其调用格式为 $f$=mymittag($\alpha, z, \epsilon$),其中 $\epsilon$ 为用户允许的误差限,其

默认值为 $\epsilon = 10^{-6}$，$z$ 为已知数值向量。利用该函数分别绘制出 $\alpha = 1$ 和 $\alpha = 0.5$ 的曲线。

5.10 Chebyshev 多项式的数学形式为

$$T_1(x) = 1, \ T_2(x) = x, \ T_n(x) = 2xT_{n-1}(x) - T_{n-2}(x), \ n = 3, 4, 5, \cdots$$

试编写一个递归调用函数来生成 Chebyshev 多项式，并计算 $T_{10}(x)$。写出一个更高效的 Chebyshev 多项式生成函数，并计算 $T_{30}(x)$。

5.11 由矩阵理论可知，如果一个矩阵 $M$ 可以写成 $M = A + BCB^{\mathrm{T}}$，并且其中 $A$、$B$、$C$ 为相应阶数的矩阵，则 $M$ 矩阵的逆矩阵可以由下面的算法求出

$$M^{-1} = (A + BCB^{\mathrm{T}})^{-1} = A^{-1} - A^{-1}B(C^{-1} + B^{\mathrm{T}}A^{-1}B)^{-1}B^{\mathrm{T}}A^{-1}$$

试根据上面的算法用 MATLAB 语句编写一个函数对矩阵 $M$ 进行求逆，通过如下的测试矩阵来检验该程序，并和直接求逆方法进行精度上的比较。

$$M = \begin{bmatrix} -1 & -1 & -1 & 1 & 0 \\ -2 & 0 & 0 & -1 & 0 \\ -6 & -4 & -1 & -1 & -2 \\ -1 & -1 & 0 & 2 & 0 \\ -4 & -3 & -3 & -1 & 3 \end{bmatrix}, \quad A = \begin{bmatrix} 1 & 0 & 0 & 0 & 0 \\ 0 & 3 & 0 & 0 & 0 \\ 0 & 0 & 4 & 0 & 0 \\ 0 & 0 & 0 & 2 & 0 \\ 0 & 0 & 0 & 0 & 4 \end{bmatrix}$$

$$B = \begin{bmatrix} 0 & 1 & 1 & 1 & 1 \\ 0 & 2 & 1 & 0 & 1 \\ 1 & 1 & 1 & 2 & 1 \\ 0 & 1 & 0 & 0 & 1 \\ 1 & 1 & 1 & 1 & 1 \end{bmatrix}, \quad C = \begin{bmatrix} 1 & -1 & 1 & -1 & -1 \\ 1 & -1 & 0 & 0 & -1 \\ 0 & 0 & 0 & 0 & 1 \\ 1 & 0 & -1 & -1 & 0 \\ 0 & 1 & -1 & 0 & 1 \end{bmatrix}$$

5.12 第 4 章很多习题如果加接口之后都可以封装成 M 函数，例如，给出阶次 $n$，就可以编写一个函数直接将下面矩阵输入计算机：

$$A = \begin{bmatrix} 1 & -2 & 4 & \cdots & (-2)^{n-1} \\ 0 & 1 & -2 & \cdots & (-2)^{n-2} \\ 0 & 0 & 1 & \cdots & (-2)^{n-3} \\ \vdots & \vdots & \vdots & \ddots & \vdots \\ 0 & 0 & 0 & \cdots & 1 \end{bmatrix}$$

试编写一个 MATLAB 函数，使其调用格式为 $A$＝mymatx$(n)$，如果不给出 $n$ 则生成一个 $6 \times 6$ 矩阵。

5.13 试编写一个函数计算扩展 Fibonacci 序列的前 $m$ 项，其中 $T(n) = T(n-1) + T(n-2) + T(n-3)$，$n = 4, 5, \cdots$，且初值的默认值为 $T(1) = T(2) = T(3) = 1$。

5.14 试编写一个随机整数方阵生成矩阵，其调用格式为 $A$＝unirandi$([a_{\mathrm{m}}, a_{\mathrm{M}}], n)$，使得其行列式的值等于 1。试生成一个 $13 \times 13$ 的整数矩阵，其元素只能取 0、1、$-1$，且其行列式为 1。

5.15 $n$ 阶 Pascal 矩阵的第一行与第一列的值都是 1，其余元素可以按如下公式计算：

$$p_{i,j} = p_{i,j-1} + p_{i-1,j}, \ i = 2, 3, \cdots, n, \ j = 2, 3, \cdots, n$$

试编写一段 MATLAB 函数生成 $n$ 阶的 Pascal 矩阵。

5.16 比较第4章的习题4.7与习题4.8可见，二者一个是求$\sqrt{2}$的，另一个是求$\sqrt{3}$的，不妨猜想一下，如果递推公式变成$x_{k+1} = (x_k + a/x_k)/2$，则该递推公式可能用于求$\sqrt{a}$，试编写一个MATLAB函数来验证这样的猜想。

5.17 试用实时编辑器写一个短文描述求解方程的二分法。

# 第6章

# 二维图形绘制

图形绘制与可视化是 MATLAB 语言的一大特色。MATLAB 提供了一系列直观、简单的二维图形和三维图形绘制命令与函数,可以将实验结果和仿真结果用可视的形式显示出来。

从 MATLAB R2014b 版本开始提供全新的绘图命令,虽然早期版本的一些命令仍能使用,但以后的版本中可能会被逐渐淘汰,所以本书将尽量按照新的体例介绍图形绘制的方法。

本章将侧重于介绍各种各样二维图形的绘制方法。6.1 节将介绍已知数据点的二维函数曲线绘制方法,并介绍数学函数绘图方法与修饰方法,由这些命令可以绘制常规的二维曲线图形。6.2 节将介绍图形的修饰方法,包括在图形上添加 LaTeX 文本与箭头等标识的方法。6.3 节将给出其他二维图形的绘制方法,包括极坐标图、火柴杆图、阶梯图、直方图、填充图与对数坐标图等,还将介绍动态轨迹与二维动画处理的一般方法。6.4 节将介绍将图形窗口进行分区的方法,可以规范地进行分区,也可以任意地分区,使得用户可以按任意的形式摆放图形位置。6.5 节还将介绍隐函数曲线的绘制方法。6.6 节还将介绍数字图像处理的入门知识,介绍图像的读入、边缘检测与直方图均衡化处理等常用的图像处理方法。6.7 节将介绍 MATLAB 图形的输出方法。

## 6.1 二维曲线的绘制

二维图形是科学研究中最常见,也是最实用的图形表示。本节首先介绍将数据用二维曲线表示出来的方法,然后介绍将数学函数用曲线表示出来的方法。除此之外,还将介绍二维图形的标题处理与多纵轴曲线绘制的处理方法。

### 6.1.1 二元数据的曲线绘制

假设用户已经获得了一些实验数据。例如,已知各个时刻 $t = t_1, t_2, \cdots, t_n$,测得这些时刻的函数值 $y = y_1, y_2, \cdots, y_n$,则可以将这些数据输入到 MATLAB 环境中，构成向量 $t = [t_1, t_2, \cdots, t_n]$ 和 $y = [y_1, y_2, \cdots, y_n]$。如果用户想用图形表示二者之间的关系，则用 plot($t,y$) 即可绘制二维图形。可以看出，该函数的调用是相当直观的。在实际应用中，plot() 函数的调用格式还可以进一步扩展：

（1）$t$ 仍为向量，而 $y$ 为矩阵如下的矩阵，则将在同一坐标系下绘制 $m$ 条曲线，每一行和 $t$ 之间的关系将绘制出一条曲线。注意，这时要求 $y$ 矩阵的列数应该等于 $t$ 的长度。

$$y = \begin{bmatrix} y_{11} & y_{12} & \cdots & y_{1n} \\ y_{21} & y_{22} & \cdots & y_{2n} \\ \vdots & \vdots & \ddots & \vdots \\ y_{m1} & y_{m2} & \cdots & y_{mn} \end{bmatrix}$$

（2）$t$ 和 $y$ 均为矩阵，且假设 $t$ 和 $y$ 矩阵的行数和列数均相同，则可绘制出 $t$ 矩阵每行和 $y$ 矩阵对应行之间关系的曲线。

（3）假设有多对这样的向量或矩阵 $(t_1, y_1), (t_2, y_2), \cdots, (t_m, y_m)$，则可以用下面的语句直接绘制出各自对应的曲线：

plot($t_1,y_1,t_2,y_2,\cdots,t_m,y_m$)

（4）曲线的性质，如线型、粗细、颜色等，还可以使用下面的命令进行指定：

plot($t_1,y_1$,选项1,$t_2,y_2$,选项2,$\cdots,t_m,y_m$,选项$m$)

其中"选项"可以按表6-1中说明的形式给出，其中的选项可以进行组合。

表 6-1  MATLAB绘图命令的各种选项

| 曲线线型 | | 曲线颜色 | | | | 标记符号 | | | |
|---|---|---|---|---|---|---|---|---|---|
| 选项 | 意义 | 选项 | 意义 | 选项 | 意义 | 选项 | 意义 | 选项 | 意义 |
| '-' | 实线 | 'b' | 蓝色 | 'c' | 蓝绿色 | '*' | 星号 | 'pentagram' | ☆ |
| '--' | 虚线 | 'g' | 绿色 | 'k' | 黑色 | '.' | 点号 | 'o' | 圆圈 |
| ':' | 点线 | 'm' | 红紫色 | 'r' | 红色 | 'x' | 叉号 | 'square' | □ |
| '-.' | 点划线 | 'w' | 白色 | 'y' | 黄色 | 'v' | ▽ | 'diamond' | ◇ |
| 'none' | 无线 | | | | | '^' | △ | 'hexagram' | ✿ |
| | | | | | | '>' | ▷ | '<' | ◁ |

例如，若想绘制红色的点划线，且每个转折点上用五角星表示，则选项可以使用 'r-.pentagram' 组合形式。

（5）还可以由 $h$=plot($\cdots$) 格式调用 plot() 函数，绘图的同时返回曲线的句柄 $h$，以后可以通过该句柄来读取或修改该曲线的属性。

绘制完二维图形后，还可以用 **grid on** 命令在图形上添加网格线，用 **grid off** 命令取消网格线；另外用 **hold on** 命令可以保护当前的坐标系，这样以后再使用 plot() 函数时将新的曲线叠印在原来的图上，便于不同结果的比较。用 **hold** off则可以取消保护状态。

与强大的 plot() 函数相对应,MATLAB 还提供了底层的绘图命令 line(),可以直接在原来图形上叠印新曲线,该函数不能返回曲线的句柄。

**例**6-1　试绘制出显函数 $y = \sin(\tan x) - \tan(\sin x)$ 在 $x \in [-\pi, \pi]$ 区间内的曲线。

**解**　解决这种问题的最简捷方法是采用下面的语句直接绘制函数曲线。

```
>> x=[-pi : 0.05: pi];                    % 以0.05为步距构造自变量向量
   y=sin(tan(x))-tan(sin(x)); plot(x,y)   % 求出并绘制各个点上的函数值
```

这些语句可以绘制出该函数的曲线,如图 6-1 所示。不过由这里给出的曲线看,得出的曲线似乎有问题。

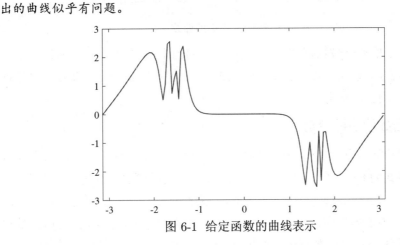

图 6-1　给定函数的曲线表示

值得指出的是,由 MATLAB 的 plot() 函数绘制出的"曲线"不是真正的曲线,只是给出各个数值点间的折线。如果给出的数据点足够密,或突变少些,则看起来就是曲线了,故以后将称之为曲线。

**例**6-2　试重新生成密集些的数据点,得出例 6-1 函数正确的曲线表示。

**解**　仔细观察图 6-1 中给出的曲线可以看出,在 $\pm\pi/2$ 附近图形好像有问题,其他位置还是比较平滑的。为什么会出现这样的现象呢?观察 $\sin(\tan x)$ 项,由于在 $\pm\pi/2$ 附近括号内的部分将趋近于无穷大,所以导致其正弦值变化很不规则,会出现强振荡。

可以考虑全程采用小步距,或在比较粗糙的 $x \in (-1.8, -1.2)$ 及 $x \in (1.2, 1.8)$ 两个子区间内选择小步距,其他区域保持现有的步距,这样可以将上述的语句修改为

```
>> x=[-pi:0.05:-1.8,-1.799:0.001:-1.2, -1.2:0.05:1.2,...
      1.201:0.001:1.8, 1.81:0.05:pi];   % 以变步距方式构造自变量向量
   y=sin(tan(x))-tan(sin(x)); plot(x,y)  % 求出并绘制各个点上的函数值
```

这样将得出如图 6-2 所示的曲线。可见,这样得出的曲线在剧烈变化区域内表现良好。前面解释过,在 $\pm\pi/2$ 区域内出现强振荡是正常现象。

从这个例子可以看出,不能过分地依赖于 MATLAB 绘制的曲线,需要对曲线

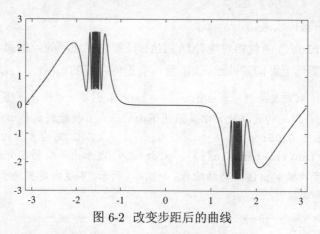

图 6-2 改变步距后的曲线

的正确性作一个检验。比较有效的方法是选择不同的步距,观察得出的曲线是不是吻合,如果吻合则可以认为曲线正确,否则需要选择更小的步距绘制曲线后再进行检验,直至得出吻合的结果。

### 6.1.2 数学函数的曲线绘制

如果已知数学函数,还可以利用 MATLAB 的 fplot() 函数绘制函数曲线,该函数的调用格式为 fplot($f$),其中 $f$ 可以是匿名函数描述的函数句柄,也可以是描述函数的符号表达式或符号函数,默认的绘图区间为 $[-5,5]$。如果想指定绘图区域,还可以给出 fplot($f,[x_{\mathrm{m}},x_{\mathrm{M}}]$)。MATLAB 早期版本提供的 ezplot() 函数也可以用于绘制类似的曲线,默认的绘图区间为 $[-2\pi,2\pi]$。

**例6-3** 试用 fplot() 函数重新绘制例6-1的函数曲线。

**解** 可以考虑用符号函数描述原来的数学函数,给出下面的语句就可以绘制出函数的二维曲线,从效果上看,比自选数据点得出的曲线稍差。

```
>> syms x; f(x)=sin(tan(x))-tan(sin(x)); fplot(f,[-pi,pi])
```

还可以用匿名函数的形式描述原函数,得出一致的结果。

```
>> f=@(x)sin(tan(x))-tan(sin(x)); fplot(f,[-pi,pi])
```

### 6.1.3 分段函数的曲线绘制

4.2.3节介绍了一般分段函数的向量化表示方法,第5章还介绍了分段函数的匿名函数表示等。有了这些表示方法,可以通过前面介绍的 plot() 函数或 fplot() 函数直接绘制分段函数的曲线。本节将通过例子演示分段函数的曲线绘制方法。

**例6-4** 绘制出下面的饱和非线性特性函数的曲线。

$$y = \begin{cases} 1.1\,\mathrm{sign}(x), & |x| > 1.1 \\ x, & |x| \leqslant 1.1 \end{cases}$$

**解** 前面介绍了三种分段函数的表示方法:(1)向量化数据计算方法;(2)匿名函数表示方法;(3)符号表达式表示方法。这里将分别介绍这三种方法在绘图中的应用。

先看方法(1),当然用 for/if 语句可以很容易求出各个 $x$ 点上的 $y$ 值。如果采用向量化方法则更方便。利用前面介绍的分段函数向量化表示思路,可以给出下面的语句,直接得出分段函数的曲线,如图 6-3 所示。

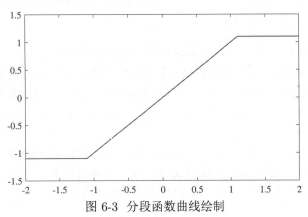

图 6-3 分段函数曲线绘制

```
>> x=[-2:0.02:2]; y=1.1*sign(x).*(abs(x)>1.1)+x.*(abs(x)<=1.1);
   plot(x,y)
```

在这样的分段模型描述中,注意不要将某个区间重复表示。例如,不能将给出的语句中第一个条件表示成 $x>=1.1$,否则因为第二项中也有 $x_i = 1.1$ 的选项,将使得 $x_i = 1.1$ 的点函数求取重复,得出错误的结果。

另外,由于 plot() 函数只将给定点用直线连接起来,分段线性的非线性曲线可以由有限的转折点来表示,该语句能得出和图 6-3 完全一致的结果。

```
>> plot([-2,-1.1,1.1,2],[-1.1,-1.1,1.1,1.1]) %由转折点坐标绘制折线
```

再看方法(2),可以用匿名函数描述原始的函数,然后用 fplot() 函数直接绘图,得出的结果与前面介绍的完全一致。

```
>> f=@(x)1.1*sign(x).*(abs(x)>1.1)+x.*(abs(x)<=1.1);
   fplot(f,[-2,2]), ylim([-1.5 1.5]) %手工设置纵轴范围
```

方法(3)也可以直接用于曲线的绘制,得出的结果也是一致的。

```
>> syms x; clear f %clear语句是必要的,需要清除原来的匿名函数定义
   f(x)=piecewise(abs(x)>1.1,sign(x),abs(x)<=1.1,x);
   fplot(f,[-2,2]), ylim([-1.5 1.5]) %手工设置纵轴范围
```

### 6.1.4 二维图形的标题处理

在 MATLAB 绘制的图形中,每条曲线是一个对象,坐标轴是一个对象,而图形窗口还是一个对象,每个对象都有不同的属性,用户可以通过 set() 函数设置对象

的属性,还可以用get()函数获得对象的某个属性。这两个语句的调用格式为

set(句柄,'属性名1',属性值1,'属性名2',属性值2,…)

$v$=get(句柄,'属性名')

另外,利用title()函数可以给图形加标题,利用xlabel()与ylabel()函数可以给$x$轴与$y$轴加标题,只须在这些函数中给出字符串就会自动填写到相应的标题位置,字体、字号与旋转等都会自动完成。

**例6-5** 试为例6-4绘制的图形添加图形标题与坐标轴标题。

**解** 重新绘制曲线,则可以用title()等函数直接添加标题。这些标题和字体是由MATLAB自动生成的,比如$y$坐标轴的文字会自动旋转90°。标题等信息是可以加入中文或其他文字字符的,不过生成的*.eps文件并不能很好地处理这些内容,需要引入其他工具进一步处理。

```
>> plot([-2,-1.1,1.1,2],[-1.1,-1.1,1.1,1.1]) %绘制饱和函数
   title('Saturation function'),  %图形标题显示
   xlabel('x axis'), ylabel('坐标系的y轴')
```

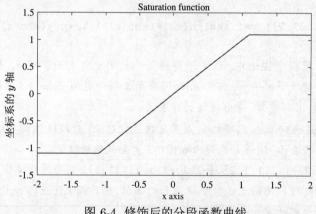

图 6-4  修饰后的分段函数曲线

还可以采用xlim()、ylim()这类函数设置坐标轴的范围,函数语法很简单直观,如xlim($[x_m,x_M]$)。这里就不举例说明了。

**例6-6** 考虑例4-18中介绍的分形树模型,试用圆点绘制出分形树的结果。

**解** 分形树的数据可以由例4-18中给出的语句直接计算。有了这些语句就可以得出$x$与$y$向量,这样,由下面的命令可以直接绘制出如图6-5所示的分形树图。

```
>> v=rand(10000,1); N=length(v); x=0; y=0;
   for k=2:N, gam=v(k);
       if gam<0.05, x(k)=0; y(k)=0.5*y(k-1);
       elseif gam<0.45,
```

```
        x(k)=0.42*(x(k-1)-y(k-1)); y(k)=0.2+0.42*(x(k-1)+y(k-1));
    elseif gam<0.85,
        x(k)=0.42*(x(k-1)+y(k-1)); y(k)=0.2-0.42*(x(k-1)-y(k-1));
    else, x(k)=0.1*x(k-1); y(k)=0.1*y(k-1)+0.2;
end, end
plot(x,y,'.')   %注意,不能忽略最后的圆点标记
```

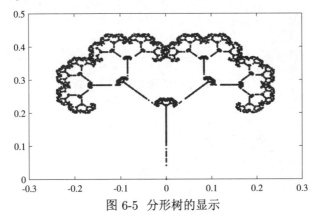

图 6-5 分形树的显示

### 6.1.5 多纵轴曲线的绘制

假设有两组数据,如果它们幅值相差比较悬殊,尽管可以将它们在同一个坐标系下绘制出来,但这样绘制会使得幅值小的曲线可读性较差,所以这时可以考虑使用 plotyy() 函数将它们绘制出来,其调用格式为 plotyy($x_1, y_1, x_2, y_2$)。下面通过例子演示这样的曲线绘制方法。

**例 6-7**　试将 $y_1 = \sin x$ 与 $y_2 = 0.01 \cos x$ 在同一坐标系下绘制出来。

**解**　直接采用下面语句可以绘制出两条函数曲线,如图 6-6 所示。由于两条曲线的幅值相差太悬殊,$y_2$ 曲线的可读性很差,因为其变化太小,从图形中几乎看不出任何波动,所以不宜采用这样的绘制方法。

```
>> x=0:0.01:2*pi; y1=sin(x); y2=0.01*cos(x);
   plot(x,y1,x,y2,'--') %在同一坐标系下绘制曲线
```

对这样的问题应该采用 plotyy() 函数绘制出双纵轴曲线,如图 6-7 所示。

```
>> plotyy(x,y1,x,y2)   %如果两组数据的值比较悬殊,则采用双纵坐标轴
```

**例 6-8**　这样的双坐标系还可以单独地进行处理,比如用 yyaxis 命令就可以将某个坐标系设置成当前的坐标系,然后对其单独处理。试用该方法重新处理类似的问题。

**解**　由当前的 plotyy() 函数只能绘制两条曲线,如果想绘制多条曲线,则需要能单独处理每一个子坐标系。现在考虑一个应用场景,在第一坐标系(左坐标系)绘制正弦

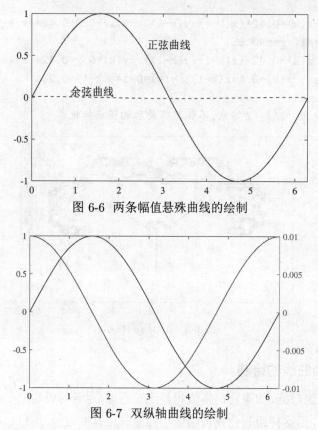

图 6-6　两条幅值悬殊曲线的绘制

图 6-7　双纵轴曲线的绘制

函数 $y_1 = \sin x$ 曲线，在第二坐系（右边坐标系）绘制 $y_2 = 0.01\cos x, y_3 = 0.01\sin 2x$ 两条曲线，则当前的 plotyy() 函数是不能处理的，所以需要能单独处理两个坐标系再绘图。

调用 yyaxis left 与 yyaxis right 命令则可以分别将左坐标系和右坐标系调到前台，然后用普通的 plot() 函数直接绘图。

```
>> t=linspace(0,2*pi,500);
   yyaxis left; plot(t,sin(t)) %分别在左、右坐标系用普通命令绘图
   yyaxis right, plot(t,0.01*cos(t),t,0.01*sin(2*t),'--')
```

在某些特殊的应用中可能还需要绘制三、四纵轴的曲线，可以考虑在 Math-Works 的 File Exchange 网站下载相应的实用程序，如 plotyyy()[18]、plot4y()[19] 等。利用 plotxx() 函数还可以绘制双 $x$ 轴的曲线[20]。

## 6.2　图形修饰

MATLAB 提供了强大的图形修饰功能，单击▣图标将得到如图6-9所示的编辑窗口。其工具栏允许用户在图形上添加箭头、文字、双向箭头、椭圆、方框等新的

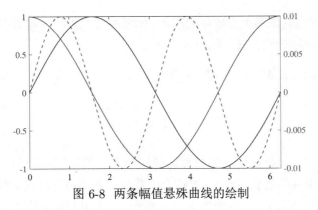

图 6-8 两条幅值悬殊曲线的绘制

标记，大大地增强了 MATLAB 图形修饰的功能。此外还可以对图形进行局部放大、三维图形的旋转等。这些图标类似于早期版本工具栏中的按钮。

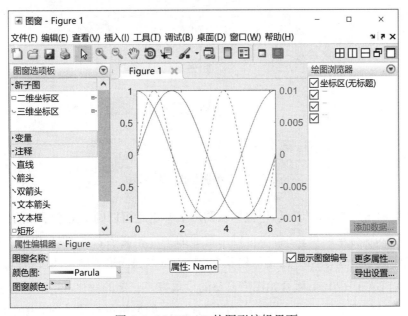

图 6-9 MATLAB 的图形编辑界面

## 6.2.1 利用界面工具的修饰

图形编辑主要有三方面的内容，图形窗口左侧的部分对应于"查看"→"绘图编辑工具栏"菜单，其中用户可以选择这里的工具在图形上添加箭头、文字及椭圆等修饰，还可以添加二维、三维坐标系。图形窗口下面的窗口对应于该菜单的"属性编辑器"，允许修改选中对象的颜色、线型、字体等属性。右侧的窗口对应于"查看"→"绘图浏览器"菜单，允许用户从图上选择图形元素进行编辑，还允许用户添加新的数据，在现有的图形上叠印新的图形。如果选择"查看"→"绘图编辑工具栏"
菜单，将给出绘图编辑工具栏，如图6-10所示。

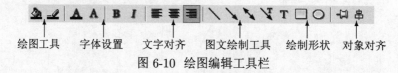

图 6-10　绘图编辑工具栏

图形窗口的工具栏提供了用鼠标选择图形上点的按钮，可以用鼠标读出并
显示曲线上点坐标的信息，该功能更适合于数学问题图解方法的实现，即使给出三
维图形，也可以由该功能读取图形上点的坐标。单击工具栏的图形旋转按钮，则
可以将二维图形用三维图形表示，如图6-11所示。

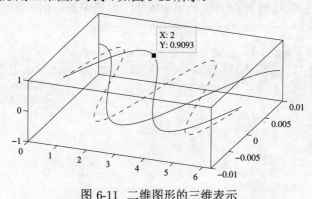

图 6-11　二维图形的三维表示

如果单击"文本框"工具，用鼠标在图形上单击就可以确定文字添加的位置，然
后直接输入字符串即可。字符串可以用普通的字母和文字表示，也可以用 LaTeX 的
格式描述数学公式。单击"直线""箭头"工具还可以在图形上叠印线段和箭头等。

MATLAB R2018b版开始图形窗口的设置有了一定的变化，例如，图形窗口的
菜单与工具栏变成了如图6-12（a）所示的格式，如果将鼠标移动到某图形对象上
时，其坐标位置会自动显示。另外，如果鼠标位于某个坐标系上方时，图6-12（b）给
出的编辑工具将显示在该坐标系的右上角，允许用户用局部放大、旋转等方法处理
图形。

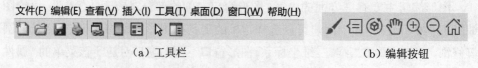

（a）工具栏　　　　　　　　　　　　　　　　　　　　　　　（b）编辑按钮

图 6-12　二维图形的三维表示

### 6.2.2 LATEX 支持的修饰命令

LATEX 是一个著名的科学文档排版系统，MATLAB 支持的只是其中一个子集，这里简单介绍在 MATLAB 图形窗口中添加 LATEX 描述的数学公式的方法：

（1）特殊符号是由\引导的命令定义的，由表6-2中给出。

表 6-2 图形窗口下可以直接使用的 LATEX 命令表

| 类别 | 显示 | LATEX 命令 | 显示 | LATEX 命令 | 显示 | LATEX 命令 | 显示 | LATEX 命令 |
|---|---|---|---|---|---|---|---|---|
| 小写希腊字符 | $\alpha$ | \alpha | $\beta$ | \beta | $\gamma$ | \gamma | $\delta$ | \delta |
| | $\epsilon$ | \epsilon | $\varepsilon$ | \varepsilon | $\zeta$ | \zeta | $\eta$ | \eta |
| | $\theta$ | \theta | $\vartheta$ | \vartheta | $\iota$ | \iota | $\kappa$ | \kappa |
| | $\lambda$ | \lambda | $\mu$ | \mu | $\nu$ | \nu | $\xi$ | \xi |
| | $o$ | o | $\pi$ | \pi | $\varpi$ | \varpi | $\rho$ | \rho |
| | $\iota$ | \iota | $\kappa$ | \kappa | $\varrho$ | \varrho | $\sigma$ | \sigma |
| | $\varsigma$ | \varsigma | $\tau$ | \tau | $\upsilon$ | \upsilon | $\phi$ | \phi |
| | $\varphi$ | \varphi | $\chi$ | \chi | $\psi$ | \psi | $\omega$ | \omega |
| 大写希腊字符 | $\Gamma$ | \Gamma | $\Delta$ | \Delta | $\Theta$ | \Theta | $\Lambda$ | \Lambda |
| | $\Xi$ | \Xi | $\Pi$ | \Pi | $\Sigma$ | \Sigma | $\Upsilon$ | \Upsilon |
| | $\Phi$ | \Phi | $\Psi$ | \Psi | $\Omega$ | \Omega | | |
| 常用数学符号 | $\aleph$ | \aleph | $\prime$ | \prime | $\forall$ | \forall | $\exists$ | \exists |
| | $\wp$ | \wp | $\Re$ | \Re | $\Im$ | \Im | $\partial$ | \partial |
| | $\infty$ | \infty | $\nabla$ | \nabla | $\surd$ | \surd | $\angle$ | \angle |
| | $\neg$ | \neg | $\int$ | \int | $\clubsuit$ | \clubsuit | $\diamondsuit$ | \diamondsuit |
| | $\heartsuit$ | \heartsuit | $\spadesuit$ | \spadesuit | | | | |
| 二元运算符号 | $\pm$ | \pm | $\cdot$ | \cdot | $\times$ | \times | $\div$ | \div |
| | $\circ$ | \circ | $\bullet$ | \bullet | $\cup$ | \cup | $\cap$ | \cap |
| | $\vee$ | \vee | $\wedge$ | \wedge | $\otimes$ | \otimes | $\oplus$ | \oplus |
| 关系数学符号 | $\leq$ | \leq | $\geq$ | \geq | $\equiv$ | \equiv | $\sim$ | \sim |
| | $\subset$ | \subset | $\supset$ | \supset | $\approx$ | \approx | $\subseteq$ | \subseteq |
| | $\supseteq$ | \supseteq | $\in$ | \in | $\ni$ | \ni | $\propto$ | \propto |
| | $\mid$ | \mid | $\perp$ | \perp | | | | |
| 箭头符号 | $\leftarrow$ | \leftarrow | $\uparrow$ | \uparrow | $\Leftarrow$ | \Leftarrow | $\Uparrow$ | \Uparrow |
| | $\rightarrow$ | \rightarrow | $\downarrow$ | \downarrow | $\Rightarrow$ | \Rightarrow | $\Downarrow$ | \Downarrow |
| | $\leftrightarrow$ | \leftrightarrow | $\updownarrow$ | \updownarrow | | | | |

（2）上下标分别用^和_表示，例如a_2^2+b_2^2=c_2^2表示 $a_2^2+b_2^2=c_2^2$。如果需要表示多个上标，则需要用大括号括起，表示段落，例如a^Abc命令表示 $a^Abc$，其中 $A$ 为上标。如果想将Abc均表示成 $a$ 的上标，则需要给出命令a^{Abc}。

（3）很多 LATEX 常用命令是 MATLAB 图形窗口不支持的，例如显示分式的命令\frac，后面将详细介绍。

LATEX科技文献排版系统是当今学术界最广泛使用的排版系统，具有Word类排版系统无可比拟的优越性，感兴趣的读者可以进一步阅读一些相关文献[13]。

### 6.2.3　数学公式叠印与宏包设计

直接由LATEX格式在图形上标注数学公式的方法是有局限性的，比如很多常用的LATEX命令是不支持的，如分式\frac命令等，很多LATEX的用户的自定义命令当然也是不支持的。此外，该标注方法的具体字体等信息也可能与用户的LATEX文档不一致，所以从规范化排版角度考虑，也应该引入更适合的公式标注方法。

LATEX文档允许使用overpic宏包来处理图形上叠印LATEX命令的问题，可以叠印任意的命令，包括数学公式，所以可以考虑采用这样的宏包在图形上添加标注，而不建议用MATLAB下的LATEX命令添加标注。如果采用overpic宏包，难点是标注的定位问题，目前也没有其他的辅助工具实现标注的定位，所以我们用MATLAB编写了一个通用程序来解决这类问题。

例6-9　试用MATLAB编写一个通用的叠印公式的定位函数。

**解**　有了前面介绍的知识，不难编写出下面的MATLAB函数：

```
function overpic(fname,varargin)
if nargin==0,
    [fname,pathn]=uigetfile('*.eps','Please select the eps file');
    fname=fname(1:end-4);
else, pathn=['D:\xue.dy\BOOKS\MATLAB\Series_in_MATLAB\',...
                'Chinese\Volume1\epsfiles\'];
end
eval(['!epstool -k -q -o' fname '.tif ' pathn  fname '.eps'])
eval(['W=imread(''' fname '.tif'');']); [nh,nw]=size(W);
imshow(~W); figure(gcf), hold off;
eval(['delete([''' fname  '.tif''])' ]), i=0;
while 1, %单击左键选点并显示命令,单击右键结束循环
    [x,y,but]=ginput(1); if but~=1, break; end
    i=i+1; text(x,y,int2str(i))
    nx=fix(x*1000/nw)*0.1; ny=fix((nh-y)*1000/nw)*0.1;
    disp(['\put(' num2str(nx) ',' num2str(ny) '){' int2str(i) '}'])
end
```

函数中调用了可执行文件epstool.exe，还需要32位Ghostscript软件的支持，网址如下：

https://www.ghostscript.com/download/gsdnld.html

该函数常规的调用方法为 overpic，不给出输入变元，这时将打开一个标准的文件输入对话框，选择需要标注的 eps 文件名与路径名，这样就可以打开一个图形窗口，显示 eps 文件中的图，可以单击想标注点的位置，函数将返回\put 命令来定位。也可以选择多个定位点。如果想结束定位，则右击鼠标即可。如果有一批文件需要处理，则可以修改源程序的 pathn 设置，然后给出 overpic('文件名') 就可以启动定位。

# 6.3　其他二维图形绘制语句

除了标准的二维曲线绘制之外，MATLAB 还提供了具有各种特殊意义的图形绘制函数，其常用调用格式如表 6-3 所示，其中，参数 $x$、$y$ 分别表示横、纵坐标绘图数据，$c$ 表示颜色选项，$y_m$、$y_M$ 表示误差图的上下限向量。当然，随着输入参数个数及类型的不同，各个函数的绘图形式也有所区别。本节将通过例子来演示一些绘图函数的应用。

表 6-3　MATLAB 提供的特殊二维曲线绘制函数

| 函数名 | 意义 | 常用调用格式 | 函数名 | 意义 | 常用调用格式 |
|---|---|---|---|---|---|
| bar() | 二维条形图 | $bar(x,y)$ | comet() | 彗星状轨迹图 | $comet(x,y)$ |
| compass() | 罗盘图 | $compass(x,y)$ | errorbar() | 误差限图形 | $errorbar(x,y,y_m,y_M)$ |
| feather() | 羽毛状图 | $feather(x,y)$ | fill() | 二维填充函数 | $fill(x,y,c)$ |
| hist() | 直方图 | $hist(y,n)$ | loglog() | 对数图 | $loglog(x,y)$ |
| polarplot() | 极坐标图 | $polarplot(x,y)$ | quiver() | 矢量图 | $quiver(x,y)$ |
| stairs() | 阶梯图形 | $stairs(x,y)$ | stem() | 火柴杆图 | $stem(x,y)$ |
| semilogx() | $x$-半对数图 | $semilogx(x,y)$ | semilogy() | $y$-半对数图 | $semilogy(x,y)$ |

## 6.3.1　极坐标曲线的绘制

本节将先给出极坐标的定义，然后通过例子介绍利用 MATLAB 绘制极坐标函数曲线的方法。

**定义 6-1**　极坐标是以一个给定的点为原点，以从原点出发的某条线为极轴构造的坐标系。空间上某点到原点的距离为 $\rho$，该点与原点的连线和极轴的夹角为 $\theta$，该角度以从极轴出发逆时针方向的转角为正方向。这样的有序对 $(\rho,\theta)$ 称为极坐标。极坐标一般可以表示为显式函数 $\rho = \rho(\theta)$，称为极坐标方程。

MATLAB 提供了 polarplot() 函数，可以绘制极坐标曲线。具体地，可以生成一个 $\theta$ 数据点向量，由显式函数计算出 $\rho$ 向量，然后由 polarplot$(\theta,\rho)$ 即可绘制函数的极坐标曲线，其中 $\theta$ 的单位为弧度。虽然早期版本 polar() 函数的作用是一致的，但建议使用新的 polarplot() 函数。

**例6-10**　试用极坐标绘制函数 polarplot() 绘制出 $\rho=5\sin(4\theta/3)$ 的极坐标曲线。

**解**　由极坐标方程组成的数学表达式可以立即得出结论,该函数的周期为 $6\pi$,所以若想绘制极坐标曲线,则应先构造一个 $\theta$ 向量,然后求出 $\rho$ 向量,调用 polarplot() 函数就可以绘制出所需的极坐标曲线,如图6-13(a)所示。

```
>> theta=0:0.01:2*pi; rho=5*sin(4*theta/3);
   polarplot(theta,rho) % 极坐标图曲线
```

观察得出的曲线,绘制的极坐标图好像不完全。那如何绘制完整的极坐标曲线呢?很多极坐标函数都是周期函数,如果能确定出函数的周期则可以绘制出完整的曲线,这样就导致了新的问题——周期如何确定呢?对MATLAB这样的工具而言,如果想绘制完整的极坐标曲线,选一个较大的 $\theta$ 范围,如 $0\leqslant\theta\leqslant20\pi$,其实这个函数的周期是 $6\pi$,其完整的极坐标曲线如图6-13(b)所示。

```
>> theta=0:0.01:20*pi; rho=5*sin(4*theta/3);
   polarplot(theta,rho) % 极坐标图曲线
```

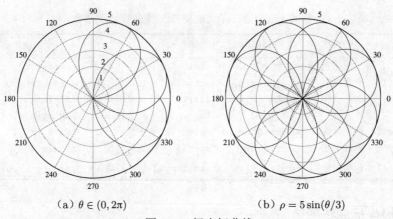

(a) $\theta\in(0,2\pi)$　　　　　(b) $\rho=5\sin(\theta/3)$

图 6-13　极坐标曲线

**例6-11**　试绘制非周期极坐标函数 $\rho=e^{-0.1\theta}\sin3\theta$ 的函数曲线。

**解**　选择自变量 $\theta$ 的变化范围 $\theta\in(0,10\pi)$,则可以生成函数的极坐标数据,并绘制出极坐标图形,如图6-14所示。

```
>> theta=0:0.001:10*pi;
   rho=exp(-0.1*theta).*sin(3*theta); polarplot(theta,rho)
```

很多极坐标函数是周期性函数,选择一个周期内的 $\theta$ 值就可以把极坐标曲线绘制出来,这里的函数不是周期性的,所以不论取多大范围都不能绘制完整的极坐标曲线。

### 6.3.2　离散信号的图形表示

本节将首先给出离散信号的定义,然后介绍基于MATLAB的离散信号表示方法,还将介绍经过零阶保持器后的输出信号。

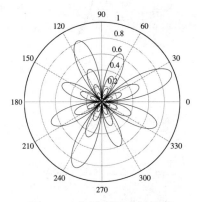

图 6-14 非周期极坐标曲线

**定义 6-2** 一般的离散信号可以表示为时间序列 $y_1, y_2, \cdots, y_n$。

离散信号当然可以用 plot() 函数直接绘制, 不过更恰当的是用 stem() 绘图语句绘制出来的火柴杆图, 其调用格式为 stem($t, y$), 其中 $t$ 为时间点构成的向量。如果离散信号后面跟一个零阶保持器 (zero-order-hold, ZOH), 则该信号将变成连续信号且在每一个采样周期内都保持常值, 那么该函数可以用 stairs() 函数绘制出来的阶梯信号表示, 其调用格式为 stairs($t, y$)。

**例 6-12** 假设已知某信号的数学表示为 $f(t) = \mathrm{e}^{-6t}\cos t^2$, 且 $t = kT$, $k = 0, 1, \cdots, 40$, $T$ 称为采样周期, $T = 0.01$, 试用图形方式表示该序列信号。

**解** 根据给出的采样周期, 可以由下面命令生成时间序向量 $t$, 然后计算出离散信号的函数值, 并直接绘制出其示意图, 如图 6-15 所示。

```
>> T=0.01; t=(0:40)*T; f=exp(-6*t).*cos(t.^2); stem(t,f)
```

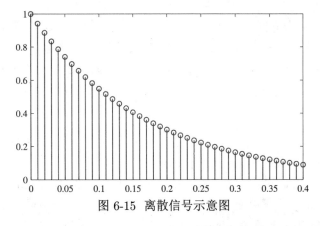

图 6-15 离散信号示意图

如果用 stairs() 函数取代 stem(), 则可以绘制出如图 6-16 所示的阶梯图。

```
>> stairs(t,f) %绘制阶梯信号图
```

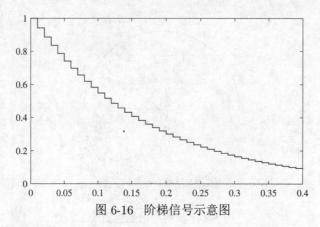

图 6-16  阶梯信号示意图

### 6.3.3  直方图与饼图

直方图与饼图是统计学领域经常使用的绘图工具。本节将先给出直方图与频度的定义,然后通过例子介绍直方图与饼图的绘制方法与技巧。

**定义 6-3**  假设已知一组离散的检测数据 $x_1, x_2, \cdots, x_n$,并且这组数据都位于 $(a, b)$ 区间内,则可以将这个区间分成等间距的 $m$ 个子区间,使得 $b_1 = a, b_{m+1} = b$。将每个随机量 $x_i$ 依其大小投入相应的子区间,并记子区间 $(b_j, b_{j+1})$ 落入的数据个数为 $k_j, j = 1, 2, \cdots, m$,则可以得出 $f_j = k_j/n$,称为频度。

可以利用 MATLAB 函数 histogram() 求取各个子区间的频度,该函数的调用格式如下:

$k$=histogram($\boldsymbol{x}, \boldsymbol{b}$);  %该函数返回的 $k$ 是结构体型数据

$\boldsymbol{f}$=$k$.Values/$n$; bar($\boldsymbol{b}$(1:end-1)+$\delta$/2, $\boldsymbol{f}$/$\delta$);

其中 $\delta = x_2 - x_1$ 为等间距子区间宽度。选择向量 $\boldsymbol{b}$ 和 $\boldsymbol{f}$,可以绘制出频度的直方图。注意,直方图得出的向量长度比 $\boldsymbol{b}$ 向量长度短1,另外,调用 bar() 函数之前应该将 $\boldsymbol{b}$ 向量后移半个子区间宽度。计算落入每个子区间数据点个数时建议使用新的 histogram() 函数,不建议使用早期版本的 hist() 函数。下面将通过例子演示直方图的表示方法。

**例 6-13**  生成满足参数为 $b = 1$ 的 Rayleigh 分布的 $30000 \times 1$ 伪随机数向量,并用直方图验证生成的数据是否满足所期望的分布。

**解**  可以由 raylrnd() 函数生成 $30000 \times 1$ 的伪随机数向量,选择向量 $\boldsymbol{x}$,这样可以通过 histogram() 计算每个子区间落入的数据个数,其结果的 Values 属性为落入每个子区间的点数。可以用函数 bar() 近似概率密度函数,如图 6-17 所示。该图还叠印了 Rayleigh 分布的概率密度函数理论值,可以看出,二者的吻合度比较好。

```
>> b=1; p=raylrnd(1,30000,1); x=0:0.1:4;        %子区间划分
```

```
y=histogram(p,x); yy=y.Values/(30000*0.1); %直方图数据
x0=x(1:end-1)+0.05; bar(x0,yy), y=raylpdf(x,1); line(x,y)%理论值
```

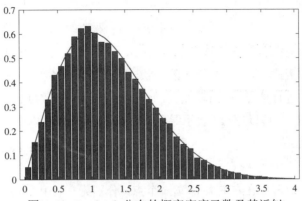

图 6-17　Rayleigh 分布的概率密度函数及其近似

由前面介绍的频度向量 $f$ 还可以绘制出饼图，调用格式为 pie($f$)。用饼图可以大致显示落入每个子区间点数的占比。

**例6-14**　仍考虑例 6-13 中的数据。绘制饼图不能像前面例子中分那么多子区间，否则绘制的饼图意义不大，可以将子区间分为 $[0,0.5],(0,5,1],\cdots,(3.5,4]$，试绘制饼图表示数据的期间分布。

**解**　可以仿照上述方法先将频度向量计算出来，然后根据频度向量绘制出饼图，如图 6-18 所示。

```
>> b=1; p=raylrnd(1,30000,1); x=0:0.5:4;
   y=histogram(p,x); f=y.Values/30000; pie(f), f1=f*100
```

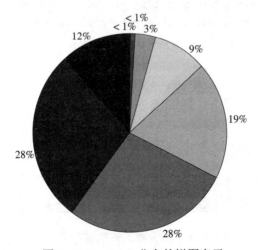

图 6-18　Rayleigh 分布的饼图表示

饼图显示虽然直观,但如果不对照频度数据很难看出哪个饼图分区对应于哪个子区间,所以同时还应该显示占比向量 $f_1 = [11.5, 28.2, 27.8, 19.1, 8.9, 3.4, 0.8, 0.2]\%$。

### 6.3.4 填充图

如果有一组坐标点 $A_1(x_1, y_1), A_2(x_2, y_2), \cdots, A_n(x_n, y_n)$, 由 $A_1$ 到 $A_n$ 作折线,再由 $A_n$ 到 $A_1$ 作折线,构成一个封闭的形状,MATLAB提供的 fill() 函数可以对封闭形状的内部进行填充,得出填充图。该函数的调用格式为 fill($x$, $y$, c),其中 c 是颜色标识,例如,可以用 'g' 表示绿色,参考表6-1,c 也可以是 [1,0,0] 这类的三原色表示,对应红色。

如果想让 $A_i$ 这些坐标点与 $x$ 轴围成封闭图形,且 $x$ 向量是从小到大或从大到小排列的向量,则可以在左右各补充一个点,分别为 $(x_1, 0)$ 和 $(x_n, 0)$,使得 $x = [x_1, x, x_n]$, $y = [0, y, 0]$,这样就可以由 fill() 函数获得填充图形了。

**例 6-15** 考虑例6-13中的Rayleigh分布,试用填充颜色的方法表示出面积达到95%的概率密度函数曲线。

**解** 生成一个 $x \in (0, 4)$ 的行向量,得出相应的Rayleigh概率密度函数值。本例一个关键的步骤是得出95%面积的关键点,该点可以由逆概率密度函数 raylinv() 直接求出,记为 $x_0$,由下面的语句可以得出 $x_0 = 2.4477$。由于左端 $x = 0$ 时概率密度的值为0,所以左侧不必补充点,现在看填充向量 $x_1$ 的右侧。先从 $x$ 向量中提取出 $x < x_0$ 的点,横坐标再补上两次 $x_0$ 的值,在这两个 $x_0$ 处相应的 $y$ 值一个是概率密度函数计算出来的函数值,另一个是0,确保围成区域是期望的区域。这样得出的曲线如图6-19所示。

```
>> x=0:0.1:4; b=1; y=raylpdf(x,b); x0=raylinv(0.95,b)
   ii=x<=x0; x1=[x(ii) x0, x0]; y1=[y(ii),raylpdf(x0,b),0];
   plot(x,y), hold on; fill(x1,y1,'g'), hold off
```

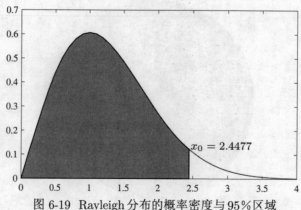

图 6-19 Rayleigh分布的概率密度与95%区域

## 6.3.5 对数坐标图

在一些特定的领域内,如数字信号处理与自动控制等领域,经常需要对信号与系统作频域分析,而 Bode 图分析方法就是一种常用的频域分析方法。

**定义 6-4** Bode 图是对系统 $G(s)$ 在 $s = j\omega_1, j\omega_2, \cdots, j\omega_m$ 处的增益的描述,其中 $\omega_k$ 称为频率点。增益 $\boldsymbol{G}(j\boldsymbol{\omega})$ 为复数向量,而复数采用的是幅值 $|\boldsymbol{G}(j\boldsymbol{\omega})|$ 与相位 $\angle\boldsymbol{G}(j\boldsymbol{\omega})$ 形式描述的。正常情况下,Bode 图采用上下两幅图来表示,分别表示幅值与频率的关系(幅频特性)、相位与频率的关系(相频特性)。频率坐标轴采用对数型坐标轴,幅值通过 $20\lg|\boldsymbol{G}(j\boldsymbol{\omega})|$ 变换,单位为分贝(dB),相位采用角度为单位。

如果绘制横坐标为对数坐标、纵坐标为线性坐标,则可以使用 MATLAB 提供的 semilogx() 函数直接绘制,而绘制纵坐标为对数坐标、横坐标为线性坐标的函数为 semilogy(),两个坐标轴都是对数坐标的图形可以利用 loglog() 函数绘制。

**例 6-16** 假设系统的传递函数如下,选择频率范围 $\omega \in (0.01, 1000)$,试绘制幅值与频率之间的 Bode 图。

$$G(s) = \frac{2(s^{0.4} - 2)^{0.3}}{\sqrt{s}(s^{0.3} + 3)^{0.8}(s^{0.4} - 1)^{0.5}}$$

**解** 一般情况下,频率点按照对数等间距的方式直接生成,这样,由给定的传递函数模型可以直接计算出以分贝为单位的幅值数据,半对数幅频特性曲线如图 6-20 所示。

```
>> G=@(s)2*(s.^0.4-2).^0.3./sqrt(s)./...
      (s.^0.3+3).^0.8./(s.^0.4-1).^0.5;
   w=logspace(-2,3,100); M=20*log10(abs(G(1i*w)));
   semilogx(w,M)
```

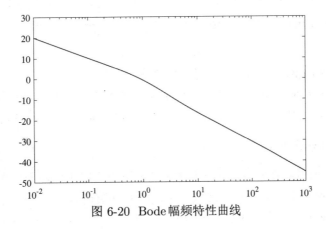

图 6-20 Bode 幅频特性曲线

### 6.3.6 误差限图

误差限图是统计学计算中经常使用的图形，如果获得一组坐标点数据 $t$ 和 $y$，且已知在每个时刻 $t$ 处，$y$ 的上下界为 $y_m$、$y_M$，则可以由 errorbar($t,y,y_m,y_M$) 得出误差限图。如果只给出 $y_m$，则 $y_M$ 自动设置为 $-y_m$。

**例6-17** 假设可以生成一组随机数 $x$，则通过 std() 命令获得其标准差，试绘制该组数据的误差限图。

**解** 由下面语句可以生成一组15个随机数，然后绘制其误差限图，如图6-21所示。

```
>> n=15; x=randn(1,n); t=1:n; e=std(x);
   errorbar(t,x,e*ones(size(x)))
```

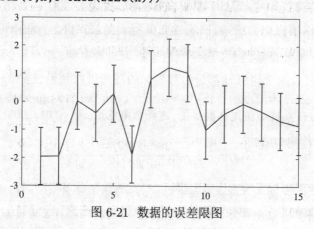

图 6-21 数据的误差限图

### 6.3.7 动态轨迹显示

前面所介绍的都是静态曲线的绘制方法。如果将一条曲线看作一个粒子的运动轨迹，则用前面介绍的方法只能显示运动的最终结果，并不能看出粒子是如何运动的。如果将普通的曲线绘制函数 plot() 替换成 comet()，则可以动态地显示粒子的运动轨迹。

**例6-18** 试动态显示例6-1中粒子的运动轨迹。

**解** 选择步距为 0.0001，则可以由下面语句直接动态地显示粒子的运动轨迹。

```
>> x=[-pi:0.0001:pi; y=sin(tan(x))-tan(sin(x)); comet(x,y)
```

### 6.3.8 二维动画的显示

前面所给出的绘图命令似乎可以直接绘制出所需的图形。不过可以考虑这样一种场景：如果一个绘图命令后面紧接一组耗时计算命令，则由MATLAB现有的执行机制看，图形绘制往往不能立即进行，需要在计算完成后才能将图形绘制出来，这样的执行机制不利于动画的处理。MATLAB 提供了 drawnow 命令,强行暂缓后面的计算命令,直接完成图形绘制任务后再开始后续命令,利用这样的方法可以实现动画的处理。

图形动画处理的另一个关键是如何更新图形的数据点位置,让其动起来。如果调用 plot() 函数返回句柄,则曲线对象的数据存储在 'XData' 和 'YData' 属性中,可以通过 set() 函数更新数据点位置信息,实现动画的效果。下面将通过例子演示动画的处理方法。

**例 6-19** 考虑 Brown 运动的一群粒子,粒子个数 $n = 30$,观察的区域 $[-30, 30]$,每个粒子的运动可以由下式模拟:

$$x_{i+1,k} = x_{i,k} + \sigma \Delta x_{i,k}, \ y_{i+1,k} = y_{i,k} + \sigma \Delta y_{i,k}, \ k = 1, \cdots, n$$

其中 $\sigma$ 为比例因子, 增量 $\Delta x_{i,k}$ 和 $\Delta y_{i,k}$ 满足标准正态分布。试用动画的方法模拟 Brown 运动。

**解** 标准正态分布的随机数由 randn() 函数可以直接生成,取比例因子 $\sigma = 0.3$,则可以在死循环下用向量化方法模拟,由于这里用到了死循环,所以可以按 Ctrl+C 键强行终止程序的运行。

```
>> n=30; x=randn(1,n); y=randn(1,n); sig=0.3;  %生成初始位置
   figure(gcf), hold off; %当前的窗口提前,若没有当前窗口则打开新窗口
   h=plot(x,y,'o'); axis([-30,30,-30,30])
   while (1), %死循环结构模拟动画
       x=x+sig*randn(1,n); y=y+sig*randn(1,n);
       set(h,'XData',x,'YData',y), drawnow
   end
```

# 6.4 图形窗口的分割

在实际应用中,还可以根据需要将 MATLAB 的图形窗口划分为若干个区域,在每个区域内绘制出不同的图形。本节将介绍规范的分区方法与任意的分区方法,并通过例子演示这样的方法及其应用。

## 6.4.1 规范分割

所谓规范分割,就是将整个图形窗口分割为 $m \times n$ 个均匀的分区,以便在每个分区绘制出不同的图形。规范分割方法在实际应用中是很常用的。MATLAB 提供的 subplot() 函数可以直接用于图形窗口的分割,其调用格式为 subplot($m,n,k$),其中 $k$ 是需要绘图的分区编号,该编号是按行计算的。该函数还可以带一个返回变量 $h$=subplot($m,n,k$),其中 $h$ 为该分区坐标系的句柄。

**例6-20** 试绘制例6-16中分数阶系统$G(s)$的Bode图。

**解** 6.3.5节介绍了Bode图。正常的Bode图将图形窗口分为上下两个部分,所以比较适合使用subplot()函数分割——分割成$2\times1$的区域,上面的区域是1,下面的是2。分割完成之后就可以在两个部分分别绘制幅频特性与相频特性曲线了。幅频特性可以完全使用例6-16的代码,相频特性需要重新计算,得出的结果如图6-22所示。

```
>> G=@(s)2*(s.^0.4-2).^0.3./sqrt(s)./...
         (s.^0.3+3).^0.8./(s.^0.4-1).^0.5;
   w=logspace(-2,3,100); subplot(211) %或subplot(2,1,1)
   M=20*log10(abs(G(1i*w))); semilogx(w,M)
   subplot(212), P=angle(G(1i*w))*180/pi; semilogx(w,P)
```

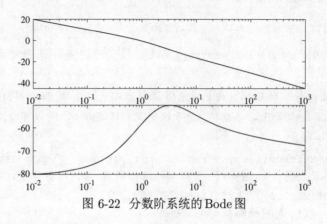

图 6-22 分数阶系统的Bode图

**例6-21** 试在同一窗口的不同区域用不同的绘图方式绘制正弦函数的曲线。

**解** 可以用下面的各种语句绘制出如图6-23所示的曲线。其中subplot()函数可以将图形窗口分为若干块,在某一块内绘制图形。在函数调用时,第1个2表示将窗口分为两行,第2个2表示将窗口分为两列,第3个参数指定绘图的位置。

```
>> t=0:.2:2*pi; y=sin(t);         %先计算出绘图用数据
   subplot(2,2,1), stairs(t,y)     %分割窗口,在左上角绘制阶梯曲线
   subplot(2,2,2), stem(t,y)       %火柴杆曲线绘制
   subplot(2,2,3), bar(t,y)        %条形图绘制
   subplot(2,2,4), semilogx(t,y)   %横坐标为对数的曲线
```

### 6.4.2 任意分割

选择图形窗口的“插入”→“坐标区”,再在希望添加坐标系的位置拖动鼠标,就可以加入一个坐标系。单击该坐标系并选中它,则可以用鼠标拖动的方法任意调整该坐标系的大小与位置。用类似的方法可以添加很多坐标系,如图6-24所示。选择了已有的坐标系,还可以用拖动鼠标的方法随意调整坐标系的大小。下面将通过

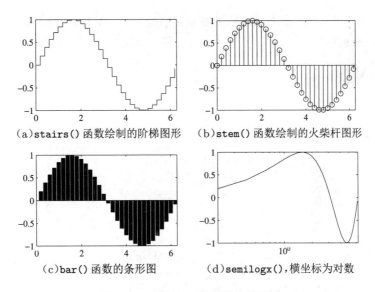

（a）stairs() 函数绘制的阶梯图形　（b）stem() 函数绘制的火柴杆图形

（c）bar() 函数的条形图　（d）semilogx()，横坐标为对数

图 6-23　不同的二维曲线绘制函数

例子演示窗口分割的应用。

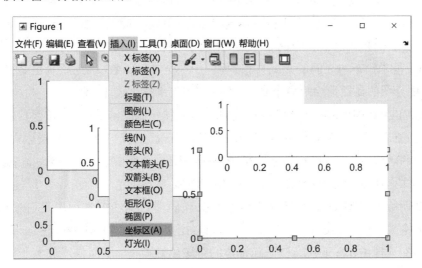

图 6-24　坐标系的添加

**例 6-22**　试绘制 $f(x) = \sin 1/x$ 的曲线，$x \in (0, 1)$。

**解**　由下面的语句可以立即绘制出原函数曲线：

```
>> x=linspace(0,1,1000); y=sin(1./x); plot(x,y)
```

不过由于在 $x$ 比较小的时候曲线的走行方向过于凌乱，所以可以选择一个小的区间观察一下函数变化的细节，比如选择 $x \in [0.02, 0.04]$ 这个小的区间。

选择"插入"→"坐标区"菜单,在空白区域建立一个坐标系,再给出上面的语句,得出的结果如图6-25所示。在该图中既给出了整体曲线,也给出了局部细节。

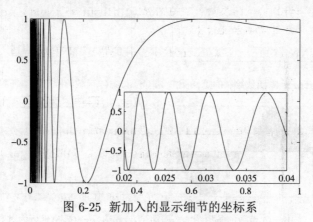

图 6-25 新加入的显示细节的坐标系

## 6.5 隐函数绘制及应用

隐函数即满足 $f(x,y) = 0$ 方程的 $x$ 和 $y$ 之间的关系式。用前面介绍的曲线绘制方法显然会有问题。例如,很多隐函数无法求出 $x$ 和 $y$ 之间的显式关系,所以无法先定义一个 $x$ 向量再求出相应的 $y$ 向量,从而不能采用 plot() 函数来绘制曲线。另外,即使能求出 $x$、$y$ 之间的显式关系,但由于不是单值函数,因此绘制也是很麻烦的。前面介绍的显函数绘制命令 fplot() 也不能绘制隐函数曲线。

MATLAB 提供的 fimplicit() 函数可以直接绘制隐函数曲线,该函数的调用格式为 fimplicit(隐函数表达式),其中"隐函数表达式"可以为符号表达式,也可以是匿名函数。用户可以指定绘图范围 fimplicit(隐函数表达式, $[x_{\mathrm{m}}, x_{\mathrm{M}}]$),得出可读性更好的曲线。坐标轴范围的默认区间为 $[-5,5]$。

早期版本的MATLAB还提供了绘制二元隐函数曲线的实用函数 ezplot(),其调用格式与 fimplicit() 函数接近,还可以用字符串描述隐函数方程。ezplot() 函数不能处理由 piecewise() 语句描述的分段函数模型。下面将通过例子演示该函数的使用方法。

**例6-23** 试绘制出隐函数 $f(x,y) = x^2 \sin(x + y^2) + y^2 \mathrm{e}^{x+y} + 5\cos(x^2 + y) = 0$ 的曲线。

**解** 从给出的函数可见,无法用解析的方法写出该函数,所以不能用前面给出的 plot() 函数绘制出该函数的曲线。可以给出如下的MATLAB命令,绘制出如图6-26所示的隐函数曲线。可见,隐函数绘制是很简单的,只须将隐函数原原本本地表示出来,就能直接得出相应的曲线。

```
>> syms x y; f=x^2*sin(x+y^2)+y^2*exp(x+y)+5*cos(x^2+y);
   fimplicit(f) %隐函数绘制
```

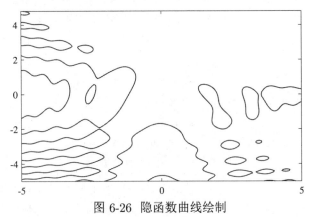

图 6-26 隐函数曲线绘制

上面的语句将自动选择 $x$ 轴的范围，亦即函数的定义域。如果想改变定义域，由下面的语句可以绘制出如图 6-27 所示的隐函数曲线。

```
>> fimplicit(f,[-10 10]) %更大区间隐函数绘制
```

还可以使用下面的匿名函数形式描述隐函数，注意，应该使用点运算描述向量运算。描述了函数之后，绘制命令 fimplicit() 与前面介绍的是完全一致的。

```
>> f=@(x,y)x.^2.*sin(x+y.^2)+y.^2.*exp(x+y)+5*cos(x.^2+y);
```

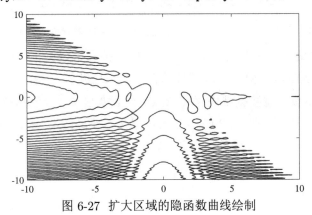

图 6-27 扩大区域的隐函数曲线绘制

例6-24 试绘制复杂隐函数曲线 $(r-3)\sqrt{r}+0.75+\sin 8\sqrt{r}\cos 6\theta-0.75\sin 5\theta=0$，其中 $r=x^2+y^2, \theta=\arctan(y/|x|)$。

解 可以先声明符号变量 $x$、$y$，然后计算中间变量，再定义出隐函数，由 fimplicit() 绘制出隐函数曲线，如图 6-28 所示。

```
>> syms x y; r=x^2+y^2; t=atan(y/abs(x));
   f(x,y)=(r-3)*sqrt(r)+0.75+sin(8*sqrt(r))*cos(6*t)-0.75*sin(5*t);
   fimplicit(f,[-2 2]) %隐函数曲线的绘制
```

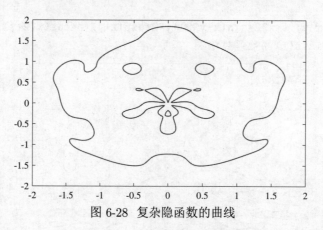

图 6-28　复杂隐函数的曲线

如果采用匿名函数描述隐函数，则不能采用前面带有中间变量 $r$ 与 $\theta$ 的描述方法，必须将整个函数用单一函数表示出来，此外，必须用点运算的形式描述匿名函数，这样，具体的语句为

```
>> f=@(x,y)(x.^2+y.^2-3).*sqrt(x.^2+y.^2)+0.75+...
     sin(8*sqrt(x.^2+y.^2)).*cos(6*atan(y./abs(x)))-...
     0.75*sin(5*atan(y./abs(x))));
   fimplicit(f,[-2 2])
```

# 6.6　图像的显示与简单处理

位图图像很适合用于矩阵存储，矩阵的各个元素可以存储每个像素的灰度值。MATLAB提供了图像处理工具箱，可以直接利用该工具箱的函数处理数字图像领域的经典问题。由于一般图像的像素值取值范围不大，所以在MATLAB下采用无符号8位整型数据结构存储图像的像素灰度值。彩色图像的典型表示方式是三原色描述方式，在MATLAB中可以采用三维数组 $W$ 来描述彩色图像，其中 $W$(:,:,1)用来表示图像的红色分量，$W$(:,:,2) 与 $W$(:,:,3)分别存储图像的绿色、蓝色分量。

## 6.6.1　图像的输入

MATLAB提供了一些图像读入与信息提取方面的函数。如果想读入一个图像文件，可以给出命令 $W$=imread(' 文件名')，绝大多数主流格式的图像都可以用该命令直接读入MATLAB工作空间的 $W$ 变量。如果是单色图像，则 $W$ 是矩阵，否则 $W$ 为三维数组，数据结构为unit8。

$F$=imfinfo(' 文件名')命令可以提取文件的基本信息。

例6-25　试将彩色图像文件tiantan.jpg读入MATLAB的工作空间。

**解** 可以使用下面的语句将整个彩色图像读入 MATLAB 的工作空间,由 whos 命令查询可见,该图像是 $181 \times 444 \times 3$ 的三维数组,其中 $181 \times 444$ 是照片的像素数。

```
>> W=imread('tiantan.jpg'); whos W
```

如果给出 imfinfo('tiantan.jpg') 命令,则可以显示如下的图像信息,而新函数 imageinfo() 函数则用窗口的形式显示类似的信息。

```
       Filename: 'C:\Users\xuedi\Documents\MATLAB\tiantan.jpg'
    FileModDate: '02-Sep-2008 14:48:40'
       FileSize: 250470
         Format: 'bmp'
  FormatVersion: 'Version 3 (Microsoft Windows 3.x)'
          Width: 444
         Height: 181
       BitDepth: 24
            ...
```

### 6.6.2 图像的编辑与显示

MATLAB 提供了一些显示与处理图像的函数,例如,imview($W$) 函数可以直接显示 $W$ 描述的图像,其中 $W$ 为矩阵或三维数组。如果采用 imtool($W$) 函数,则可以打开一个图像编辑界面,实现图像的显示与编辑。

**例 6-26** 试显示例 6-25 中给出的图像文件。

**解** 有了三维数组 $W$,则可以由 imshow() 命令显示出彩色图像,如图 6-29 所示。

```
>> W=imread('tiantan.jpg'); imshow(W)
```

图 6-29 tiantan.jpg 文件图像显示

如果用 imtool() 函数取代 imshow() 函数,则将得出如图 6-30 所示的编辑界面,允许用户显示每个像素的颜色信息。

由 MATLAB 提供的 imwrite() 可以将 $W$ 存入图像文件中。

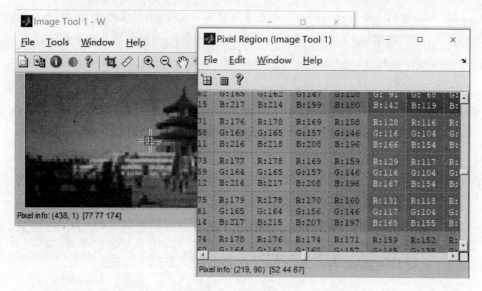

图 6-30  ImTool 编辑界面

### 6.6.3 颜色空间转换

图像可以有不同格式的描述方法，前面读入的JPG文件对应的是RGB型的彩色图像，除此之外，还有灰度图像、二值图像、颜色索引表图像、NTSC制式的彩色图像、YCbCr彩色图像等。可以考虑采用MATLAB进行颜色空间的转换，例如，$W_1$=rgb2gray($W$)可以实现RGB颜色空间的彩色图像到灰度图像的转换，$W_2$=rgb2ind($W$)可以实现 RGB彩色图像到颜色索引表图像的转换。

例6-27 试将例6-25中给出的图像文件转换成灰度图像。

解 有了三维数组$W$，则可以由rgb2gray()命令将彩色图像直接转换为灰度图像矩阵$W_1$、$W_1$是$181 \times 444$的灰度矩阵。

```
>> W=imread('tiantan.jpg'); W1=rgb2gray(W); whos W1
```

### 6.6.4 边缘检测

数字图像边缘检测是数字图像处理与计算机视觉中很重要的一种分析图像的方法，如果想从图片中识别物体，则关键的一步是将图像的边缘检测出来。人们经常会通过某种边缘检测算法，将图像中像素灰度值变化剧烈的地方看成是图像的"边缘"，自动地将图像边缘检测或提取出来。

MATLAB图像处理工具箱提供的$W_2$=edge($W$,alg)函数可以检测图像的边缘，得出二值图像$W_2$。默认的算法alg是Sobel算子，可以省略，其他的选项可以是'Prewitt'、'Roberts'、'Canny'等，还可以给出阈值。

**例6-28** 试检测例6-25中给出的图像的边缘。

**解** 现在一般的边缘检测方法都是针对单色图像的,所以可以使用前面转换出的灰度图像作原图像,完成边缘检测的任务,反色后的边缘图像如图6-31所示。

```
>> W=imread('tiantan.jpg'); W1=rgb2gray(W);
   W2=edge(W1); imshow(~W2)
```

图 6-31　边缘检测的结果显示

### 6.6.5　直方图均衡化

在照相与摄像过程中,经常出现过曝光或欠曝光的现象。在图像处理领域,这样的现象可以认为是直方图失衡,这类影像一般需要通过直方图均衡化的方法进行校正。即使有的影像不属于直方图失衡的状况,有时为得到图像的某些细节,也需要对其进行均衡化处理。

MATLAB 图像处理工具箱提供了绘制图像直方图的函数 imhist(),由该函数可以绘制出已知图像的直方图(亦即表示整个图像像素中每个灰度值的分布情况)。该函数的调用格式为 imhist($W$)。如果图像直方图分布不均匀,可能导致图像有的地方清晰,有的地方难以辨认,这就需要引入直方图均衡技术来重新处理图像了。MATLAB 提供了自适应直方图均衡化(adaptive histogram equalization)的函数 adapthisteq() 与直方图均衡化函数 histeq(),这里推荐使用后者。

**例6-29** 考虑图6-32(a)中所示的火星表面图像,该图像取自参考文献 [21],文件名为 c6fmar.tif。该图像右下角比较暗,很多细节看不清,所以需要对该图像进行处理。试利用直方图均衡技术对其处理并观察效果。

**解** 该图像对应的直方图可以由图像处理工具箱的 imhist() 函数直接得出,如图 6-32(b)所示。可见,由于该图像的像素很多都分布在0~30之间,所以对应的图像比较暗,以至于在右下角区域很难分辨出其细节,故应该考虑对其进行直方图均衡化处理。

```
>> W=imread('c6fmar.tif'); imhist(W)
```

利用自适应直方图均衡化函数,选择当前的各个选项,则可以对图像进行处理,得出的结果如图6-33(a)所示,这时直方图如图6-33(b)所示。可以看出,经过处理后的图像效果明显优于原始图像。

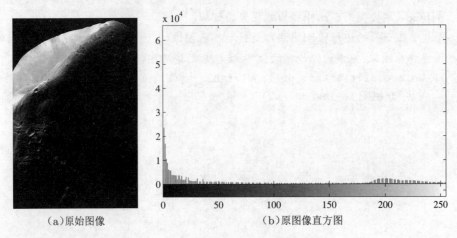

（a）原始图像 （b）原图像直方图

图 6-32 原始图像及直方图显示

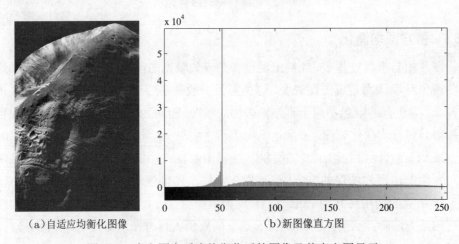

（a）自适应均衡化图像 （b）新图像直方图

图 6-33 直方图自适应均衡化后的图像及其直方图显示

```
>> W1=adapthisteq(W,'Range','original',...
      'Distribution','uniform','clipLimit',0.2);
   imshow(W1); figure; imhist(W1)
```

## 6.7　MATLAB 图形的输出方法

如果在 MATLAB 图形窗口绘制了图形或图像，往往需要将图形存储到不同形式的图像文件或复制到剪贴板中，则需要了解 MATLAB 图形的输出方式。

### 6.7.1　图形输出菜单与应用

因为 MATLAB 是基于某种视窗（如微软的 Windows）程序的，所以选择"编辑"→"复制"菜单项就可以把当前窗口中的图形或图像立即复制到系统的剪贴板中,这样 Windows 下的其他程序便也可以直接调用这个图形了。

默认的复制形式为图元(metafile)文件格式。MATLAB 还允许以位图格式复制到剪贴板中,用户可以用"编辑"→"复制选项"菜单项进行设置。图元形式和位图形式在图形表示上各有千秋。图元格式是记录构造图形的每一条绘图命令,而位图文件则记录图形的位图信息。一般情况下,在绘制图形时图元文件精度高、占用空间小,它允许用户自如地放大或缩小图形而不会丢失任何信息;位图文件占的空间与图面的大小关系极大,且不利于图形的放大或缩小处理。在 MATLAB 下,一般二维曲线建议用户使用图元形式存储,三维图形可以根据数据量的大小选择图元或位图的存储方式,而图像文件则需采用位图存储方式。

MATLAB 版本还提供了图形输出菜单项,如果选择"文件"→"打印预览"菜单项,则将弹出一个标准对话框,允许用户对打印机的参数做适当的设置。例如,可以选择打印机类型、设置打印纸的大小等。

### 6.7.2　图形输出命令

除了直接用 Windows 菜单进行图形复制外,还可以使用 print 命令直接进行图形输出。该命令既可以直接在打印机上进行输出,也可以按照各种格式输出到文件中去。该命令可以由下面格式给出:

print -d 设备　-选项　文件名

print('-d 设备','-选项',文件名)

下面将叙述不同的输出设备选项:

(1) **打印机直接输出**。选项-dwin 可以在单色打印机上直接输出,而-dwinc 则可以在彩色打印机中输出。

(2) **页面描述语言格式**。选项-dps 表示按照单色 PostScript 文件格式输出到文件,而-dpsc 则表示以彩色 PostScript 格式输出。-deps 是单色封装的 PS 文件输出方式,而-depsc 是彩色的 EPS 文件。本书中采用的图形格式全部是 EPS 型的,它比图元文件精度高,效果好。即使使用 Word 等排版软件时,也有人因为其高精度的优点而愿意使用 EPS 文件。

(3) **其他常用图形文件格式**。如可以使用-djpeg(JPEG 文件格式)、-dtiff(TIFF 文件格式)等。

(4) **复制到剪贴板**。-dmeta 以图元文件格式复制到剪贴板,而-dbitmap 按位图的格式复制到剪贴板。

(5) **打印机属性设置**。执行-dsetup 选项将打开对话框,在该对话框中用户可以进行打印机参数设置。

print命令还允许选择其他选项，如-s选项可以打印Simulink模型。print命令还可以用函数形式调用，其格式与print命令类似。例如，下面的两个命令是等效的，都会把当前窗口中的图形按照EPS文件格式存储到aaa.eps文件中。函数调用的格式还可用于文件名、目录名中含有空格的情况。

```
>> print -deps aaa, print('-deps','aaa')
```

# 本章习题

6.1 试绘制函数曲线 $y(x) = \sin \pi x/(\pi x)$，其中 $x \in (-4, 4)$。

6.2 选择合适的步距绘制出图形 $\sin 1/t$，其中 $t \in (-1, 1)$。

6.3 选择合适的步距，绘制 $\tan t$ 曲线，$t \in (-\pi, \pi)$，并观察不连续点的处理方法。

6.4 试绘制下面的函数曲线：

（1）$f(x) = x \sin x, x \in (-50, 50)$

（2）$f(x) = x \sin 1/x, x \in (-1, 1)$

6.5 试选择合适的 $t$ 范围，绘制 $x = \sin t, y = \sin 2t$ 的曲线，如果有一个质点在该曲线上运动，试绘制其运动的动态显示。

6.6 试在 $t \in (0, 2\pi)$ 区间内在同一坐标系下绘制三条曲线 $\sin x$、$\sin 2x$、$\sin 3x$。

6.7 用MATLAB语言的基本语句显然可以立即绘制一个正三角形。试结合循环结构，编写一个小程序，在同一个坐标系下绘制出该正三角形绕其中心旋转后得出的一系列三角形，还可以调整旋转步距观察效果。

6.8 试在区间 $-50 \leqslant x, y \leqslant 50$ 内绘制 $x \sin x + y \sin y = 0$ 的曲线。

6.9 试绘制分段函数的曲线

$$y(t) = \begin{cases} \sin t + \cos t, & t \leqslant 0 \\ \tan t, & t > 0 \end{cases}$$

6.10 已知正态分布的概率密度函数为

$$p(x) = \frac{1}{\sqrt{2\pi}\sigma} \mathrm{e}^{-(x-\mu)^2/(2\sigma^2)}$$

其中 $\mu$ 为均值，$\sigma$ 为方差，试绘制不同 $\mu$、$\sigma$ 参数下的概率密度函数曲线。

6.11 试按照下面的规则构造某序列的前40项，再用 stem() 函数显示序列变化趋势。

$$x_k = 1 + \frac{1}{2} + \frac{1}{3} + \cdots + \frac{1}{k} - \ln k$$

6.12 已知迭代模型如下，且迭代初值为 $x_0 = 0$，后续各点可以递推求出 $y_0 = 0$。

$$\begin{cases} x_{k+1} = 1 + y_k - 1.4x_k^2 \\ y_{k+1} = 0.3x_k, \end{cases}$$

如果取迭代初值为 $x_0 = 0, y_0 = 0$，那么请进行30000次迭代求出一组 $\boldsymbol{x}$ 和 $\boldsymbol{y}$ 向

量,然后在所有的 $x_k$ 和 $y_k$ 坐标处点亮一个点(注意不要连线),最后绘制出所需的图形。(提示:这样绘制出的图形又称为 Hénon 引力线图,它将迭代出来的随机点吸引到一起,最后得出貌似连贯的引力线图。)

6.13 假设某幂级数展开表达式为

$$f(x) = \lim_{N \to \infty} \sum_{n=1}^{N} (-1)^n \frac{x^{2n}}{(2n)!}$$

若 $N$ 足够大,则幂级数 $f(x)$ 收敛为某个函数 $\hat{f}(x)$。试写出一个 MATLAB 程序,绘制出 $x \in (0, \pi)$ 区间的 $\hat{f}(x)$ 的函数曲线,观察并验证 $\hat{f}(x)$ 是什么样的函数。

6.14 试在 $t \in (0, \pi)$ 区间内绘制 $\sin t^2$ 的函数曲线,若某个区域曲线关系不清晰,则可以考虑采用局部放大的方法显示细节。

6.15 分别选取合适的 $\theta$ 范围,绘制出下列极坐标图形:

(1) $\rho = 1.0013\theta^2$

(2) $\rho = \cos 7\theta/2$

(3) $\rho = \sin\theta/\theta$

(4) $\rho = 1 - \cos^3 7\theta$

6.16 试绘制参数方程曲线 $x = (1 + \sin 5t/5)\cos t, y = (1 + \sin 5t/5)\sin t, t \in (0, 2\pi)$。如果将参数方程中的 5 替换成其他数值会得出什么结果。

6.17 用图解的方式求解下面联立方程的近似解:

(1) $\begin{cases} x^2 + y^2 = 3xy^2 \\ x^3 - x^2 = y^2 - y \end{cases}$

(2) $\begin{cases} \mathrm{e}^{-(x+y)^2 + \pi/2} \sin(5x + 2y) = 0 \\ (x^2 - y^2 + xy)\mathrm{e}^{-x^2 - y^2 - xy} = 0 \end{cases}$

6.18 已知正弦函数 $y = \sin(\omega t + 20°), t \in (0, 2\pi), \omega \in (0.01, 10)$,试绘制当 $\omega$ 变化时正弦函数曲线的动画。

6.19 Lambert W 函数是一个常用的函数,其数学形式为 $W(z)\mathrm{e}^{W(z)} = z$,试绘制其函数曲线。

6.20 考虑非线性差分方程

$$y(t) = \frac{y(t-1)^2 + 1.1y(t-2)}{1 + y(t-1)^2 + 0.2y(t-2) + 0.4y(t-3)} + 0.1u(t)$$

若输入信号为正弦函数 $u(t) = \sin t$,且已知 $y(t)$ 的初值为零,采样周期为 $T = 0.05\,\mathrm{s}$,试求解该方程的数值解。

# 第7章

# 三维图形表示

第6章介绍了二维图形的绘制方法,可以看出,如果给出了数据或者数学模型,则可以用形象的方式将结果表示出来。可以看出,科学可视化能够帮助用户更好地理解数据与数学表达式。

本章将侧重于三维数据与函数的科学可视化方法与应用。7.1节将介绍如何把轨迹数据或三维参数方程用三维曲线表示的方法,类似地还将介绍三维直方图、三维饼图、三维填充图与条带图的绘制方法与应用场合。7.2节将介绍三维曲面的绘制方法,先介绍网格数据生成的方法,然后介绍三维网格图、三维表面图以及各种相关图形的绘制方法,还将介绍阴影模型与光照模型的处理方法,最后将介绍非网格数据的三维表面图绘制方法。7.3节将介绍视角的定义与设置方法,允许用户从任意的角度观察三维图形,并给出三视图的绘制与处理方法。7.4节将介绍不同类型三维图形的绘制方法,包括等高线、矢量图、三维隐函数等三维图形的绘制方法。7.5节将介绍三维图形的特殊处理方法,将介绍三维图形的旋转、剪切与贴面等处理方法。7.6节将介绍四维图形的绘制方法,将介绍数据的体视化方法与三维动画的MATLAB实现。

## 7.1    三维曲线绘制

有些数学函数和数据的三维图可以由三维坐标系下的曲线表示,有些需要用三维曲面表示,这完全取决于数学函数与数据的形式和意义。本节将侧重介绍三维曲线的表示方法,还将介绍三维填充图形、直方图、饼图与条带图等特殊的三维图形绘制方法。

### 7.1.1    三维曲线绘制命令

考虑一个在三维空间运动的质点,如果这个质点在 $t$ 时刻的空间位置由参数方程 $x(t)$、$y(t)$、$z(t)$ 表示,则这个质点的轨迹就可以看成一条三维曲线。

　　MATLAB 中的二维曲线绘制函数 plot() 可以扩展到三维曲线的绘制中。这时可以用 plot3() 函数绘制三维曲线。该函数的调用格式为

　　plot3($x,y,z$)

　　plot3($x_1,y_1,z_1$, 选项 1, $x_2,y_2,z_2$, 选项 2, $\cdots$, $x_m,y_m,z_m$, 选项 $m$)
其中"选项"和二维曲线绘制的完全一致,如表 6-1 所示。$x$、$y$、$z$ 为时刻 $t$ 的空间质点的坐标构成的向量。

　　相应地,类似于二维曲线绘制函数,MATLAB 还提供了其他的三维曲线绘制函数,如 stem3() 可以绘制三维火柴杆型曲线,fill3() 可以绘制三维的填充图形,bar3() 可以绘制三维的直方图等。如果采用 comet3() 函数将得出动态的轨迹显示。这些函数的调用格式可以参见其二维曲线绘制函数原型。

　　**例**7-1　试绘制参数方程 $x(t) = t^3 \mathrm{e}^{-t} \sin 3t, y(t) = t^3 \mathrm{e}^{-t} \cos 3t, z = t^2$ 的三维曲线。

　　**解**　若想绘制该参数方程的曲线,可以先定义一个时间向量 $t$,由其计算出 $x$、$y$、$z$ 向量,并用函数 plot3() 绘制出三维曲线,如图 7-1 所示。注意,这里应该采用点运算。

```
>> t=0:.1:2*pi;          %构造t向量,注意下面的点运算
   x=t.^3.*exp(-t).*sin(3*t); y=t.^3.*exp(-t).*cos(3*t); z=t.^2;
   plot3(x,y,z), grid     %三维曲线绘制,并绘制坐标系网格
```

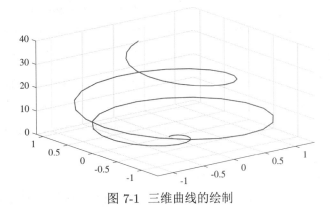

图 7-1　三维曲线的绘制

　　如果用 stem3() 函数绘制出火柴杆形曲线,如图 7-2 所示。

```
>> stem3(x,y,z); hold on; plot3(x,y,z) %先绘制火柴杆图,再叠印曲线图
```

### 7.1.2　已知数学函数的三维曲线绘制

　　如果已知三维函数的参数方程 $x(t)$、$y(t)$、$z(t)$,还可以使用 fplot3() 函数直接绘制三维函数的曲线,该函数的调用格式为

　　fplot(xfun,yfun,zfun), fplot(xfun,yfun,zfun,$[t_{\mathrm{m}},t_{\mathrm{M}}]$)
其中 xfun、yfun、zfun 为参数方程的数学表示形式,可以是符号表达式,也可以是

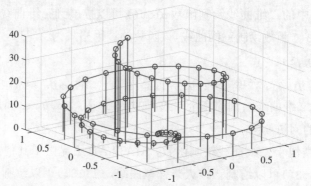

图 7-2  stem3()函数绘制的三维图形

匿名函数表达式。参数 $t$ 的默认区间为 $[0,5]$。

**例 7-2**  重新考虑例 7-1 的空间质点函数，试由数学公式直接绘制三维曲线。

**解**  将参数方程用符号表达式表示，则可以给出如下的命令，这样，由 fplot3() 函数可以得出与例 7-1 完全一致的结果。

```
>> syms t; x=t^3*exp(-t)*sin(3*t);
   y=t^3*exp(-t)*cos(3*t); z=t^2; fplot3(x,y,z,[0,2*pi])
```

参数方程还可以由匿名函数表示，由下面的语句可以绘制出同样的三维曲线。

```
>> x=@(t)t.^3.*exp(-t).*sin(3*t); y=@(t)t.^3.*exp(-t).*cos(3*t);
   z=@(t)t.^2; fplot3(x,y,z,[0,2*pi]); fplot3(x,y,z,[0,2*pi])
```

### 7.1.3  三维填充图

如果由三个向量 $x$、$y$、$z$ 描述一组三维样本点，则由这些样本点的连线，再加上第一个样本点与最后一个样本点之间的连线，就可以围成一个封闭的三维多边形。fill3($x$,$y$,$z$,$c$) 函数将对这个封闭的多边形进行颜色填充，其中变量 $c$ 的格式与 fill() 函数完全一致。

**例 7-3**  试绘制例 7-1 参数方程的填充图。

**解**  由下面的命令可以直接绘制出三维填充图，如图 7-3 所示。采用的填充颜色为绿色，不过从填充效果看似乎与前面叙述的方式不大一样，重叠填充两次的地方似乎填充取消了，在新版本下填充似乎更不规则。

```
>> t=0:.1:2*pi;           % 构造t向量，注意下面的点运算
   x=t.^3.*exp(-t).*sin(3*t); y=t.^3.*exp(-t).*cos(3*t); z=t.^2;
   fill3(x,y,z,'g')
```

### 7.1.4  三维直方图与饼图

三维直方图一般用于报表数据的直观图像描述。假设有一个表格，其中的数据可以用矩阵 $A$ 来表示，而 $A$ 的每一行对应一种场合，如年份；每一列对应于一种属

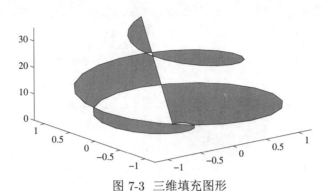

图 7-3 三维填充图形

性,如产品类别序号;而表格内的元素表示数量,如产量或销量。这样就可以利用 bar3()函数将该表格用三维直方图表示,其简单调用格式为bar3($A$)。该函数的其他调用格式这里就不介绍了,读者可以由 help bar3 命令查询。

下面将通过例子演示三维直方图的绘制方法与应用实例。

**例7-4** 假设某单位近三年的产品数如表7-1所示,试用三维直方图表示这些数据。

表 7-1 某单位近三年的产品数

| 年份 | 第一种产品 | 第二种产品 | 第三种产品 | 第四种产品 | 第五种产品 | 第六种产品 |
|------|-----------|-----------|-----------|-----------|-----------|-----------|
| 2015 | 8500 | 10500 | 8000 | 10000 | 8500 | 1100 |
| 2016 | 12500 | 10000 | 12000 | 9500 | 12500 | 8500 |
| 2017 | 8500 | 12500 | 9500 | 11500 | 9500 | 10500 |

**解** 可以先将这些数据输入到MATLAB工作空间,每个年度的数据表示成矩阵的一行,然后就可以直接调用下面的语句绘制数据的三维直方图,如图7-4所示。可见,直方图的形式可以更简洁、形象地表示给出的数据。

```
>> A=[8500,10500,8000,10000,8500,11000;
      12500,10000,12000,9500,12500,8500;
      8500,12500,9500,11500,9500,10500];
   bar3(A)
```

所谓三维饼图事实上就是常规二维饼图的立体表示,看起来比常规二维饼图更美观些,也允许特殊的效果处理。

pie3($x$), pie3($x$,explode)

其中$x$为向量,MATLAB会自动对其归一化处理然后绘图。explode是与$x$等长的逻辑向量,其值为0表示正常绘制饼图,其值为1的扇形区会自动凸出,以示区别。下面将通过例子演示三维饼图的绘制方法与意义。

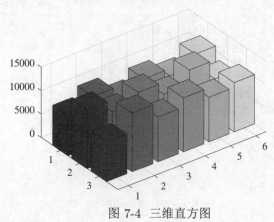

图 7-4　三维直方图

**例7-5**　试用立体显示的方式重新绘制例6-14中的饼图。

**解**　这里需要重新生成随机数，再由随机数生成频度向量 $f$，所以这里的饼图占比与例6-14中给出的有所不同。如果想让第二、第四扇形区凸出，则可以得出如下的命令，得出的结果如图7-5所示。

```
>> b=1; p=raylrnd(1,30000,1); x=0:0.5:4;
   y=histogram(p,x); f=y.Values/30000; f1=f*100
   key=zeros(size(f)); key([2,4])=1; pie3(f,key)
```

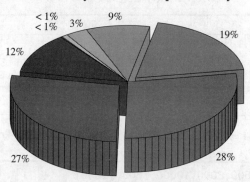

图 7-5　饼图的三维显示

### 7.1.5　条带图

在实际应用中经常会遇到下面的问题：已知一个带有参数 $\alpha$ 的一元函数 $y_\alpha = f(x, \alpha)$，如果 $\alpha$ 取某一个固定的值时，可以唯一确定这个函数，这样，对 $\alpha$ 取 $m$ 个样本点生成数据，就可以由 plot() 函数绘制出多条曲线，不过由于曲线都绘制到同一个二维坐标系内，曲线和 $\alpha$ 之间的关系不容易观察出来，所以可以考虑用三维图形来表示这样的依赖关系。

现在考虑用MATLAB提供的 ribbon() 函数来完成这样的任务。首先可以生

成一个 $x$ 向量。然后对 $\alpha$ 的每个取值构造一个函数样本点的列向量，并由这些列向量构造一个 $Y$ 矩阵，这样，由 $x$ 向量与 $Y$ 可以绘制出条带图，其调用格式为

$$\text{ribbon}(x, Y), \quad \text{ribbon}(x, Y, d)$$

其中 $d$ 为条带的宽度，如果不给出该值，将用默认的宽度 $d = 0.75$ 绘图。得出的条带图中，$y$ 轴对应的是 $x$ 向量，而 $x$ 轴对应的是 $1, 2, \cdots, m$。遗憾的是，$x$ 轴不能直接对应于 $\alpha$ 的实际取值，只能对应于取值的序号。

**例 7-6** 已知正弦函数 $f(t) = \sin t$ 的 $n$ 阶导数可以表示成 $f^{(n)}(t) = \sin(t + n\pi/2)$，其中 $n$ 可以为整数还可以为非整数[22]，试用三维图形表示不同阶次导数的曲线。

**解** 如果阶次选作 $0, 0.1, 0.2, \cdots, 1$，则可以用循环的方式计算出各个阶次的分数阶导数值，每个 $n$ 构造成导数矩阵的一列，这样就可以由下面的命令直接绘制出如图 7-6 所示的条带图曲线。

```
>> t=linspace(0,2*pi,100)'; Y=[];
   for n=0:0.1:1, Y=[Y, sin(t+n*pi/2)]; end
   ribbon(t,Y,0.3), ylim([0,2*pi]), xlim([1,11])
```

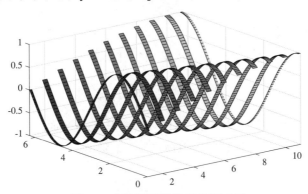

图 7-6 分数阶导数的条带图表示

该曲线的 $x$ 轴取值为 $1, 2, \cdots, 11$，其中 $1$ 对应于 $n = 0$，即第一条带子绘制的是原函数曲线，$2$ 对应于 $n = 0.1$，即第二条带子表示 $f(x)$ 的 $0.1$ 阶导数。

**例 7-7** 例 7-6 中给出的 $x$ 轴标注很不理想，如果想将标注的数值与阶次 $n$ 对应起来，应该如何处理？

**解** 这些问题应该由图形的事后编辑来处理。单击图形窗口工具栏中的 按钮进入编辑状态，双击坐标轴，则得出图形的编辑窗口，其下部有如图 7-7 所示的"属性编辑器"子区域，由于默认选择的是"X 轴"的属性，可以使用该区域的工具设置显示模式。

单击"刻度"按钮，则将打开如图 7-8(a) 所示的刻度编辑对话框，可以将其中"标签"的字符任意修改，例如，将 2 改成 0.1，4 改成 0.3 等，则可以得出如图 7-8(b) 所示的修饰结果。"标签"的内容可以修改成任意的字符串。

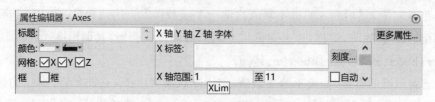

图 7-7 属性编辑器区域

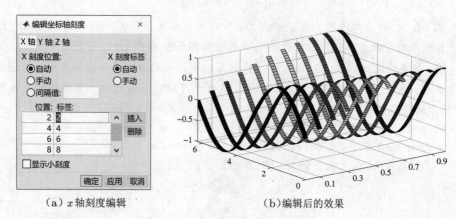

（a）$x$ 轴刻度编辑 （b）编辑后的效果

图 7-8 三维图形的坐标轴刻度

## 7.2 三维曲面绘制

如果已知二元函数 $z = f(x,y)$，则可以考虑先在 $xy$ 平面生成一些网格点，然后求出每个点处的函数值 $z$，这样就可以由这些信息绘制三维图了。

### 7.2.1 网格图与表面图

例 4-13 演示了 MATLAB 提供的 meshgrid() 函数生成网格的方式与矩阵的生成格式，由该函数可以生成两个矩阵 $x$ 与 $y$，将两个矩阵重叠在一起正好形成了每个网格点的 $x$ 与 $y$ 坐标值，这时如果函数 $z = f(x,y)$ 已知，则可以直接用点运算的方式计算出每个网格点的函数值矩阵 $z$。有了这三个矩阵，就可以调用 MATLAB 提供的 mesh() 与 surf() 函数直接绘制三维数据的网格图与表面图了。这两个函数的调用格式为

$\mathrm{mesh}(x,y,z)$ 或 $\mathrm{surf}(x,y,z)$ %mesh()绘制网格图,surf()绘制表面图

其中 $v_1$ 和 $v_2$ 为 $x$ 轴和 $y$ 轴的分隔方式。surf() 函数还可以返回曲面的句柄，这样就可以对得出的曲面进行进一步的操作处理。

**例 7-8** 试用表面图的方法重新表示例 7-6 的分数阶导数函数。

**解** 若仍将 $x$ 轴取作导数的阶次 $\alpha$，则可以直接绘制出三维表面图，如图 7-9 所示。

这时 $x$ 轴的标注是正确的, 无需再手工变换。

```
>> t=linspace(0,2*pi,100)'; Y=[];
   for n=0:0.1:1, Y=[Y, sin(t+n*pi/2)]; end
   surf(0:0.1:1,t,Y), ylim([0,2*pi]), xlim([0,1])
```

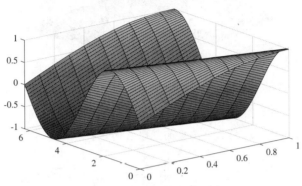

图 7-9 分数阶导数的曲面表示

**例** 7-9 给出二元函数 $z = f(x,y) = (x^2 - 2x)\mathrm{e}^{-x^2-y^2-xy}$, 试在 $xy$ 平面内选择一个区域, 并绘制出该函数的三维表面图形。

**解** 首先可以调用 meshgrid() 函数生成 $xy$ 平面的网格表示。该函数的调用意义十分明显, 即可以产生一个横坐标起始于 $-3$, 中止于 $2$, 步距为 $0.1$, 纵坐标起始于 $-2$, 中止于 $2$, 步距为 $0.1$ 的网格分割。然后由上面的公式计算出曲面的 $z$ 矩阵。最后调用 mesh() 函数来绘制曲面的三维表面网格图形, 如图 7-10 所示。

```
>> [x,y]=meshgrid(-3:0.1:2,-2:0.1:2);    % 生成 xy 平面的网格矩阵 x、y
   z=(x.^2-2*x).*exp(-x.^2-y.^2-x.*y);   % 计算高度矩阵 z
   mesh(x,y,z)                           % 绘制三维网格图
```

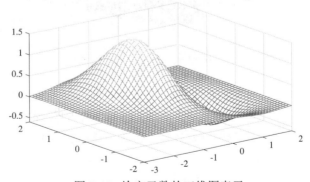

图 7-10 给定函数的三维图表示

若用 surf() 函数取代 mesh() 函数, 则可以得出如图 7-11 所示的表面图, 和网格图相比, 表面图给每个网格按其函数值自动进行了着色。

```
>> surf(x,y,z)    % 还可以绘制三维表面图
```

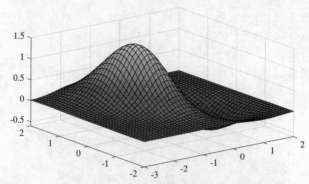

图 7-11 surf() 函数绘制的表面图

**例**7-10 试绘制出下面的二元函数的三维表面图。

$$z = f(x, y) = \frac{1}{\sqrt{(1-x)^2 + y^2}} + \frac{1}{\sqrt{(1+x)^2 + y^2}}$$

**解** 可以用下面的语句绘制出三维图，如图7-12所示。

```
>> [x,y]=meshgrid(-2:.1:2);  %生成网格数据,注意下面的点运算
   z=1./(sqrt((1-x).^2+y.^2))+1./(sqrt((1+x).^2+y.^2)); %计算函数值
   surf(x,y,z),  %绘制表面图
```

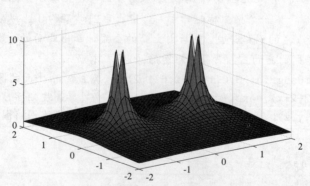

图 7-12 等网格选择下的三维图

事实上，这样得出的图形有点问题，在 $(\pm 1, 0)$ 点处出现 $\infty$ 值，所以应该在该区域减小步距，采用变步距的方式，最终得出如图7-13所示的图形，为了便于比较，这里仍选择和图7-12的一致的 $z$ 轴范围。注意在 $(\pm 1, 0)$ 处的值趋于无穷大。

```
>> xx=[-2:.1:-1.2, -1.1:0.02:-0.9, -0.8:0.1:0.8, ...
        0.9:0.02:1.1, 1.2:0.1:2];
   yy=[-1:0.1:-0.2, -0.1:0.02:0.1, 0.2:.1:1];
   [x,y]=meshgrid(xx,yy); %生成网格
   z=1./(sqrt((1-x).^2+y.^2))+1./(sqrt((1+x).^2+y.^2)); %计算函数
   surf(x,y,z), shading flat; zlim([0,15]) %重新绘制三维表面图
```

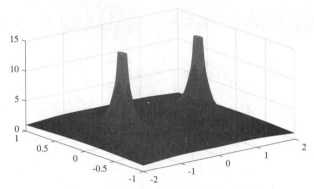

图 7-13  变步距网格选择下的三维图

**例**7-11  试绘制 $f(x,y) = x\sin 1/y + y\sin 1/x$ 在 $-0.1 \leqslant x, y \leqslant 0.1$ 区间的表面图。

**解**  当然可以由 $[x,y]$=meshgrid$(-0.1:0.002:0.1)$ 直接生成网格数据,不过这样做会生成 $x = 0$ 或 $y = 0$ 的点,给计算带来麻烦,所以可以考虑作一些偏移处理,避开 $x = 0$ 与 $y = 0$ 这两条线。比如引入较小的偏移量 $\delta = 10^{-5}$,这样可以给出下面的命令绘制函数曲面,得出的结果如图 7-14 所示。

```
>> [x y]=meshgrid((-0.1+1e-5):0.002:0.1);
   z=x.*sin(1./y)+y.*sin(1./x); surf(x,y,z)
```

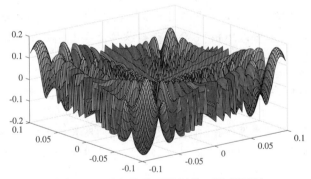

图 7-14  引入偏移后绘制的三维表面图

## 7.2.2  表面图的阴影与光照

MATLAB 的三维表面图提供了 shading 命令来设置三维图的阴影处理,该命令可以带三种不同的选项,包括默认的 faceted、flat(每个网格块用同样颜色着色的没有网格线的表面图,效果如图 7-15 所示)、interp(插值的光滑表面图),下面将通过例子演示其阴影处理方法。

**例**7-12  试用 flat 阴影选项重新处理例 7-9 中的表面图。

**解**  重新绘制表面图之后,就可以用 shading 命令对其阴影进行修饰,得出的效果

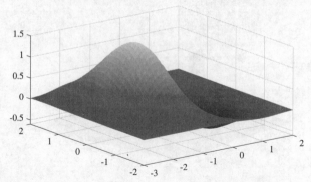

图 7-15 shading flat 命令修饰的三维图

如图 7-15 所示。读者可以将 flat 选项设置成 interp 后自行观察修饰效果。

```
>> [x,y]=meshgrid(-3:0.1:2,-2:0.1:2);   % 生成 xy 平面的网格矩阵 x、y
   z=(x.^2-2*x).*exp(-x.^2-y.^2-x.*y);   % 计算高度矩阵 z
   surf(x,y,z), shading flat
```

MATLAB 提供了一批修饰命令来制造不同的三维表面图显示效果,例如可以用 light() 函数来制造表面图的光照效果。如果想在某个指定点 $(x,y,z)$ 加一个光源,其调用格式为 light('Position',$[x,y,z]$),还可以调用 material 命令来指定表面的材质,如 material metal 来定义金属表面材质,使用 material shiny 来定义反光材质等,读者可以用 help 命令获得这些命令或函数的帮助信息,并用不同的参数组合感受这些命令的修饰效果。

**例 7-13** 如果在 $(3,2,20)$ 点处加一个光源,试得出例 7-9 中函数的金属表面图。

**解** 可以由下面的命令加光源,并设置表面材质,得出的三维表面图如图 7-16 所示。读者可以尝试不同的光源位置、表面材质,观察这些参数对最终效果的影响。

```
>> [x,y]=meshgrid(-3:0.1:2,-2:0.1:2);   % 生成平面的网格矩阵
   z=(x.^2-2*x).*exp(-x.^2-y.^2-x.*y);   % 计算高度矩阵
   surf(x,y,z), shading flat,
   light('Position',[3,2,20]), material metal
```

三维曲面还可以由其他函数绘制,如 surfc() 函数和 surfl() 函数可以分别绘制带有等高线和光照下的三维曲面,waterfall() 函数可以绘制瀑布形三维图形。在 MATLAB 下还提供了等高线绘制的函数,如 contour() 函数和三维等高线函数 contour3(),这里将通过例子介绍三维曲面的绘制方法与技巧。

**例 7-14** 试用 waterfall() 函数绘制例 7-9 中函数的三维图并给出效果。

**解** 将绘图命令变成 waterfall(),则可以给出下面语句绘制瀑布图,如图 7-17 所示。用户还可以自行尝试其他命令,给出不同函数的绘图结果。

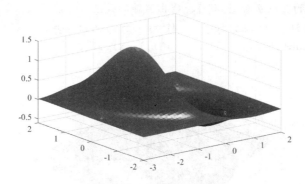

图 7-16 加光源后修饰的三维图

```
>> [x,y]=meshgrid(-3:0.1:2,-2:0.1:2);    %生成平面的网格矩阵
   z=(x.^2-2*x).*exp(-x.^2-y.^2-x.*y);   %计算高度矩阵
   waterfall(x,y,z),
```

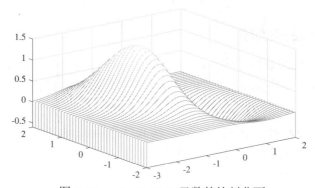

图 7-17 waterfall() 函数的绘制曲面

### 7.2.3 图像文件的三维表面图

前面介绍过,图像是由像素构成的,而像素与网格的概念差不多,都是将感兴趣的区域表示成一些网格,而像素的颜色或灰度又可以理解成一般网格上的函数值,所以可以参考前面介绍的三维表面图方法,将图像像素的信息也用 surf() 等函数表示出来,观察一下到底能得到什么结果。这里可以考虑用一个例子演示上面的思想。

例 7-15 考虑例 6-25 中给出的天坛图片,试用 surf() 函数显示该图像。

解 前面介绍过,如果将彩色图像输入到 MATLAB 环境得到的将是三维数组,如果作灰度图转换,则将得到一个 $181 \times 444$ 的矩阵,该矩阵的数据结构是 uint8 型的,不能用 surf() 这类函数绘图,需要转换成双精度数据结构。转换之前再用 255 减去每个像素的灰度值,则可以给出下面的语句,绘制出的表面图如图 7-18 所示。可以看出,如果直接显示图像的三维表面图,有可能得出浮雕的效果。

```
>> W=imread('tiantan.jpg'); W1=rgb2gray(W); W0=255-W1;
   surf(double(W0)), ylim([0 181]), xlim([0 298])
```

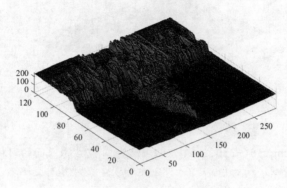

图 7-18 图像的浮雕型显示（旋转后的结果）

### 7.2.4 已知函数的表面图

如果已知二元函数的显式表达式 $z = f(x, y)$,可以用匿名函数或符号表达式描述该函数,然后调用 fsurf() 函数就可以直接绘制二元函数的表面图了。该函数的调用格式为

$$\text{fsurf}(f), \ \text{fsurf}(f, [x_\text{m}, x_\text{M}]), \ \text{fsurf}(f, [x_\text{m}, x_\text{M}, y_\text{m}, y_\text{M}])$$

其中 $f$ 为二元函数表达式,用户还可以指定 $x$ 轴及 $y$ 轴的范围,如果不指定该范围,则默认值选作 $[-5, 5]$。

**例 7-16** 假设某联合概率密度函数由下面分段函数表示[16]:

$$p(x_1, x_2) = \begin{cases} 0.5457 \exp(-0.75x_2^2 - 3.75x_1^2 - 1.5x_1), & x_1 + x_2 > 1 \\ 0.7575 \exp(-x_2^2 - 6x_1^2), & -1 < x_1 + x_2 \leqslant 1 \\ 0.5457 \exp(-0.75x_2^2 - 3.75x_1^2 + 1.5x_1), & x_1 + x_2 \leqslant -1 \end{cases}$$

试以三维曲面的形式来表示这一函数。

**解** 选择 $x = x_1, y = x_2$,用循环结构和条件转移结构可以求取该函数的函数值,但结构将很烦琐,所以类似于前面介绍的分段函数求取方法,可以利用比较表达式来求此二维函数的值。

```
>> [x,y]=meshgrid(-1:.04:1,-2:.04:2); %生成网格数据
   z= 0.5457*exp(-0.75*y.^2-3.75*x.^2-1.5*x).*(x+y>1)+...
      0.7575*exp(-y.^2-6*x.^2).*((x+y>-1) & (x+y<=1))+...
      0.5457*exp(-0.75*y.^2-3.75*x.^2+1.5*x).*(x+y<=-1); %分段函数
   h=surf(x,y,z), shading flat  %绘制三维表面图并返回图形对象句柄h
```

这样将得出如图 7-19 所示的三维表面图。此外,由于这里 surf() 函数返回了句柄

h, 可以给出命令delete(h)删除得出的三维曲面。后面还将演示对曲面的旋转处理等进一步操作。

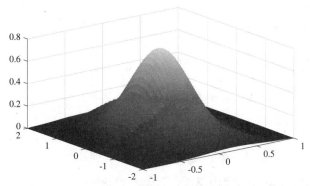

图 7-19  分段二维函数曲面绘制

如果用匿名函数或符号表达式描述分段函数, 则可以定义fsurf()函数绘制函数的表面图, 得出的结果与前面的结果完全一致。

```
>> f=@(x,y)0.5457*exp(-0.75*y.^2-3.75*x.^2-1.5*x).*(x+y>1)+...
      0.7575*exp(-y.^2-6*x.^2).*((x+y>-1) & (x+y<=1))+...
      0.5457*exp(-0.75*y.^2-3.75*x.^2+1.5*x).*(x+y<=-1); % 分段函数
   h=fsurf(f)
```

MATLAB还提供了很多更简洁的简易绘图函数, 比如新版的fmesh()等, 还可以使用早期版本的绘图函数, 如ezsurf()、ezmesh()等函数, 这些函数只需给出数学表达式即可绘制出所需的三维图形。

### 7.2.5  散点数据的表面图绘制

在实际的科学研究中, 有时获得真正的网格数据是不可能的或者是代价极大的, 所以考虑利用插值技术重构网格数据, 从而绘制出数据的表面图。

如果已经获得了三维散点数据, 并存于向量 $x$、$y$ 与 $z$ 中, 则可以由meshgrid()函数生成网格型插值点数据 $x_1$、$y_1$, 这样, 由 $z_1=$griddata$(x,y,z,x_1,y_1,$'v4'$)$命令直接获得网格型插值数据, 再用surf$(x_1,y_1,z_1)$命令就可以绘制表面图了。

**例7-17**  试由例7-9中的函数生成一些随机散点, 再由散点绘制出表面图。

**解**  生成100个随机样本点, 计算出 $z$ 值。样本点在 $oxy$ 平面的分布如图7-20所示。可见, 生成样本点的分布还是比较均匀的。

```
>> n=100; x=-3+5*rand(n,1); y=-2+4*rand(n,1); % 随机样本点生成
   z=(x.^2-2*x).*exp(-x.^2-y.^2-x.*y); plot(x,y,'o')
```

由散点样本点进行网格数据的插值, 则可以得出相应的表面图, 与图7-11给出的完全一致, 或基本上看不出区别。

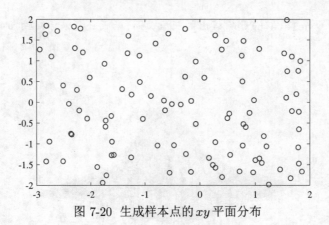

图 7-20　生成样本点的 $xy$ 平面分布

```
>> [x1,y1]=meshgrid(-3:0.2:2,-2:0.2:2);
   z1=griddata(x,y,z,x1,y1,'v4'); surf(x1,y1,z1)
```

# 7.3　三维图形视角设置

MATLAB 三维图形显示中提供了修改视角的功能，允许用户从任意的视角观察三维图形，实现视角转换有两种方法。第一种方法是使用图形窗口工具栏中提供的三维图形转换按钮来可视地对图形进行旋转，第二种方法是用 view() 函数有目的地进行旋转。本节将先介绍三维图视角的定义，然后介绍三视图的视角设置与任意视角的设置方法。

## 7.3.1　视角的定义

MATLAB 三维图形视角的定义如图 7-21（a）所示，视角是由两个角度唯一描述的，这两个角度分别为方位角与仰角，见定义 7-1。MATLAB 中的当前的视角可以由 $[\alpha,\beta]$=view(3) 语句读出。

**定义 7-1**　方位角 $\alpha$ 定义为视点与原点连线在 $xy$ 平面投影线与 $y$ 轴负方向之间的夹角，默认值为 $\alpha=-37.5°$，仰角 $\beta$ 定义为视点与原点连线和 $xy$ 平面的夹角，默认值为 $\beta=30°$。

如果想改变视角来观察曲面，则可以给出 view($\alpha,\beta$) 命令。

**例 7-18**　对图 7-19 中给出的三维网格图进行处理，设方位角为 $\alpha=80°$，仰角为 $\beta=10°$，试观察视角变换后的结果。

**解**　选择了上述的视角，则可以由下面的 MATLAB 语句先绘制出三维表面图再设置视角，这样可以得出如图 7-21（b）所示的三维曲面。

```
>> [x,y]=meshgrid(-3:0.1:2,-2:0.1:2);      % 生成网格矩阵
   z=(x.^2-2*x).*exp(-x.^2-y.^2-x.*y);     % 计算高度矩阵
```

surf(x,y,z), view(10,80), xlim([-3,2]) %修改视角

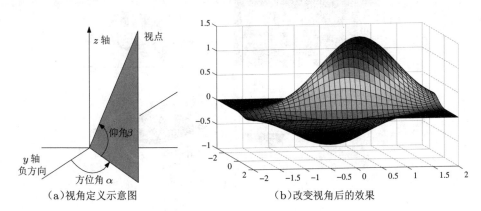

（a）视角定义示意图　　　　　　　　　　（b）改变视角后的效果

图 7-21　三维图形的视角及设置

## 7.3.2　三视图的设置

所谓三视图就是俯视图、主视图与侧视图。三视图是画法几何与机械设计等领域中对物体几何形状约定俗成的描述方法。如果有了三维曲面，有时候也会期望得出其三视图，这里介绍 MATLAB 的处理方法。

所谓俯视图就是从物体的上方垂直向下看所观察到的形状，这时显然需要设置仰角 $\beta$ 为 90°。由于无须改变方位角 $\alpha$，所以可以设置为 0°。这样，三维表面图绘制之后，用 MATLAB 命令 view(0,90) 就可以直接得出表面图的俯视图。相应地，如果想得到表面图的主视图，则需要给出 view(0,0) 命令；如果想得到侧视图，且想从表面图的左侧观察，则可以设置 view(-90,0)，右视图由 view(90,0) 得出。

**例**7-19　试在同一图形窗口上绘制例 7-9 中函数曲面的三视图。

**解**　用下面的语句可以容易地绘制出三维图，并用相应的语句设置不同的视角，则可以最终得出如图 7-22 所示的各个视图。

```
>> [x,y]=meshgrid(-3:0.1:2,-2:0.1:2);
   z=(x.^2-2*x).*exp(-x.^2-y.^2-x.*y); subplot(224), surf(x,y,z)
   subplot(221), surf(x,y,z), view(0,90);  %俯视图
   subplot(222), surf(x,y,z), view(-90,0); %侧视图
   subplot(223), surf(x,y,z), view(0,0);   %正视图
```

## 7.3.3　任意视角的设置

单击图形窗口工具栏或坐标轴上方的图形旋转按钮⟳，再在坐标轴上拖动鼠标，则可以任意改变视角。调整过程中，两个角度的值也会在图形窗口左下角实时显示。确定了最终的视角后，还可以由 $[\alpha,\beta]$=view(3) 直接得出视角。

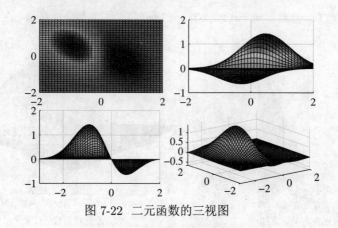

图 7-22  二元函数的三视图

## 7.4  其他三维绘图

除了传统的曲线、曲面图之外，还可以用不同的形式来表示三维图形。本节将介绍等高线、矢量图、Voronoi 图、Delaunay 剖分图、球面图与柱面图的绘制方法，还将介绍三维隐函数表面图的绘制方法。

### 7.4.1  等高线

等高线是地理学上的名词，指地图上高程相等的各相邻点所连成的闭合曲线。如果将三维曲面看出地形，则也可以定义出三维表面图的等高线。

如果已知三维网格数据 $x$、$y$、$z$，则可以通过 contour() 函数绘制三维数据的等高线，该函数的调用格式为 contour($x,y,z,n$)，其中 $n$ 为等高线的条数，该函数的一种调用格式为 [$C$,h]=contour($x,y,z,n$)，该函数返回的变量 h 为等高线信息，$C$ 为等高线矩阵。若有了这些信息，则 clabel($C$,h) 函数可以在等高线上叠印出等高线信息。

函数 contourf() 可以绘制出填充的等高线图，而 contour3() 函数可以绘制出三维等高线图，它们的调用格式分别为

contourf($x,y,z,n$)  或  contour3($x,y,z,n$)

例 7-20  考虑例 4-20 中给出的分段函数，试绘制其等高线图。

解  可以仿照前面语句得出绘图的数据，等高线图可以由 contour() 函数直接绘制，得出的结果如图 7-23 所示。

```
>> [x,y]=meshgrid(-1:.1:1,-2:.1:2);  % 生成网格矩阵
   z=0.5457*exp(-0.75*y.^2-3.75*x.^2-1.5*x).*(x+y>1)+...
      0.7575*exp(-y.^2-6*x.^2).*((x+y>-1) & (x+y<=1))+...
      0.5457*exp(-0.75*y.^2-3.75*x.^2+1.5*x).*(x+y<=-1);  % 分段函数值
```

```
contour(x,y,z);
```

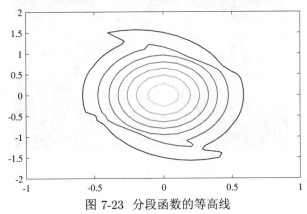

图 7-23　分段函数的等高线

该函数除了绘图之外还将返回等高线的等高线信息 h 和等高线矩阵 $C$，依赖这两个变量即可以在原来的等高线图上叠印等高线的数值，如图 7-24 所示。

```
>> [C,h]=contour(x,y,z); clabel(C,h) %等高线
```

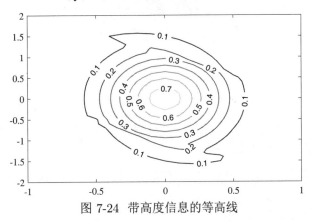

图 7-24　带高度信息的等高线

用下面的语句可以直接绘制出填充的等高线图和三维等高线图，如图 7-25 与图 7-26 所示，其中，后一个语句中的 30 是指定等高线的条数，如果不给出此参数，对本例来说等高线将过于稀疏。

```
>> contourf(x,y,z); figure; contour3(x,y,z,30)
```

## 7.4.2　矢量图

在物理学课程中的磁力线，磁力线这类矢量图应该如何绘制呢？MATLAB 提供了一个函数 quiver()，可以绘制矢量图，其调用格式为 quiver($x,y,u_x,u_y$)，其中 $x$、$y$ 为矢量的起点，$u_x$、$u_y$ 为矢量在 $x$ 轴与 $y$ 轴上的分量。

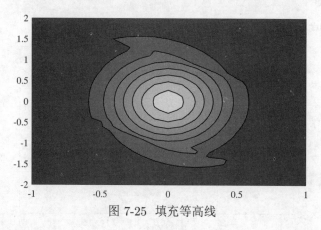

图 7-25 填充等高线

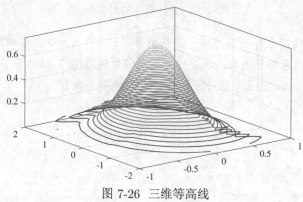

图 7-26 三维等高线

**例7-21** 试用矢量图的方式求出二元函数 $z = (x^2 - 2x)\mathrm{e}^{-x^2-y^2-xy}$ 的梯度。

**解** 利用MATLAB的符号运算功能可以计算出函数的梯度[12]为

$$\frac{\partial z(x,y)}{\partial x} = -\mathrm{e}^{-x^2-y^2-xy}(-2x + 2 + 2x^3 + x^2y - 4x^2 - 2xy)$$

$$\frac{\partial z(x,y)}{\partial y} = -x(x-2)(2y+x)\mathrm{e}^{-x^2-y^2-xy}$$

函数的梯度事实上可以理解成 $x$ 与 $y$ 轴上的变化率，可以将其表示矢量在 $x$、$y$ 轴上的分量，这样可以由下面的命令绘制出矢量图，如图7-27所示。

```
>> [x,y]=meshgrid(-3:0.2:2,-2:0.2:2); e1=exp(-x.^2-y.^2-x.*y);
   dx=-e1.*(-2*x+2+2*x.^3+x.^2.*y-4*x.^2-2*x.*y);
   dy=-x.*(x-2).*(2*y+x).*e1; quiver(x,y,dx,dy)
```

### 7.4.3 三元隐函数的绘图

前面介绍的 fplot3() 等函数只能绘制三维显函数曲线。如果某三维曲面由隐函数 $g(x,y,z) = 0$ 表示，则可以利用新版MATLAB提供的 fimplicit3() 绘制其曲面图形，该函数的调用格式为 fimplicit3(fun,[$x_\mathrm{m}$，$x_\mathrm{M},y_\mathrm{m},y_\mathrm{M},z_\mathrm{m},z_\mathrm{M}$])，其

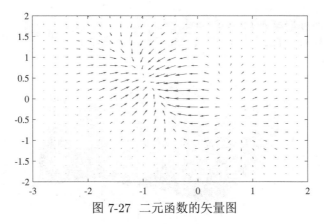

图 7-27 二元函数的矢量图

中 **fun** 可以为匿名函数、也可以是符号表达式，坐标轴范围向量 $x_m$、$x_M$、$y_m$、$y_M$、$z_m$、$z_M$ 的默认值为 ±5。如果只给出一对上下限 $x_m$、$x_M$，则表示三个坐标轴均同样设置。该函数的核心部分是等高面绘制函数。

**例 7-22**　假设某三维曲线由隐函数

$$x(x, y, z) = x\sin\left(y+z^2\right) + y^2\cos\left(x+z\right) + zx\cos\left(z+y^2\right) = 0$$

表示，且感兴趣的区域为 $x, y, z \in (-1, 1)$，试绘制其三维曲面。

**解**　用符号表达式或匿名函数的方式都可以描述原始的隐函数，二者作用相同。用下面语句就可以直接绘制出该隐函数的三维曲面图，如图 7-28 所示。

```
>> syms x y z; f=x*sin(y+z^2)+y^2*cos(x+z)+z*x*cos(z+y^2);
   fimplicit3(f,[-1 1]) %三维隐函数曲面绘制
```

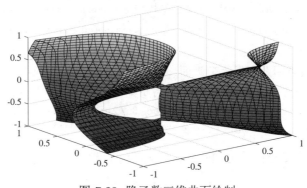

图 7-28 隐函数三维曲面绘制

其实，三元隐函数还可以用匿名函数描述，得出的结果是一致的。

```
>> f=@(x,y,z)x.*sin(y+z.^2)+y.^2.*cos(x+z)+z.*x.*cos(z+y.^2);
   fimplicit3(f,[-1,1])
```

如果使用下面的语句还可以在原曲面上叠印单位球面 $x^2 + y^2 + z^2 = 1$，如图 7-29 所示。

```
>> f1=x^2+y^2+z^2-1; hold on;
   fimplicit3(f1,[-1 1]); %在现有图形上叠印上球面
```

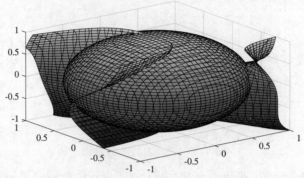

图 7-29 叠印球面后隐函数三维曲面绘制

### 7.4.4 参数方程的表面图

假设某三维函数由如下参数方程给出：

$$x = f_x(u,v), \ y = f_y(u,v), \ z = f_z(u,v) \tag{7-4-1}$$

若 $u_{\mathrm{m}} \leqslant u \leqslant u_{\mathrm{M}}$，$v_{\mathrm{m}} \leqslant v \leqslant v_{\mathrm{M}}$，则由 $\mathbf{fsurf}(f_x, f_y, f_z, [u_{\mathrm{m}}, u_{\mathrm{M}}, v_{\mathrm{m}}, v_{\mathrm{M}}])$ 函数可以直接绘制三维表面图，$u$、$v$ 变量的默认区间为 $(-5,5)$。使用早期版本的 MATLAB 还可以尝试 $\mathbf{ezsurf}()$ 函数绘制表面图。

**例7-23** 著名的 Möbius 带可以由数学模型 $x = \cos u + v \cos u \cos u/2, y = \sin u + v \sin u \cos u/2, z = v \sin u/2$ 描述。如果 $0 \leqslant u \leqslant 2\pi, -0.5 \leqslant v \leqslant 0.5$，试绘制 Möbius 带的三维表面图。

**解** 首先需要声明两个符号变量 $u$、$v$，并将参数方程输入到 MATLAB 环境中，这样就可以由下面的语句直接绘制 Möbius 带，得出如图 7-30 所示的表面图。

```
>> syms u v; x=cos(u)+v*cos(u)*cos(u/2); y=sin(u)+v*sin(u)*cos(u/2);
   z=v*sin(u/2); fsurf(x,y,z,[0,2*pi,-0.5,0.5]) % Möbius 带的绘制
```

### 7.4.5 复变函数的三维表面图

由 $\mathbf{surf}()$ 与 $\mathbf{surface}()$ 函数可以绘制二元函数的三维表面图，不过对复变函数 $f(z)$ 而言，其中 $z$ 为复数自变量，如果想这样绘图，则必须将其转换为直角坐标数据才能绘图。MATLAB 还提供了复变函数的表面图绘制方法，其调用格式为

$z=\mathbf{cplxgrid}(n)$，%生成 $(n+1) \times (2n+1)$ 极坐标网格矩阵

$\mathbf{cplxmap}(z,f)$，%由计算 $f(z)$ 函数计算 $f$，再绘图

**例7-24** 试绘制复变函数 $f(z) = z^4(\sin z + \cos z)$ 的表面图。

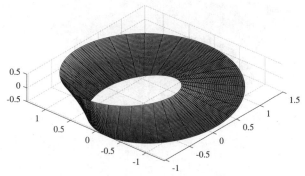

图 7-30  Möbius 带的表面图(图形经过了旋转)

**解** 可以选择 $n = 40$，这样就可以直接由下面的命令生成网格数据，计算出函数值再绘制出函数的表面图，如图 7-31 所示。

```
>> z=cplxgrid(40); f=z.^4.*(sin(z)+cos(z)); cplxmap(z,f)
```

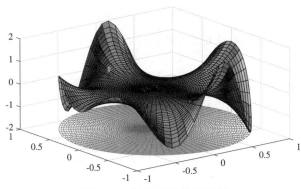

图 7-31  复变函数的表面图

### 7.4.6  球面与柱面

圆心位于原点的单位球面的数据可以由函数 $[x,y,z]=\text{sphere}(n)$ 直接生成，再利用函数 surf() 则可以绘制出球面的图形。如果调用该函数时没有返回变量，则将自动绘制球面。该函数的变元 $n$ 表示该球面可以由 $n \times n$ 面体表示，得出的数据均为 $(n+1) \times (n+1)$ 矩阵。

**例 7-25**  试绘制圆心位于原点的单位球面，并叠印出圆心位于 $(0.9, -0.8, 0.6)$、半径为 0.3 的球面。

**解** 可以先生成第 1 个单位球面的数据，由该数据可以计算出第 2 个球面的数据，这样用下面的命令可以绘制出两个球面，如图 7-32 所示。

```
>> [x,y,z]=sphere(50); surf(x,y,z), hold on   %绘制单位球面
   x1=0.3*x+0.9; y1=0.3*y-0.8; z1=0.3*z+0.6; surf(x1,y1,z1)
```

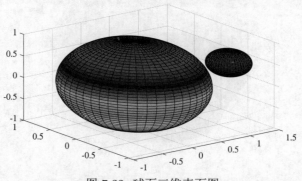

图 7-32　球面三维表面图

将一条曲线绕 $z$ 轴旋转 $360°$,则可以画出一个柱面。如果这条曲线定义为向量 $r$,表示柱面的半径,则柱面的数据可以由 $[x,y,z]=$cylinder$(r,n)$ 函数直接生成,$n$ 的默认值为20。如果该函数不返回变量,则将直接自动绘制柱面图。注意,默认 $z$ 的区间为 $z \in (0,1)$。

**例 7-26**　假设生成柱面的曲线方程为 $r(z) = \mathrm{e}^{-z^2/2}\sin z, z \in (-1,3)$,试绘制出该曲线绕 $z$ 轴一周得出的柱面。

**解**　可以先计算出半径的向量,得出的曲线如图 7-33 所示。

```
>> z0=-1:0.1:3; r=exp(-z0.^2/2).*sin(z0); plot(z0,r)
```

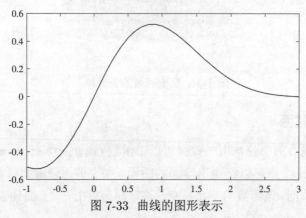

图 7-33　曲线的图形表示

将图 7-33 中曲线旋转一周,则可以计算出标准柱面的数据,再将 $z \in (0,1)$ 区间映射成 $z \in (-1,3)$,则可以绘制所需柱面,如图 7-34 所示。

```
>> [x,y,z]=cylinder(r);  % 生成标准柱面数据
   z=-1+4*z; surf(x,y,z) %将z轴的值从(0,1)映射到(-1,3),再绘制柱面
```

**例 7-27**　假设已知函数 $y = f(x) = 1 + x\sin 4/x$,且 $0 \leqslant x \leqslant \pi$,试求出该曲线绕 $x$ 轴旋转一周围成的图形。

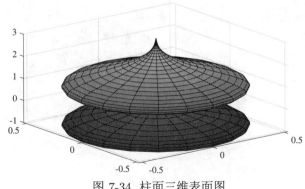

图 7-34 柱面三维表面图

**解** 可以先将一元函数 $y = f(x)$ 的曲线绘制出来,如图 7-35 所示。

```
>> syms x; clear f; f(x)=1+x*sin(4/x); fplot(f,[0,pi])
```

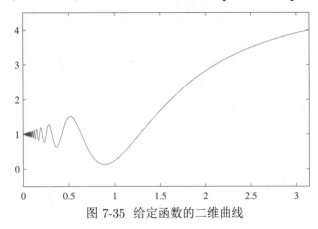

图 7-35 给定函数的二维曲线

如果想绘制出该曲线旋转的示意图,可以借用 MATLAB 的 cylinder() 函数来绘制柱体表面图。该函数默认的方式是将 $z$ 轴设置成 $(0,1)$ 区间的向量(实际上应该是物理意义下的 $x$ 轴压缩的表示),将 $x$ 轴设置为函数值,亦即物理意义下的 $z$ 轴,所以应该由 cylinder() 函数生成数据,再交换坐标轴,最后绘制出旋转示意图,如图 7-36 所示。

```
>> x=0:0.03:pi; z=1+x.*sin(4./x);        %生成函数数据
   [x0,y0,z0]=cylinder(z); z0=pi*z0;     %构造柱体数据并拉伸坐标轴
   x1=z0; z1=x0; surf(x1,y0,z1)          %坐标轴数据交换并绘图
```

### 7.4.7 Voronoi 图与 Delaunay 剖分

Voronoi 图与 Delaunay 剖分等图形是计算几何学中常用的概念,本节将先给出这些图形的基本定义,然后计算用 MATLAB 直接绘制这些图形的基本方法。

**定义 7-2** 假设在二维平面中由一组点 $p_1, p_2, \cdots, p_n$,每个点自己的区域记作 $R_k$,该区域任何一个点到 $p_k$ 的距离不大于到任何其他点的距离,这样分区构成的

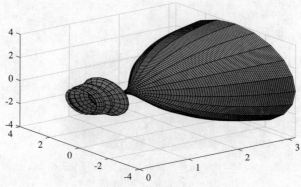

图 7-36 曲线旋转扫出的三维图形

图形称为 Volonoi 图。

若给出了这些点坐标的向量 $x$ 与 $y$，则可以利用 MATLAB 提供的 volonoi() 函数直接绘制 Volonoi 图，其调用格式为 volonoi($x$,$y$)。

**例 7-28** 试在 $[-1, 1]$ 区域随机生成 30 个点，再求出这些点的 Voronoi 图。

**解** 可以由下面的命令生成 30 个随机点，这样调用该命令就可以直接绘制出选择性样本点的 Volonoi 图，如图 7-37 所示。

```
>> n=30; x=-1+2*rand(n,1); y=-1+2*rand(n,1); voronoi(x,y)
```

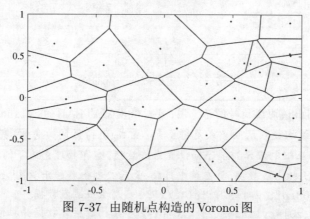

图 7-37 由随机点构造的 Voronoi 图

**定义 7-3** 假设在平面内有一些样本点，其横纵坐标由向量 $x$、$y$ 表示，利用这些点可以构造出三角形，如果这些三角形没有重叠的区域，则称为三角剖分；使得所有三角形最小角度最大化的三角剖分又称为 Delaunay 三角剖分。

MATLAB 提供了 Delaunay 三角剖分函数 delaunay()，由其可以立即计算出坐标点向量 $x$、$y$ 的剖分三角形坐标，得出的结果可以调用 triplot() 函数绘制出 Delaunay 剖分三角形，整个过程可以由下面语句实现：

$T$=delaunay$(x,y)$，triplot$(T,x,y)$

其中，得出的 $T$ 为三列矩阵，每一行是一个三角形的顶点。该函数还可以处理三维样本点 $x$、$y$、$z$ 的三角剖分 $T$=delaunay$(x,y,z)$。

**例7-29** 试仿照例 7-28 生成 30 个随机点，并由其绘制出 Delaunay 三角剖分图。

**解** 可以生成 30 个随机点，然后由下面的命令就可以绘制出 Delaunay 三角剖分图，如图 7-38 所示。

```
>> n=30; x=-1+2*rand(n,1); y=-1+2*rand(n,1);
   hold on, T=delaunay(x,y); triplot(T,x,y)
   plot(x,y,'o'), hold off
```

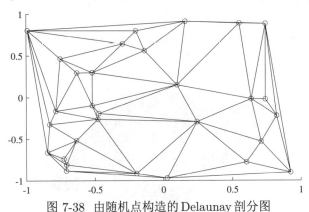

图 7-38 由随机点构造的 Delaunay 剖分图

MATLAB 提供的 delaunay() 函数是高效的，如果生成点数为 100000，则由 0.44 s 就可以完成 Delaunay 剖分，得出的三角形个数达 199967。

```
>> n=100000; x=-1+2*rand(n,1); y=-1+2*rand(n,1);
   tic, T=delaunay(x,y); toc, size(T)
```

## 7.5　三维图形的特殊处理

MATLAB 提供了曲面处理的强大功能，本节将介绍三维图形的一些特殊处理方法，如三维图形的旋转、不同坐标系的变换方法、曲面的剪切以及曲面的贴图等。

### 7.5.1　三维曲面的旋转

前面介绍的视角变换不改变曲面的本身，只通过重新设置视角来调整观察角度。MATLAB 还提供了曲面本身的旋转变换方法，可以采用 rotate() 函数实现，其调用格式为 rotate$(h,v,\alpha)$，其中 $h$ 为曲面的句柄，该句柄可以由 surf() 函数直接返回，也可以在图形编辑状态下单击选中曲面，然后由 h=gco 命令提取。$v$ 为旋转的基线，它是 $1 \times 3$ 的向量，存储一个三维空间点，旋转基线是坐标轴原点与该空间点之间的连线。$\alpha$是旋转的角度(单位为"度")。如果想绕$x$轴正方向旋转，则$v=[1,0,0]$，如果想让其绕$y$轴负方向旋转，则$v=[0,-1,0]$。

**例7-30** 重新考虑例4-20中给出的分段函数曲面，试旋转得出的曲面。

**解** 用下面的语句可以重新绘制原分段函数的三维曲面，如图7-19所示。

```
>> [x,y]=meshgrid(-1:.04:1,-2:.04:2); %生成网格数据矩阵
   z=0.5457*exp(-0.75*y.^2-3.75*x.^2-1.5*x).*(x+y>1)+...
      0.7575*exp(-y.^2-6*x.^2).*((x+y>-1) & (x+y<=1))+... %分段函数
      0.5457*exp(-0.75*y.^2-3.75*x.^2+1.5*x).*(x+y<=-1);
   h=surf(x,y,z); %绘制图形
```

除了曲面的绘制之外，该函数还返回了曲面句柄h，如果想将原曲面沿$x$轴逆时针旋转15°，则可以给出下面的语句，旋转后的曲面如图7-39所示。

```
>> rot_ax=[1,0,0]; rotate(h,rot_ax,15) %沿x轴正向旋转15°
```

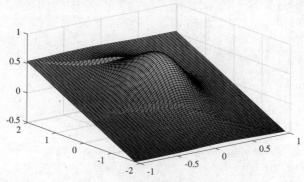

图 7-39 绕$x$轴正向旋转15°

如果想让原曲面绕原点与空间点$(1,1,1)$之间的连线旋转15°，则可以给出下面的语句，这样可以得出如图7-40所示的旋转效果。注意，这里的h是重新绘制并定义的，不能使用以前的，否则将会在图7-39的基础上再旋转的。

```
>> h=surf(x,y,z); rot_ax=[1,1,1]; rotate(h,rot_ax,15) %沿斜线旋转15°
```

下面可以用循环结构给出原曲面沿$x$轴旋转一周的动画演示(每0.02 s旋转1°)。这里使用了axis tight保证旋转过程中坐标轴的尺度固定不变。值得注意的是，旋转角度应该填写1，而不能写成$i$，因为每循环一步都在原来的基础上旋转1°。

```
>> h=surf(x,y,z); r_ax=[1 0 0]; axis tight
   for i=0:360, rotate(h,r_ax,1); pause(0.02), end
```

## 7.5.2 坐标轴变换的三维曲面

到现在为止一直在探讨$z = f(x,y)$函数的表面图绘制方法，如果已知函数$y = g(x,z)$，如何绘制三维图呢？MATLAB并未提供直接的绘图方法，所以可以考虑通过前面介绍的图像旋转方法绘制曲面，不过旋转角度的计算并不是很容易，所

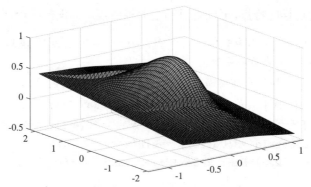

图 7-40 绕 $(1, 1, 1)$ 空间点与原点连线旋转 $15°$

以这里将介绍一种简单、正式的生成方法。

**例 7-31** 试绘制 $y(x, z) = (x^2 - 2x)\mathrm{e}^{-x^2 - z^2 - xz}$ 的曲面。

**解** 令 $\hat{x} = x, \hat{z} = y, \hat{y} = z$，可以将 $y(x, z)$ 函数改写成

$$\hat{z}(\hat{x}, \hat{y}) = (\hat{x}^2 - 2\hat{x})\mathrm{e}^{-\hat{x}^2 - \hat{y}^2 - \hat{x}\hat{y}}$$

按常规方法可以计算出 $\hat{x}$、$\hat{y}$、$\hat{z}$ 矩阵，然后可以由 $\mathrm{surf}(\hat{x}, \hat{y}, \hat{z})$ 绘制三维曲面图，即 $\mathrm{surf}(x, z, y)$。由下面的命令可以绘制出所需函数的三维曲面，如图 7-41 所示。

```
>> [x,z]=meshgrid(-3:0.1:2,-2:0.1:2);   % 生成网格矩阵
   y=(x.^2-2*x).*exp(-x.^2-z.^2-x.*z); surf(x,y,z)
```

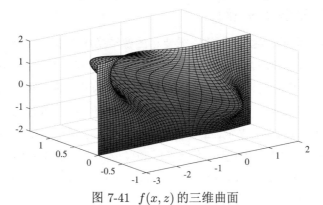

图 7-41 $f(x, z)$ 的三维曲面

从这个例子可以看出，如果函数不是 $f(x, y)$，也可以通过坐标轴变换的方法直接绘制出所需的三维图形。

### 7.5.3 三维图形的剪切

MATLAB 的曲线、曲面绘制有一个特点，如果某处的函数值不是确定的数值，比如说某处的数值为不定式 NaN 或无穷大 Inf，则这点的曲线或曲面将不绘制，只

留下空白。利用这样的特点,可以有目的地剪掉曲线或曲面的某个区域。

**例 7-32** 假设某二元函数已知 $z = f(x,y) = \sin(xy^2/20)$,且已知 $x^2 + y^2 \leqslant 9$, $2x + 3y \leqslant 2$,试绘制该曲面的图形。

**解** 如何绘制这样的局部曲面呢?可以生成 $(-3,3)$ 内的网格,计算出 $z$ 矩阵。再测试两个不等式条件,将不满足不等式的函数值设置成NaN,就可以绘制出期望区域内的三维曲面。给出下面的MATLAB语句,可以绘制出如图 7-42 所示的曲面。

```
>> [x,y]=meshgrid(-3:0.1:3); z=sin(x.*y.^2/20);
   z(x.^2+y.^2>9)=NaN; z(2*x+3*y>2)=NaN; surf(x,y,z)
```

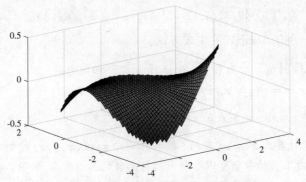

图 7-42 剪切部分区域后的三维表面图

### 7.5.4 三维表面图贴面处理

如果想要在曲面上贴图片,首先需要将图像转换成索引表图像的形式,其具体方法是由 $[\boldsymbol{X},\text{map}]=\text{rgb2ind}(\boldsymbol{W},n)$ 函数进行转换,其中 $\boldsymbol{W}$ 为原始彩色RGB图像的三维数组,转换之后,$\boldsymbol{X}$ 为单色位图矩阵,map 为颜色索引表。$n$ 是颜色索引表的维数,map 为 $n \times 3$ 矩阵。索引表图像是彩色图像的一种描述方式,该方式将彩色的色彩用调色板(索引表)表示,每个像素的颜色值需要通过查询调色板来还原。彩色图像由一个矩阵和索引表描述,存储空间和颜色分辨率都低于RGB图像。

可以将 $\boldsymbol{X}$ 矩阵转换为双精度矩阵,则可以采用 surface() 函数绘制三维图,具体的命令格式为:

```
surface(x,y,z,X,'FaceColor','texturemap','EdgeColor','none')
colormap(map), grid % 由颜色索引表还原彩色
```

其中 $\boldsymbol{x}$、$\boldsymbol{y}$、$\boldsymbol{z}$ 为三维网格数据,$\boldsymbol{X}$ 是图像文件的信息。下面将通过例子演示这里介绍的贴图方法。

**例 7-33** 试在例 7-9 中表面图上贴上天坛的图像。

**解** 可以由下面的语句先读入天坛图像,并按照要求将其转换成颜色索引表图像。

绘制三维表面图,并将索引表图像贴到曲面图上,最后还原索引表原色彩,得出如图7-43 所示的曲面贴图效果(旋转后的图像)。

```
>> W=imread('tiantan.jpg'); [X,map]=rgb2ind(W,128);
   X=double(X); [x,y]=meshgrid(-3:0.1:2,-2:0.1:2);
   z=(x.^2-2*x).*exp(-x.^2-y.^2-x.*y);
   surface(x,y,z,X,'FaceColor','texturemap','EdgeColor','none')
   colormap(map), grid
```

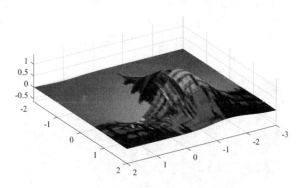

图 7-43 贴面后三维表面图

## 7.6 四维图形绘制

前面介绍的三维图形绘制主要描述的是二元函数 $z = S(x, y)$ 在三维空间内的图形,如果某三元函数的数学表达式为 $v = V(x, y, z)$,则需要绘制该三元函数的体视化(volume visualization)图形。三元函数在实际应用中有很多例子,例如固体内部的温度、流体的流速、液体的浓度分布等,这用普通的三维图是表现不出来的,而直接绘制四维图是不可能的,所以只能用特殊三维空间图形来表示,再辅以任意角度的切片观察三维物体内部函数的值。这里的方法又称为体视化方法。计算机断层扫描(computer tomography,CT)是用切片观察三维物体内部结构的很好的例子。

本节将首先介绍切片图的绘制方法,然后介绍作者编写的一个体视化图形用户界面的使用方法。最后将介绍动画视频文件的制作与播放方法。

### 7.6.1 切片图

可以用 meshgrid() 函数生成三维网格数据 $x$、$y$、$z$,再将三元函数的体数据 $V$ 用点运算方法求出来,然后再调用 slice() 函数绘制出感兴趣的切片。该函数的调用格式为 slice($x, y, z, V, x_1, y_1, z_1$),其中 $x$、$y$、$z$、$V$ 为体视化数据,$x_1$、$y_1$、$z_1$ 为描述切片的数据,如果为常数向量则表示垂直于该坐标轴的切片,当然这些切面也可以设置为旋转得出的平面甚至曲面,具体使用方法将通过例子演示。

**例** 7-34 已知某三元函数为 $V(x,y,z)=\sqrt{x^x+y^{(x+y)/2}+z^{(x+y+z)/3}}$，试用体视化的方法观察该三元函数，并给出切片观察该函数的性质。

**解** 由于涉及求平方根，所以 $x$、$y$、$z$ 应该取非负值，可以通过如下命令构造网格数据，然后计算出体视化数据 $V$。分别选择三组平行于坐标轴平面的切片，例如，第一组切片定位于 $x=1, x=2$，第二组定位于 $y=1, y=2$，第三组设置于 $z=0, z=1$，这样可以得出如图7-44所示的切片图。

```
>> [x,y,z]=meshgrid(0:0.1:2);        %生成三维网格数据
   V=sqrt(x.^x+y.^((x+y)/2)+z.^((x+y+z)/3)); %三元函数计算
   slice(x,y,z,V,[1 2],[1 2],[0 1]); %由体视化数据绘制切片图
```

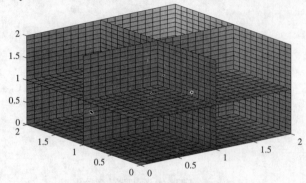

图 7-44 平行于坐标轴的切片

利用前面介绍的方法，还可以先构造一个普通平面 $z=1$，再将其沿 $x$ 轴旋转45°构造切片，这样即可由该切片提取 $x_1$、$y_1$、$z_1$ 的数据，则可以由slice()函数得出所需的切片图，如图7-45所示。

```
>> [x0,y0]=meshgrid(0:0.1:2); z0=ones(size(x0)); %生成 z=1平面数据
   h=surf(x0,y0,z0); rotate(h,[1,0,0],45);        %沿 x 轴正向旋转45°
   x1=get(h,'XData'); y1=get(h,'YData');
   z1=get(h,'ZData'); slice(x,y,z,V,x1,y1,z1)     %提取该平面数据
   hold on, slice(x,y,z,V,2,2,0), hold off        %绘制切片图
```

### 7.6.2 体视化界面

为更方便地观察切片图，编写了一个简易的图形用户界面vol_visual4d()，使用此界面之前应该在MATLAB工作空间中建立体视化数据 $x$、$y$、$z$、$V$，这样就可以用下面格式调用此函数vol_visual4d($x,y,z,V$)，然后利用界面上的控件直接处理各个切片。本节只介绍该界面的使用方法，而该界面的编程情况将在第10章习题中给出，待学习完第10章后再阅读该程序。

**例** 7-35 可以用下面的语句直接生成例7-34中的数据，然后调用vol_visual4d()函数，则可以直接启动此界面。对图形的属性稍加处理即可得出如图7-46所示的切

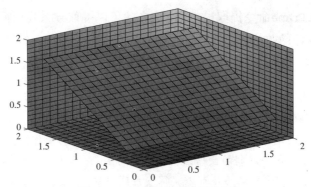

图 7-45 任意指定方向的斜面

片显示。用户可以通过界面提供的滚动杆调整切片的位置,也可以由复选框on/off打开或关闭某轴的切片。用户还可以由 Shading options 下拉菜单选择体视化的着色方式。

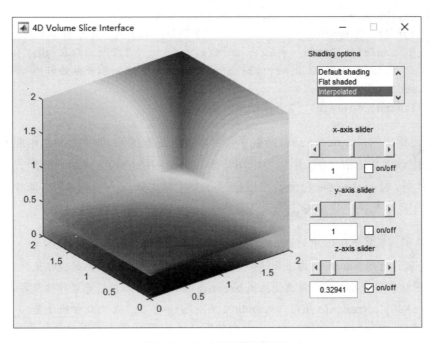

图 7-46 切片界面的效果显示

```
>> [x,y,z]=meshgrid(0:0.1:2);
   V=sqrt(x.^x+y.^((x+y)/2)+z.^((x+y+z)/3));    % 生成数据
   vol_visual4d(x,y,z,V);                        % 打开切片处理工具
```

### 7.6.3  三维动画的制作与播放

三维动画演示也可以理解成一种四维的图形,即三维曲面随第四维——时间的变化动画。如果某个三维曲面图是时间的函数,则对每个时间样本点绘制的三维

曲面都可以getframe命令提取出句柄,这样就可以提取一系列句柄,有了句柄就可以调用movie()函数绘制三维动画。本节将通过例子演示三维动画的制作与播放方法。

**例7-36** 考虑一个时变的函数 $z(x,y,t) = \sin(x^2 t + y^2)$,试用动画的方式表示函数表面图随时间 $t$ 的变化效果。

**解** 三维动画的处理分为两个部分,第一个部分是动画的制作,需要计算出各个时刻的曲面图数据,由每个时刻的数据绘制三维表面图,然后用getframe()函数提取出一帧图像的句柄,通过这样的方法可以获得一系列句柄。为使得动画变化平稳,可以考虑用axis()函数将每帧动画固定在相同的坐标系范围内。第二个部分是动画播放,有了动画的一系列句柄,则可以调用movie()函数播放动画。前面的叙述可以由下面的语句直接实现,获得期望的三维动画的结果。

```
>> t=linspace(0,2*pi); [x,y]=meshgrid(-2:0.1:2);
   for i=1:length(t)                 % 用循环的方式对每个时刻单独处理
       z=sin(x.^2*t(i)+y.^2); surf(x,y,z);     % 绘制三维表面图
       axis([-2,2,-2,2,-1,1]); h(i)=getframe; % 提取一帧的句柄
   end
   figure, movie(h)   % 三维动画的直接播放
```

值得指出的是,getframe()函数不仅可以提取三维的帧,如果绘制二维曲线图也可以用该函数提取一帧,所以可以用该函数将二维图形制作成动画的形式显示出来。此外,VideoWriter()函数可以打开一个视频文件,writeVideo()函数可以往视频文件中写入一帧视频,下面将通过例子演示动画视频的制作过程。

**例7-37** 试将例6-19中的Brown二维运动动画制作成视频文件。

**解** 假设运动200步,则由下面的命令生成动画数据,并制作动画的视频文件,这些语句调用结束后将在当前文件夹下生成brown.avi文件,可以用任意媒体播放器播放。

```
>> n=30; x=randn(1,n); y=randn(1,n); sig=0.3;  % 生成初始位置
   figure(gcf), hold off; % 当前的窗口提前,若没有当前窗口则打开新窗口
   h=plot(x,y,'o'); axis([-30,30,-30,30])
   vid=VideoWriter('brown.avi'); open(vid); % 打开空白的视频文件
   for k=1:200   % 移动200步的模拟动画
       x=x+sig*randn(1,n); y=y+sig*randn(1,n);
       set(h,'XData',x,'YData',y), drawnow  % 生成并绘制一帧图片
       hVid=getframe; writeVideo(vid,hVid); % 写入一帧视频
   end
   close(vid)    % 关闭完成视频文件
```

# 本章习题

7.1 已知某空间质点的运动方程为 $x(t) = \cos t + t \sin t, y(t) = \sin t - t \cos t, z(t) = t^2$，且 $t \in (0, 2\pi)$，试绘制该空间质点的运动轨迹，并绘制出该质点随时间变化的动态轨迹。

7.2 请分别绘制出 $xy$、$\sin xy$ 和 $\mathrm{e}^{2x/(x^2+y^2)}$ 的三维表面图。

7.3 试绘制函数的三维表面图 $f(x, y) = \sin \sqrt{x^2 + y^2} / \sqrt{x^2 + y^2}, -8 \leqslant x, y \leqslant 8$。

7.4 某竖直柱面可以由参数方程 $x = r \sin u, y = r \cos u, z = v$ 描述，半径为 $r$。如果交换 $x$ 与 $z$ 轴，则可以得出 $x$ 轴方向的柱面，试在同一坐标系下绘制出不同方向不同半径的柱面。

7.5 试绘制下列参数方程的三维表面图[10]。

(1) $x = 2 \sin^2 u \cos^2 v, y = 2 \sin u \sin^2 v, z = 2 \cos u \sin^2 v, -\pi/2 \leqslant u, v \leqslant \pi/2$

(2) $x = u - u^3/3 + uv^2, y = v - v^3/3 + vu^2, z = u^2 - v^2, -2 \leqslant u, v \leqslant 2$

7.6 假设某圆锥的顶点为 $(0,0,2)$，其底面为平面 $z = 0$，且底圆半径为 $1$，试绘制其表面图。

7.7 试绘制下面函数的表面图和等高线图，还可以使用 `waterfall()`、`surfc()`、`surfl()` 等函数并观察效果。

(1) $z = xy$

(2) $z = \sin x^2 y^3$

(3) $z = (x-1)^2 y^2 / [(x-1)^2 + y^2]$

(4) $z = -xy \mathrm{e}^{-2(x^2+y^2)}$

7.8 试绘制出三维隐函数 $(x^2 + xy + xz)\mathrm{e}^{-z} + z^2 yx + \sin(x + y + z^2) = 0$ 的曲面。

7.9 试绘制两个曲面 $x^2 + y^2 + z^2 = 64, y + z = 0$ 并观察其交线。

7.10 已知 $x = u \sin t, y = u \cos t, z = t/3, t \in (0, 15), u \in (-1, 1)$，试绘制参数方程的曲面。

7.11 在图形绘制语句中，若函数值为不定式 NaN，则相应的部分不绘制出来。试利用该规律绘制 $z = \sin xy$ 的表面图，并剪切掉 $x^2 + y^2 \leqslant 0.5^2$ 的部分。

7.12 试绘制 $x(z, y) = (z^2 - 2z)\mathrm{e}^{-z^2 - y^2 - zy}$ 的三维曲面。

7.13 若已知 $x = \cos t(3 + \cos u), \sin t(3 + \cos u), z = \sin u$，且 $t \in (0, 2\pi), u \in (0, 2\pi)$，试绘制表面图。

7.14 试绘制复变函数 $f(z) = \mathrm{e}^{-z} \sin(z^2)$ 的曲面。

7.15 MATLAB 提供了 `cplxroot()` 函数来绘制 $\sqrt[n]{z}$ 的曲面，试绘制 $\sqrt[3]{z}$、$\sqrt[4]{z}$ 的曲面。

7.16 试绘制下面三元函数的体视化切片图。

（1）$V(x,y,z) = \sqrt{\mathrm{e}^x + \mathrm{e}^{(x+y)-xy} + \mathrm{e}^{(x+y+z)/3-xyz}}$

（2）$V(x,y,z) = \mathrm{e}^{-x^2-y^2-z^2}$

7.17 已知复变函数 $f(z,t) = z^4(\sin zt + \cos zt)$，试制作出 $t \in (0, 2\pi)$ 时复变函数曲面的表面图动画，建立一个可以用 Window Media Player 或任意一款视频播放器直接能播放的视频文件 cplxsur.avi。

# 第8章　MATLAB语言与其他语言的接口

MATLAB编程以简单、高效著称,但在某些特定的情况下,用户期望能调用更底层的函数解决实际问题。例如,因为MATLAB是解释性语言,所以在执行大循环时速度较慢,用户可以改用C语言实现其中速度慢的部分,这样既不失MATLAB语言本身简洁、实用的特色,又可以进一步提高其效率。

下面几种情况应该考虑使用MATLAB和C语言的接口:

(1) 如前所述,在某些特殊的计算中,因为解释性的MATLAB语言速度较慢,而用C语言编写其中瓶颈部分可能会明显加快整个程序运行速度,这时应该考虑用C语言编写这部分,然后通过MATLAB支持的Mex技术将该段程序改在C语言下执行。

(2) 在使用MATLAB语言进行编程之前,可能已用其他语言(如C或Fortran语言)编写了较大的程序,若又不想花时间将这些程序在MATLAB语言下进行完全改写,就应该给该程序加上一个头(将MATLAB工作空间中的变量传入该程序)和尾(将结果写回到MATLAB的工作空间中),继续沿用原有的程序。这样做既可以避免大量的重复劳动,也可以减少由代码转换而产生错误的机会。

(3) 当需要和底层设备打交道时,如和某些硬件接口或设备直接交换信息,这样通过MATLAB本身是不可行的。但如果采用C语言编写这些底层程序,那么在MATLAB下就可以实现这样的功能了。当然,如果配备了充足的工具箱和硬件设备,那么MATLAB语言也能允许用更简单、规范的方式实现这样的功能。

(4) 出于保密的原因,但又不想利用伪代码的保密措施,这时可以将核心程序部分的代码用C语言编写,而只提供给用户MATLAB下的可执行文件,这样做对源代码就能起到一些保密作用。

在MATLAB中调用C语言程序时并不是消极地调用,它还允许在C语言中使用MATLAB中的很多函数,这样就使编程方式变得丰富多彩。除了对C和Fortran语言作源程序级别的调用之外,MATLAB中还允许采用更高层次的外部程序调用，如通过Windows的动态数据交换（dynamic data exchange，DDE）技术与正在运行的其他Windows程序交换信息，还可以采用ActiveX技术与一些支持ActiveX部件的程序相互调用。

8.1节将概述C语言对MATLAB变量及函数的支持，还将介绍编写的C程序段如何与MATLAB工作空间进行信息交互。8.2节将介绍不同类型输入输出变元的处理方法，还将介绍MAT文件的读与写。在C语言中如何调用MATLAB中函数的方法将在8.3节中详细介绍。8.4节将介绍如何将MATLAB语言编写的程序翻译成C语言源程序，以便建立脱离MATLAB环境仍可以运行的可执行文件。

# 8.1　C语言环境下提供的MATLAB变量格式及函数概述

MATLAB语言通过Mex格式对C语言或其他语言的程序进行相互调用。以C语言程序为例，MATLAB提供了一系列与C语言的接口函数，编辑的程序可以在C语言中调用，也可以在C语言程序内对MATLAB直接调用。

按照Mex格式编写的C语言程序需要通过特定的编译程序生成MATLAB下可以执行的文件，从使用者角度看，其调用格式与普通MATLAB函数没有什么区别。本节将首先介绍C语言编译器的设置方法，然后介绍Mex的相关数据结构，最后通过例子演示Mex的程序结构与编程方法。

## 8.1.1　编译程序的环境设置

新版本的MATLAB配置了C语言编译器（TDM-GCC MinGW Compiler），可以由下面的网址下载：

https://sourceforge.net/projects/tdm-gcc/?source=typ_redirect

下载完成后可以按照默认的路径安装，然后在MATLAB下给出下面的命令则可以自动设置C语言的编译环境。注意，每次启动MATLAB之后都需要运行这条命令，或者将其写入startup.m自启动文件。

```
>> setenv('MW_MINGW64_LOC','C:\TDM-GCC-64')
```

如果按照后面介绍的方法编写出C语言源程序之后，可以给出命令

```
>> mex 文件名.c
```

直接编译，如果编译成功则得出"文件名.mexw64"可执行文件，该程序就可以像普通MATLAB函数一样直接调用了。后面章节再介绍Mex函数调用时已经假设该Mex程序编译成功。

## 8.1.2　Mex 下的数据结构

　　为简便起见，MATLAB 定义的数据结构在 C 语言中统一成一个类型：MAT-LAB 阵列型。这个阵列不失其一般性，它既可以表示标量、向量和矩阵，又可以表示数据结构体与单元变量这样的新数据结构。在 C 语言中用下面的命令来表示一个 MATLAB 变量 $A$，其统一格式为 mxArray *$A$。

　　字符串型变量还可以由 mxChar 定义。和数据类型有关的信息可以由下面的 C 语言函数直接测定。

　　（1）**检测一个输入变量的类型**。一个变量的类型可以用下面的函数测出：

mxClassID k_id=mxGetClassID(mxArray *ptr)

　　此函数将检测指针 ptr 所指向的 mxArray 型变量的类型，返回的变量 k_id 为所测变量的类型，它是 Mex 下定义的 mxClassID 变量，C 语言中表示 Mex 变量类型的常数在表 8-1 中给出。

表 8-1　MATLAB 支持的各种类标识表

| 类标识名 | 数据类型 | 类名 | 类标识名 | 数据类型 | 类名 |
|---|---|---|---|---|---|
| mxDOUBLE_CLASS | 双精度浮点 | 'double' | mxSINGLE_CLASS | 单精度浮点 | 'single' |
| mxINT8_CLASS | 8 位整型 | 'int8' | mxUINT8_CLASS | 8 位无符号整型 | 'uint8' |
| mxINT16_CLASS | 16 位整型 | 'int16' | mxUINT16_CLASS | 16 位无符号整型 | 'uint16' |
| mxINT32_CLASS | 32 位整型 | 'int32' | mxUINT32_CLASS | 32 位无符号整型 | 'uint32' |
| mxCHAR_CLASS | 字符型 | 'char' | mxSTRUCT_CLASS | 数据结构体 | 'struct' |
| mxCELL_CLASS | 单元数据 | 'cell' | mxUNKNOWN_CLASS | 未知类 | — |

　　（2）**获得输入变量的元素总数**。指针 ptr 所指向的变量中元素总数可以由 int $n$=mxGetNumberOfElements(mxArray *ptr) 函数测出，其中 $n$ 为该变量的元素总数，它的值相当于在 MATLAB 下对一个变量 $A$ 使用 prod(size($A$)) 函数得出的结果。

　　（3）**测出输入变量的维数**。指针 ptr 所指向变量的维数可以由下面函数测出：

int $m$=mxGetNumberOfDimensions(mxArray *ptr);

　　（4）**判定是否为某类变量**。例如可以由 bool $k$=mxIsChar(mxArray *ptr) 函数测出指针 ptr 所指向的变量是否为字符串。如果是则返回 1，否则返回 0，该返回变量为逻辑变量。同类的函数还有 mxIsCell()，mxIsClass()，mxIsNaN() 等，其含义是很明显的，所以这里就不详细介绍了。

　　MATLAB 的函数按其功能分别用不同的前缀名标识：

　　● **前缀名** mx。这类函数主要涉及到建立和读取 MATLAB 变量的函数，一般是可以对MATLAB数组（定义为`mxArray`）进行直接操作，它们在`matrix.h`头文件中定义，在编写C语言程序中必须给出`#include "matrix.h"`命令。

　　● **前缀名`mat`**。一般表示那些涉及到对MAT数据文件进行操作的函数，这类函数一般由`mat.h`头文件定义。

　　● **前缀名`mex`**。一般表示C语言对MATLAB函数功能的直接调用，这类函数一般由`mex.h`头文件定义。

　　● **前缀名`eng`**。表示MATLAB计算引擎的C函数，这类函数一般由`engine.h`头文件定义。

　　在构造的C语言文件的前面应当由`#include`命令包含相应的头文件，如

```
#include "mex.h"
```

因为上面的数据结构和函数都是在这些头文件中已定义的。有了这样的定义，就可以在C语言下访问MATLAB的数据结构并执行相应的函数了。

### 8.1.3　Mex文件的结构

　　Mex文件结构如图8-1所示。在此结构下，首先要调用一个Mex入口函数，然后获得输入变量的指针和变量内容，再执行C语言程序的主体部分，最后将结果写回到MATLAB环境下。Mex文件的主函数入口语句应该由`mexFunction()`引导，该函数的调用格式是固定的：

```
void mexFunction(int nl,mxArray *pl[],int nr,const mxArray *pr[])}
```

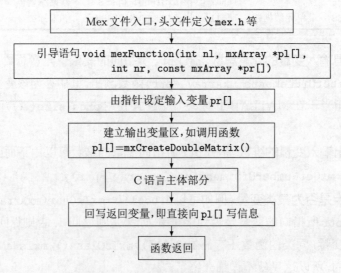

图 8-1　Mex文件的基本结构示意图

其中`nl`和`nr`两个变量分别为该函数在MATLAB调用中的返回参数和输入参数

的个数，相当于MATLAB中的nargout和nargin。*pl[]和*pr[]分别为返回参数和输入参数的指针，例如，变量*pr[0]为输入的第一个变量的指针，*pr[1]为输入的第二个变量指针等。这些变量则相当于varargin与varargout。在函数调用时，nl、nr和*pr[]三个变量的指针均自动地确定，而*pl[]需要动态地分配新的指针。下面的一些Mex格式下的C语言函数是在接口程序中经常使用的：

（1）**获得矩阵的行、列数**。这两个功能由函数mxGetM()和mxGetN()来实现，比如第$k+1$个输入变量的维数可以由mxGetM(pr[$k$])和mxGetN(pr[$k$])两个函数求出。此函数实际上是mxGetDimensions()在矩阵问题上的简单表示形式。这里$k+1$对应$k$的原因是C语言中下标是从0开始计数的而不是从1开始的。

（2）**获得矩阵变量的指针**。变量的指针可以由mxGetPr()函数得出，例如第$k+1$个输入变量的指针可以由mxGetPr(pr[$k$])获得。如果已经对第$k+1$个返回变量进行正确的定维，则可以使用mxGetPr(pl[$k$])来设定该返回变量的指针。如果第$k+1$个变量为标量，则可以省去mxGetM()和mxGetN()函数的调用，将mxGetPr()函数改为mxGetScalar(pr[$k$])。值得指出的是，即使输入的变量是矩阵，在C语言下也应该由向量的形式来表示，而实际向量中的元素是将原矩阵中元素按列化成向量形式表示的结果。

（3）**判定一个矩阵是否为复数矩阵**。函数mxIsComplex(pr[$k$])可以判定第$k+1$个输入变量是否含有虚部，如果含有虚部，则此函数返回的结果为1，否则为0。复数矩阵的虚部矩阵指针可以由mxGetPi(pr[$k$])函数获得。

（4）**输出变量指针的动态分配**。矩阵输出可以用下面的函数分配指针：

pl[$k$]=mxCreateDoubleMatrix(mrows,ncols,mxREAL);

其中mrows和ncols为新建矩阵的行数和列数。常数mxREAL为实数矩阵的类型，若使用mxCOMPLEX常数则表示要生成复数矩阵。调用了此函数后，系统将给第$k+1$个返回变量分配一个空间，该变量的实际指针可以用mxGetPr()设定。在上面函数的调用中，均采用了pl和pr来设置变量的指针，而实际上，这些函数的调用并不限于这样的固定指针，而可以适用于任何mxArray型MATLAB数组。

（5）Mex还允许使用mexGetVariable()与mexPutVariable()函数与MAT-LAB的工作空间交换数据。

**例8-1** 试用C语言按Mex规则编写一个求矩阵乘积的函数$C$=mex_ex81($A,B$)。

**解** 如果想编写这样一个Mex C程序，需要首先将$A$与$B$矩阵传入C语言程序中，然后用三重循环的方法计算矩阵的乘法，最好还应该考虑如何将函数从C程序中写回MATLAB的工作空间。写出的代码如下，其中，输入变量$A$和$B$通过指针pr[0]与pr[1]传递给C程序，调用子程序mat_multiply实现这两个矩阵的乘法，其结果返回

到 $C$。可以先由 mxCreateDoubleMatrix() 函数创建一个空白变量，由 mxGetPr() 函数获得返回变量指针，最终编写出下面的 C 代码。

```
#include "mex.h"
void mat_multiply(double *A, double *B, double *C,
        int mA, int nA, int mB, int nB)
{int i,j,k,m=0;
    for (i=0; i<mA; i++){for (j=0; j<nB; j++){C[j*mA+i]=0;
        for (k=0; k<mB; k++){C[j*mA+i]+=A[k*mA+i]*B[j*mB+k];
}}}}
/* 主函数 */
void mexFunction(int nl,mxArray *pl[], int nr,const mxArray *pr[])
{double *Ap, *Bp, *Cp; int mA,nA,mB,nB,mC,nC;
    Ap=mxGetPr(pr[0]); Bp=mxGetPr(pr[1]);
    mA=mxGetM(pr[0]); nA=mxGetN(pr[0]);
    mB=mxGetM(pr[1]); nB=mxGetN(pr[1]);
    pl[0]=mxCreateDoubleMatrix(mA,nB,mxREAL);
    Cp=mxGetPr(pl[0]);
    mat_multiply(Ap, Bp, Cp, mA, nA, mB, nB);
}
```

其中，入口函数为 mexFunction()，在该函数中，首先从其输入的变量中获得 $A$ 和 $B$ 矩阵的指针和维数，然后根据这两个矩阵的维数计算出结果矩阵的维数，并建立能存储这样一组数据空间的指针。然后可以调用 mat_multiply() 函数进行矩阵乘法运算，得出的结果将自动写到 MATLAB 返回变量所在的指针处，从而完成整个调用过程。

可以在 MATLAB 提示符下输入下面的命令以编译、连接此程序：

```
>> mex mex_ex81.c
```

形成 mex_ex81.mexw64 可执行文件。编译完成之后，可以用下面的 MATLAB 命令求解两个矩阵的乘积：

```
>> A=[1 2 3; 4 5 6]; B=[1 2; 3 4];
    C=mex_ex81(A',B), D=A'*B, E=mex_ex81(A,B), F=A*B
```

得出的结果如下。可见，用这样的方法处理的可执行文件调用格式与常规 MATLAB 函数是一致的。由于矩阵维数不匹配，不能得出 $F$ 矩阵，但 mex_ex81() 仍能正常运行，得出 $E$ 矩阵，说明 Mex 程序有潜在的错误。

$$C = \begin{bmatrix} 13 & 18 \\ 17 & 24 \\ 21 & 30 \end{bmatrix}, \ D = \begin{bmatrix} 13 & 18 \\ 17 & 24 \\ 21 & 30 \end{bmatrix}, \ E = \begin{bmatrix} 7 & 10 \\ 19 & 28 \end{bmatrix}$$

当然，正如前面指出的，这样的例子是有缺陷的，因为矩阵乘法的求解过程中未考虑过两个矩阵的可乘性问题，所以应该修改源程序。

### 8.1.4 Mex 文件的编写方法与步骤

从上面的叙述中基本可以了解 Mex 技术下程序编写的初步内容。可以通过下面的步骤来编写 Mex 规则下的 C 程序。

（1）`mexFunction()` 函数是整个 MATLAB 环境和 Mex 程序的接口，该函数将输入列表中各变量的指针传递到 C 程序中，该函数名是固定的，不能随意修改。

（2）C 程序可以通过 Mex 提供的头文件定义，用 `mxGetPr()` 函数读取各个输入变量的指针，并由 `mxGetM()` 和 `mxGetN()` 两个函数读取输入变量的大小，这样就可以从内存中取出 MATLAB 的工作空间变量。

（3）可以通过 `mxCreateDoubleMatrix()` 函数给返回的变量开创所需的内存空间，并用 `mxGetPr()` 函数设定指针，这样 C 程序的返回结果将能写到 MATLAB 环境可以读的位置。

（4）程序编写完成后，执行 `mex` 命令将之编译连接成可执行文件。

（5）编写一个可用于联机帮助的同名 M 文件。这样就可以用像 MATLAB 的 M 函数那样的调用格式对之进行调用。下面再通过例子说明 Mex 技术的应用。

**例 8-2** 考虑例 4-18 中的问题，试比较 MATLAB 程序与 Mex 程序的执行效率。

**解** 因为在该程序中用了大型的循环，所以程序执行速度较慢。更夸张地，若需要计算 10000000 个点，则可以给出如下的 MATLAB 命令，总耗时 2.57 s。

```
>> N=10000000; v=rand(N,1); x=0; y=0; tic,
   for k=2:N, gam=v(k);
       if gam<0.05, x(k)=0; y(k)=0.5*y(k-1);
       elseif gam<0.45,
           x(k)=0.42*(x(k-1)-y(k-1)); y(k)=0.2+0.42*(x(k-1)+y(k-1));
       elseif gam<0.85,
           x(k)=0.42*(x(k-1)+y(k-1)); y(k)=0.2-0.42*(x(k-1)-y(k-1));
       else, x(k)=0.1*x(k-1); y(k)=0.1*y(k-1)+0.2;
   end, end; toc
```

可以看出，求解这样的问题可能需要花费很长的时间，从而使 MATLAB 在解决这个问题上效率不高。如果依照 Mex 的规则设计一个 C 程序 **frac_tree1.c**。可以设置四个输入变元、两个输出变元，前两个输入变元传递初值 $x_0$ 与 $y_0$，第三个输入变元为随机数向量，第四个输入变元为计算点数。输出变元为 $x$ 向量与 $y$ 向量，要返回输出变元之前应该由 `mxCreateDoubleMatrix()` 函数创建存储空间，所以可以编写出如下的 C 语言程序：

```
#include "mex.h"
void mexFunction(int nl,mxArray *pl[], int nr,const mxArray *pr[])
{ double *xp, *yp, *vp, *x0p, *y0p, *v0p, x0, y0;
```

```
double vv; long i, N;
x0p=mxGetPr(pr[0]); y0p=mxGetPr(pr[1]);
v0p=mxGetPr(pr[2]); N=mxGetScalar(pr[3]);
pl[0]=mxCreateDoubleMatrix(N,1, mxREAL);
pl[1]=mxCreateDoubleMatrix(N,1, mxREAL);
xp=mxGetPr(pl[0]); yp=mxGetPr(pl[1]);
xp[0]=x0p[0]; yp[0]=y0p[0];
for (i=1; i<N; i++){vv=v0p[i];
    if (vv<0.05){yp[i]=0.5*yp[i-1]; xp[i]=0;}
    else if (vv<0.45) {xp[i]=0.42*(xp[i-1]-yp[i-1]);
        yp[i]=0.2+0.42*(xp[i-1]+yp[i-1]);}
    else if (vv<0.85) {xp[i]=0.42*(xp[i-1]+yp[i-1]);
        yp[i]=0.2-0.42*(xp[i-1]-yp[i-1]);}
    else {xp[i]=0.1*xp[i-1]; yp[i]=0.1*yp[i-1]+0.2;}
}}
```

编译此程序，则可以生成一个可执行文件 frac_tree1.mexw64，这时再对同样的问题调用此函数则总耗时减少为 0.17s。

```
>> N=10000000; v=rand(N,1);
   tic, [x1,y1]=frac_tree1(0,0,v,N); toc
```

可以看出，同样的问题若使用 Mex 技术，会使得效率大大提高，对此例来说可以提高15倍的速度。所以在求解运算量大、尤其是含有循环的问题时，可以考虑采用 Mex 技术来处理。

从上面的例子可以看出，输入和输出变量均是 double() 型的数值变量。其实在 Mex 格式下，还支持其他各种变量形式，如多维数组、结构体变量、单元变量和字符串矩阵等，这些类型的变量输入没有双精度矩阵直观。8.2节将简略介绍这些变量类型的输入，但在实际应用时建议使用矩阵型的变量。

## 8.2　不同数据结构的Mex处理

本章主要介绍的是 MATLAB 与 C 语言之间的接口问题，所关注的是如何将 MATLAB 中的变量通过变元的形式传给 C 语言函数，或 C 中的结果如何按指定的格式写回 MATLAB 主调函数，另外，还将关注二者之间如何通过数据文件传递数据。至于 C 语言内部不同数据结构之间的传递属于 C 语言自身的编程问题，就不在这里讨论了。

除了前面介绍的数值变量传递之外，Mex 还可以处理其他类型的输入、输出变元，如处理字符串变量、多维数组、单元数组等，还可以操作 MATLAB 的数据文件。

本节将通过例子演示如何在 Mex 下读取与返回各种不同数据结构的方法。

## 8.2.1 不同类型输入输出变元的处理

在 Mex 中,其他类型的数据结构处理起来就没有双精度矩阵那样轻松了,本节将通过一些例子来演示各种类型的变量在 Mex 下如何表示。下面首先介绍一些 mex.h 中定义的常用 C 语言函数。

(1) **动态暂时向量定维**。和标准 (ANSI) C 语言中的动态向量创建函数 alloc() 类似,Mex 格式的 C 语言定义中应该使用 mxMalloc() 函数表示 MATLAB 可以识别的动态向量空间 void *mxCalloc(n,sizeof(变量类型)),该函数可以开创一个 $n$ 个元素的空间,而每个元素的空间大小随所需创建的变量类型而变化,这样的单个变量所需要的空间由 sizeof() 函数设定,例如,若想建立 $n$ 个双精度数据的空间,则可以给出 mxCalloc($n$,sizeof(double))。

(2) **释放动态定维空间**。可以采用 void mxFree(void *ptr) 函数来实现,而函数 void mxDestroyArray(mxArray *ptr) 可以释放由 mxCreate 类函数产生的动态存储空间。

(3) **获得变量名**。下面的命令可以读出第 $k+1$ 个输入变量的变量名:

```
const char *mxGetName(const mxArray *pr[k]);
```

(4) 输出语句和 ANSI C 类似,mex.h 中还定义了和 printf() 函数极为相似的输出函数 mexPrintf(),其调用格式为 int mexPrintf(格式,输出变量列表)。

## 8.2.2 字符串变量的读写

Mex 可以直接处理字符串型输入与输出变元。与前面介绍的关键函数不同,字符串变元读取应该使用 mxGetString() 命令,而输出应该使用 mxCreateString() 命令。下面将给出字符串读取与输出的例子。

**例 8-3** 按 Mex 要求的格式,用 C 语言编写一个程序,使得它能够读取字符串变量,并具有以下功能:

(1) 如果没有返回变量,则将字符串的结果在 MATLAB 的命令窗口中显示出来;

(2) 如果有一个返回变量,则将输入的字符串直接赋给返回的变量;

(3) 如果返回变量和输入变量过多,则给出错误信息。

**解** 根据上面的要求,可以很容易地编写出如下程序,文件名为 mex_string.c,结果编译可以得出文件 mex_string.mexw64。

```c
#include "mex.h"
void mexFunction(int nl,mxArray *pl[], int nr,const mxArray *pr[])
{ char *mystr; int nstr, i;
   if (nr!=1) mexErrMsgTxt("Wrong number of input arguments!");
```

```
if (nl>1) mexErrMsgTxt("Too many output arguments!");
if (!mxIsChar(pr[0])) mexErrMsgTxt("String input is required!");
nstr=mxGetNumberOfElements(pr[0])+1;
mystr=mxCalloc(nstr, sizeof(char));
mxGetString(pr[0],mystr,nstr);
if (nl==1) pl[0]=mxCreateString(mystr);
else {for (i=0;i<nstr;i++)
mexPrintf("%c",mystr[i]); mexPrintf("\n");} mxFree(mystr);
}
```

其中使用了下面两个与字符串相关的C语言函数：

- mxGetString(ptr,mystr,nstr)函数将字符串指针ptr赋给mystr字符串；
- pl[$k$]=mxCreateString(str)函数将字符串变量str赋给第$k+1$个返回变量。

获得可执行文件之后，考虑下面两个语句：

```
>> mex_string('This is an string.')
   S=mex_string(str2mat('This is an string','problem?'))
```

前者返回字符串This is an string.，后者返回Tphriosb liesm ?a n s t r i n g。第一个语句得出的结果是我们所期望的，而第二个语句得出的结果看上去有些凌乱，其实仔细观察可以发现，它将字符串矩阵第一行和第二行交叉排列，形成了一个字符串向量。可见，这个C文件并不能正确处理字符串矩阵。用MATLAB命令

```
>> reshape(S,2,length(S)/2)
```

将返回正确的两行字符串。另外，用Mex也可以正确地改写函数，得出这样的结果。例如，下面的C程序可以直接处理字符串矩阵，其中使用了mxCreateCharArray()函数，该函数可以建立多维字符串数组。此时，取输入字符串的维数和各维的大小直接建立此返回字符串，并调用mxChar来建立Mex意义下的字符串变量。

```
#include "mex.h"
void mexFunction(int nl,mxArray *pl[], int nr,const mxArray *pr[])
{ char *mystr; mxChar *xp; int nstr, i, j, *ndims, m, n;
  nstr=mxGetNumberOfElements(pr[0]);
  mystr=mxCalloc(nstr, sizeof(char));
  ndims=mxGetDimensions(pr[0]); m=ndims[0];
  n=mxGetNumberOfDimensions(pr[0]); mxGetString(pr[0],mystr,nstr);
  if (nl==1) {pl[0]=mxCreateCharArray(n,ndims);
  xp=(mxChar *) mxGetData(pl[0]);
  for (i=0; i<nstr; i++) xp[i]=mystr[i];}
  else {for (j=0; j<m; j++){
  for (i=j;i<nstr;i+=m)mexPrintf("%c",mystr[i]); mexPrintf("\n");}}
  mxFree(mystr);
}
```

这样编译生成 mex_strmat.mexw64 后,再执行下面的命令,则得出正确的结果。

```
>> mex_strmat('This is an string.')
   S=mex_strmat(str2mat('This is an string','problem?'))
```

可见,该函数既可以处理字符串向量,又可以处理字符串矩阵,还能处理多维字符串数组。后面将通过例子演示这些数据结构的处理方法。

### 8.2.3 多维数组的处理

Mex 允许处理多维数组型的变元,读取多维数组仍然可以使用 mxGetPr() 函数,而创建多维数组的核心函数为 mxCreateNumericArray(),其调用格式为

$$p=mxCreateNumericArray(n,m)$$

其中 $p$ 为创建的多维数组空间的指针,$n$ 为维数,$m$ 为每一维的"尺寸"构成的向量,这里将通过例子演示多维数组型输入、输出变元的处理方法。

**例8-4** 依照 Mex 规则建立一个 C 程序,然后对输入多维数组的第一和第二维构成的矩阵进行转置,并返回得出的结果。

**解** 根据要求写出如下的 C 程序,命名为 mex_mattrans.c,经编译可以获得可执行文件 mex_mattrans.mexw64。

```
#include "mex.h"
void mexFunction(int nl,mxArray *pl[], int nr,const mxArray *pr[])
{ double *Ap,*Bp;
  int mA,nA, m_total, n_elements, *ndims, n, *n1, i, j, k;
  n_elements=mxGetNumberOfElements(pr[0])+1;
  n=mxGetNumberOfDimensions(pr[0]);
  ndims=mxGetDimensions(pr[0]);
  Ap=mxGetPr(pr[0]); n1=mxCalloc(n,sizeof(int));
  mA=ndims[0]; nA=ndims[1]; n1[0]=nA; n1[1]=mA;
  for (j=2; j<n; j++) n1[j]=ndims[j];
  pl[0]=mxCreateNumericArray(n, n1, mxDOUBLE_CLASS, mxREAL);
  Bp=mxGetPr(pl[0]); m_total=nA*mA;
  for (k=0; k<n_elements; k+=m_total) for (i=0; i<mA; i++)
  for (j=0; j<nA; j++) Bp[k+i*nA+j]=Ap[k+j*mA+i]; mxFree(n1);
}
```

接着,可以通过下面的语句建立一个测试用三维数组:

```
>> A0=[1 3 5 2 4 6 7 9 11 8 10 12 13 15 17,...
       14 16 18 19 21 23 20 22 24];
   A=reshape(A0,3,2,4); size(A)
```

调用 mex_mattrans.mexw64 程序后,将返回一个新的三维矩阵。检验这两个矩阵的结果可以发现它满足我们的要求。由两个三维数组的第三维中的第三列为例可以得

出下面的结果,从而可以验证结论。

```
>> B=mex_mattrans(A); size(B)
```

得出的结果为

$$
\boldsymbol{A}(:,:,3) = \begin{bmatrix} 13 & 14 \\ 15 & 16 \\ 17 & 18 \end{bmatrix}, \ \boldsymbol{B}(:,:,3) = \begin{bmatrix} 13 & 15 & 17 \\ 14 & 16 & 18 \end{bmatrix}
$$

### 8.2.4 单元数组的处理

Mex 还支持单元数组的存取,可以调用 $p=\text{mxCreateCellMatrix}(m,n)$ 函数生成一个 $m \times n$ 单元数据指针 $p$,该单元数据在 C 语言下读写时仍以一维形式进行,这和矩阵在 C 语言下是一致的。仍然可以使用 mxGetM() 和 mxGetN() 函数获得单元矩阵的行数和列数,如果要处理多维单元数组,则仍然可以使用多维数组中的维数函数访问单元数组。产生多维单元数组的函数为 mxCreateCellArray(),其调用格式可以仿照多维矩阵完成。

如果想得出单元数据中的第 $i$ 个单元内容,则可以使用 mxGetCell() 函数获得其指针,该函数的具体调用格式可以从下面的例子中读出。如果想向某个单元中写信息,则可以使用 mxSetCell() 函数。

**例 8-5** 试编写一个简单的例子,将输入的 $2 \times 2$ 单元数据进行"转置",然后直接传给返回变量。

**解** 根据要求,写出相应的 Mex C 程序如下,并将其存于 mex_cell.c 文件中。该程序先读入单元数组的维数 $n$ 和 $m$,然后对每个单元作循环处理,将第 $(i,j)$ 的单元内所有的数据由 mxGetCell() 函数读出,直接用 mxSetCell() 函数写入输出变元的第 $(j,i)$ 单元,实现所期望的"转置"处理。

```
#include "matrix.h"
void mexFunction(int nl,mxArray *pl[], int nr,const mxArray *pr[])
{ mxArray *xp; int i, j, m, n;
  m=mxGetM(pr[0]); n=mxGetN(pr[0]);
  pl[0]=mxCreateCellMatrix(n,m);
  for (i=0; i<m; i++) {for (j=0; j<n; j++) {
    xp=mxGetCell(pr[0],j*m+i); mxSetCell(pl[0],i*n+j,xp);
}}}
```

例如,可以输入一个如下的单元数据:

```
>> C={1, [1 2 3;4 5 6]; 2, 'Test Cell Matrix';
       [1 2; 3 4], [3,2,1; 4,2,0]}
```

经过可执行文件 mex_cell.mexw64 的调用,可以获得下面的结果。可见,这和程序期望的结果是一致的。

```
>> D=mex_cell(C)
```

从上面的例子来看,这些变量类型在 C 语言中传递并不是很容易的,除了前面介绍的几种类型外,常用的还有结构体数据,其定义更加复杂,在这里就不详细介绍了。作者建议,如果没有特别的原因,则应尽量采用标准的矩阵形式传递数据,这样会使编程变得更简单。

### 8.2.5　MAT 文件的读写方法

在应用 MATLAB 语言进行复杂编程时,有时需要调用一些用其他语言编写的程序。从理论上讲,由任何语言编写的可执行文件都可以由 MATLAB 直接调用。早期的调用方法是很直观的,其步骤如下:

（1）将 MATLAB 要传到可执行文件中的数据先存入一个文件。

（2）改写构成可执行文件的源代码,从 MATLAB 写的文件读入有关数据。

（3）这样就可以根据这些数据运行原来的可执行文件。运行可执行文件时应该在前面加惊叹号 (!)。同时,可执行文件需要重新编译连接。

（4）再将得出的结果写入文件,就可以结束程序运行了。程序运行后,就可以由 MATLAB 语言重新写出的文件中读取计算结果。下面将通过一个小例子演示可执行文件的这种调用方法。

从上面的叙述可见,在这样的调用格式下,解决问题的关键是如何在其他语言的源程序中读写 MAT 文件。本书将以 C 语言为例演示 MATLAB 和其他高级语言的相互调用。其实,MATLAB 同样可以和 Fortran 语言进行信息交换。

MATLAB 提供了下面的语句用来进行读写等文件操作。

● **MAT 文件打开与关闭函数**。通常,由 MATLAB 命令 save 和 load 直接访问的文件是 MAT 文件, 在 C 语言中打开和关闭 MAT 文件可以分别由 matOpen() 函数和 matClose() 函数实现,这两个函数的调用格式如下:

```
MATFile *matOpen(文件名字符串,文件类型字符串);

int matClose(MATFile *mfp);
```

其中,这里定义文件名句柄类型为 **MATFile**,该函数带两个输入变量,前一个为文件名,后一个为表示文件类型的字符串, 如 "r" 和 "w" 等。第一个语句返回一个 MAT 文件句柄,而后一个命令可以关闭句柄名为 **mfp** 的文件。注意,因为这里谈的是 C 语言程序设计,所以字符串应该用双引号括起来。这两个函数还可以返回信息。其中,第一个函数返回非 NULL 时表示打开文件成功,而返回 NULL 时表示失败;第二个函数返回 0 表示正确关闭此文件,否则返回 1。

● **读取 MAT 文件的函数**。其中最常用的函数为:

```
mxArray *matGetNextArray(MATFile *mfp);
```
该函数可以将 MAT 文件中存储的数组逐个地读出。

● **写 MAT 文件的函数**。如果将一个变量写到 MAT 文件中，则首先需要为这个变量在 MAT 文件中命名，以便以后在使用 load 命令时能够调入，给变量起变量名的函数调用格式为：

```
int void mxSetName(mxArray *ptr, const char *name);
```
其中 name 是将赋予的变量名称。设定了变量名称，则可以使用 matPutArray() 函数将该变量指针 ptr 存入一个 MAT 文件中。

```
int matPutArray(MATFile *mfp, const mxArray *ptr);
```
● **MATLAB 文件的变量管理**。分别由下面的函数获得命令名称和文件句柄：

```
char **matGetDir(MATFile *mfp, int *num);
FILE *matGetFp(MATFile *mfp);
```
其中前者可以获得一个 MAT 文件中的变量名，后者可以获得一个 MAT 文件在 C 语言中的指针。

**例 8-6** 本例将演示如何用最原始的方法调用 C 语言写出的程序。当然，用这样的例子并不能显示出 MATLAB 的特色，因为例子中的问题若采用 MATLAB 求解则更简单、直观，同时速度也将更快。

**解** 假设有两个矩阵 $A$ 和 $B$，若想用 C 语言求取这两个矩阵的乘积 $C=A*B$，那么这时就可以写出如下的独立 C 语言程序：

```
#include "mat.h"
main(int argc, char **argv)
{ MATFile *fp1,*fp2; int i,j,k, mA,nA, mB, nB, *ndims;
  mxArray *pA, *pB, *pC; double *A, *B, *C;
  fp1=matOpen(argv[1],"r");
  if (fp1 == NULL) {
    printf("Error opening file %s\n",argv[1]); return(1);}
  pA=matGetNextArray(fp1); pB=matGetNextArray(fp1);
  ndims=mxGetDimensions(pA); mA=ndims[0]; nA=ndims[1];
  ndims=mxGetDimensions(pB); mB=ndims[0]; nB=ndims[1];
  if (nA!=mB) {
    printf("Matrices A, B not compatible for multiplication\n");
    return(1);}
  A=mxGetPr(pA); B=mxGetPr(pB);
  pC=mxCreateDoubleMatrix(mA,nB,mxREAL); C=mxGetPr(pC);
  for (i=0; i<mA; i++){for (j=0; j<nB; j++){C[i*mA+j]=0;
    for (k=0; k<nA; k++) C[i*mA+j]+=A[k*mA+i]*B[j*nA+k];}}
```

```
    matClose(fp1); fp2=matOpen(argv[2],"w");
    mxSetName(pC, "C"); matPutArray(fp2,pC); matClose(fp2);
}
```

可见，这样得出的程序是完整的 C 程序，它无须像 Mex 文件那样依赖于 MATLAB 环境才能执行。从该文件可以看出，其调用格式为：

mex_matp 文件名 1　文件名 2

如果找不到文件，则给出错误信息；若输入文件存在，则读入两个矩阵，并检验维数是否匹配。如果不匹配则应该给出错误信息。若两个矩阵可乘，则读入两个矩阵的值，实现矩阵乘法，并将结果矩阵写到输出文件中，且令该变量的名称为 C。测试用 MATLAB 命令如下：

```
>> A=[1 2 3; 4 5 6; 7 8 0]; B=[1 2 3 4; 5 6 7 8; 9 10 11 12];
   save mat_tmp1 A B, !mex_matp mat_tmp1.mat mat_tmp2.mat
   load mat_tmp2; C
```

其实，在 DOS 环境下也可以执行此文件，这时将无需惊叹号的引导。运行程序后，可以得出同样的 mat_tmp2.mat 文件。但该文件的解读还需依赖于 MATLAB 语言，所以从这个意义上说，这样的可执行文件还算不上完全脱离 MATLAB 环境的独立程序。在实际编程时，数据应该尽量由指针传递，而不要用文件传递，因为用文件传递大型矩阵时速度慢，另外其调用格式也不规范，而且还需要很多附加的 MAT 文件。

## 8.3　C 程序中直接调用 MATLAB 函数

用 C 编程的最大好处是它的执行速度快，但由于 C 语言的集成度较低，用它编写数值运算的程序较困难，所以用户常常又希望用高集成度的 MATLAB 语言编写其中的若干内容。MATLAB 和 C 语言的接口中提供了这样的方便，用户可以用 Mex 格式的 C 语言程序调用 MATLAB 函数，但由于这样生成的 DLL 文件只能在 MATLAB 命令窗口下运行，所以按这种格式形成的调用仍需要 MATLAB 环境的支持。在 C 语言下调用 MATLAB 函数的格式为：

```
int mexCallMATLAB(int nlhs, mxArray *plhs[], int nrhs,
    mxArray *prhs[], const char *command_name);
```

其实，这样的调用格式和 Mex 函数的入口函数很接近，只是在函数调用的尾部多了一个 MATLAB 函数名为 command_name 的字符串型输入变量，它是将要调用的 MATLAB 函数名。在上面的格式中，本节特别使用 nlhs 等变量名以示和 Mex 入口函数的区别。

**例 8-7**　在 Mex 下调用例 5-1 中给出的 test.m 文件。

**解**　这里需要调用的是脚本文件，没有输入变元与输出变元，所以可以将 nl 和 nr

都设置为0,而将两个指针变量均设置为保留的空指针NULL。可以编写出下面的程序：

```
#include "matrix.h"
void mexFunction(int nl,mxArray *pl[],int nr,const mxArray *pr[])
{ mxArray *xp[1];
    if (nr!=0) mexErrMsgTxt("Wrong number of input arguments!");
    if (nl>0) mexErrMsgTxt("Too many output arguments!");
    mexCallMATLAB(0,NULL,0,NULL,"test");
}
```

编译生成mex_test.mexw64,执行此程序和运行test命令是一致的。注意：文件调用时一定要确保test.m是一个独立文件,无须从MATLAB工作空间读取变量,否则不能这样调用MATLAB文件。

**例8-8** 编写一个Mex格式的C程序,使得其mexw64文件的调用方式为

$$[B,D,V]=\text{mex\_eigens}(A,n)$$

其中,矩阵$A$为给定矩阵,$n$为$A$矩阵的乘方指数,这样返回的$B$矩阵为$A^n$,而$D$和$V$矩阵分别为$B$矩阵的特征值向量与特征向量矩阵。

**解** 这些任务在MATLAB下可以由下面的语句直接完成：

```
>> A=[1 2 3; 4 5 6; 7 8 0]; n=3; b=A^3
    [v,e]=eig(b); d=diag(e), v
```

这个问题如果用纯MATLAB函数可以写成

```
function [B,D,V]=mex_eigens(A,n)
B=A^n; [V,d]=eig(A); D=diag(d);
```

此处举这样的例子只是想演示如何在Mex格式的C语言程序中调用MATLAB下的相应函数,重点放在如何设置变量指针和MATLAB函数的调用格式上。分析上面的例题要求,可以将任务分解如下：

(1) 该任务首先求取$A^n$矩阵,并将之赋给矩阵$B$。该任务用到算符型命令,其相应的MATLAB函数名为mpower(),其调用格式为$B=\text{mpower}(A,n)$。在mpower()函数调用时有两个输入变量和一个返回变量。

(2) 获得了$B$矩阵之后,可以调用$[V,d]=\text{eig}(B)$函数获得特征值矩阵$D$和特征向量矩阵$V$,该函数有一个输入变量和两个返回变量。

(3) 可以用C语言的功能将$d$矩阵的对角线元素提取出来,赋予$D$向量,并最终返回$D$和$V$。

依照上面的解释,写出Mex格式的C语言程序为

```
#include "matrix.h"
void mexFunction(int nl,mxArray *pl[],int nr,const mxArray *pr[])
{ mxArray *xp[1], *L[2]; int n,m, i;
    double *A, *pA, *pB1, *pB2, *pB3, *pA1;
    m=mxGetM(pr[0]); n=mxGetN(pr[0]);
```

```
mexCallMATLAB(1,xp,2,pr,"mpower"); pA1=mxGetPr(xp[0]);
pl[0]=mxCreateDoubleMatrix(m,n,mxREAL); pB1=mxGetPr(pl[0]);
pl[1]=mxCreateDoubleMatrix(m,1,mxREAL); pB2=mxGetPr(pl[1]);
pl[2]=mxCreateDoubleMatrix(m,n,mxREAL); pB3=mxGetPr(pl[2]);
for (i=0; i<m*n; i++) pB1[i]=pA1[i];
mexCallMATLAB(2,L,1,xp,"eig");
pA1=mxGetPr(L[0]); for (i=0; i<m*n; i++) pB3[i]=pA1[i];
pA1=mxGetPr(L[1]); for (i=0; i<m; i++) pB2[i]=pA1[i+i*m];
}
```

有了这样的 C 文件就可以生成一个 Mex 可执行文件 mex_eigens.mexw64 了。可以给出下面的命令，用两种方法计算几个矩阵及其误差范数。

```
>> A=[1 2 3; 4 5 6; 7 8 0]; n=3; [B,D,V]=mex_eigens(A,n)
   [norm(B-b), norm(D-d), norm(V-v)]
```

在 MATLAB 下调用此文件将得出如下的结果：

$$B = \begin{bmatrix} 279 & 360 & 306 \\ 684 & 873 & 684 \\ 738 & 900 & 441 \end{bmatrix}, \quad D = 1000 \begin{bmatrix} 1.7816 \\ -0.0001 \\ -0.1886 \end{bmatrix}, \quad V = \begin{bmatrix} 0.2998 & 0.7471 & -0.2763 \\ 0.7075 & -0.6582 & -0.3884 \\ 0.6400 & 0.0931 & 0.8791 \end{bmatrix}$$

可见，用 Mex 方式得出的结果和 MATLAB 下直接得出的结果是完全一致的。用 Mex 格式还可以编写 C 文件，使它能打开 MATLAB 图形窗口并绘制图形，且可以按照句柄图形学的方式修改图形对象的属性。下面将举例演示这种处理方法。

**例 8-9**　试按 Mex 格式编写 C 程序来绘制正弦和余弦曲线。

**解**　正弦余弦数据可以由 C 语言直接生成，再调用 MATLAB 下的 plot() 函数，让该函数返回一个变元，即曲线的句柄，则可以写出如下的程序：

```
#include "matrix.h"
#define M 63
void mexFunction(int nl,mxArray *pl[],int nr,const mxArray *pr[])
{ mxArray *R[2]; int i; double *pB1, *pB2, t;
  if (nr!=0) mexErrMsgTxt("Wrong number of input arguments!");
  if (nl>1) mexErrMsgTxt("Too many output arguments!");
  R[0]=mxCreateDoubleMatrix(1,M,mxREAL); pB1=mxGetPr(R[0]);
  R[1]=mxCreateDoubleMatrix(2,M,mxREAL); pB2=mxGetPr(R[1]);
  t=0;
  for (i=0; i<M; i++) {
     pB1[i]=t; pB2[2*i]=sin(t); pB2[2*i+1]=cos(t); t+=0.1;}
  mexCallMATLAB(1,pl,2,R,"plot");
}
```

若在 MATLAB 环境下运行此 mex_mysin1.mexw64 程序，代码如下：

```
>> h=mex_mysin1
```

得出的句柄为 $h = [1.0024, 74.0022]^{\mathrm{T}}$，则可以打开一个图形窗口，自动绘制出正弦和余弦曲线，其效果和MATLAB下直接调用plot()函数是完全一致的。该函数除了绘制图形之外，还将返回两条曲线的句柄$h$。

在编写C语言函数时有几点应该注意：

（1）虽然这里涉及了数值运算，但可以不用包括数学运算头文件math.h，因为该文件已经在matrix.h文件中包含了。当然，多包含一次math.h也不会发生错误。

（2）在编译连接生成mexw64文件之前，应该用clear命令在MATLAB工作空间内清除该函数，否则不能正确编译。在没有涉及图形界面的C程序编译时最好也能先清除一下，否则虽然能正确编译，但在下一次执行时不一定能用最新的版本，因为在MATLAB工作空间中有可能已经有了一个编译好的版本。Mex还提供了两个函数mexGet()和mexSet()，其作用相当于MATLAB中的get()和set()函数，可以用来获取和设定句柄的属性。这两个函数的调用格式分别为：

```
const mxArray *mexGet(double handle, const char *property);
int mexSet(double handle,const char *property,mxArray *value);
```

其中，属性名和MATLAB中的定义完全一致，但注意，在C语言下要用双引号。另外在编程时在C语言中应该用指针变量。此外，在后一个函数中，若返回0则表示已成功设定该属性，否则将返回1。

**例8-10** 重新考虑例8-9中的绘图程序，若想将正弦曲线粗细增加10倍，试改写原程序。

**解** 如果想将第一条曲线加粗10倍，则可以编写出下面的Mex格式下C程序，可以给出下面的修改程序，文件名为mx_plot.c。

```
#include "matrix.h"
void mexFunction(int nl,mxArray *pl[],int nr,const mxArray *pr[])
{ mxArray *R[2], *L[1], *lWidth; int i, M; M=63;
  double *pB1, *pB2, t, *pH, *lw;
  if (nr!=0) mexErrMsgTxt("Wrong number of input arguments!");
  if (nl>0) mexErrMsgTxt("Too many output arguments!");
  R[0]=mxCreateDoubleMatrix(1,M,mxREAL); pB1=mxGetPr(R[0]);
  R[1]=mxCreateDoubleMatrix(2,M,mxREAL); pB2=mxGetPr(R[1]);
  t=0;
  for (i=0; i<M; i++) {
      pB1[i]=t; pB2[2*i]=sin(t); pB2[2*i+1]=cos(t); t+=0.1;}
  mexCallMATLAB(1,L,2,R,"plot");
  pH=mxGetPr(L[0]); lWidth=mexGet(pH[0],"LineWidth");
  lw=mxGetPr(lWidth); lw[0]=10*lw[0];
```

```
    mexSet(pH[0],"LineWidth",lWidth);
}
```

可见,这样的编程还是很直观的,但和 MATLAB 本身的功能和语句比较起来要麻烦多了。同样功能的 MATLAB 语句只有下面几条:

```
>> t=0:.1:2*pi; h=plot(t,sin(t),t,cos(t));
   set(h(1),'LineWidth',10*get(h(1),'LineWidth'));
```

所以这里还是建议:在科学计算和图形处理中,如果没有特别的理由,最好用 MATLAB 进行编程,而不要调用 C 语言的程序,更不必要在 C 下调用 MATLAB 函数。如果必须调用某个由 C 或其他语言编写的程序,需要将其改写成 Mex 格式,与 MATLAB 直接交互数据,不必交叉调用,增加出现麻烦甚至错误的可能性。

## 8.4　MATLAB 函数的独立程序转换

从前面的叙述中可以看出,可以用 C 语言调用 MATLAB 中的语句,不过这样编写的程序最终形成的是 Mex 可执行文件,它脱离 MATLAB 环境是不能执行的。其实,在 MATLAB 下某些函数可以自动翻译成 C 语言程序,在指定的编译环境下能产生可以脱离 MATLAB 运行的可执行文件。这种独立于 MATLAB 的可执行文件简称独立程序(standalone program)。

**例 8-11**　重新考虑例 8-2 中的分形树绘制问题,试用 C 语言编写独立于 MATLAB 的可执行文件。

**解**　其实没有必要真的去用 C 语言编写程序,只须将原来的 MATLAB 代码改成 MATLAB 函数,比如前面加一个 function 引导的语句,然后用 input() 函数输入 $N$ 的值。有了 $N$ 就可以照常计算数据点并画图了,转化后的 MATLAB 函数如下:

```
function c8e_tree
N=input('Input the number of points N   ');
v=rand(N,1); x=0; y=0;
for k=2:N, gam=v(k);
   if gam<0.05, x(k)=0; y(k)=0.5*y(k-1);
   elseif gam<0.45,
      x(k)=0.42*(x(k-1)-y(k-1)); y(k)=0.2+0.42*(x(k-1)+y(k-1));
   elseif gam<0.85,
      x(k)=0.42*(x(k-1)+y(k-1)); y(k)=0.2-0.42*(x(k-1)-y(k-1));
   else, x(k)=0.1*x(k-1); y(k)=0.1*y(k-1)+0.2;
end, end
plot(x,y,'.')
```

有了 MATLAB 函数,则给出 mcc -m c8e_tree 就可以将上述代码自动生成可执行文件 c8e_tree.exe，可以独立于 MATLAB 环境单独执行。值得指出的是，用这样方法得出的只有 exe 可执行文件，没有 C 语言源代码。

**例** 8-12　试获得例 8-11 的 C 语言源程序。

**解**　如果用 mcc -l c8e_tree 命令，则会生成一整套 C 语言程序，包括 *.c，*.h 等，不过由于生成的 C 语言源程序过于冗长，且其核心计算部分被隐藏于 c8e_tree.dll 文件中，看不到真正的源程序，所以这里就不列出了源程序了。可以说，这种 C 语言实现翻译并不是真正的 C 语言源程序，所以，不到万不得已，不建议在科学运算领域采用这种编程方式。

例 8-11 给出了一种生成独立的方法，其优势是可以在 Microsoft Windows 等操作系统环境下独立执行，不必有 MATLAB 的支持。不过这种可执行文件的局限性还是很大的，在 MATLAB 函数中不能使用 eval() 函数，不能使用符号运算，不支持匿名函数、不能使用 Simulink、不宜使用输入输出变元，所以这样的 MATLAB 函数不是特别实用，在实际应用中应该慎用这样的编程方式。

# 本章习题

8.1　试编写一个 Mex 程序，它可以接受任意多个输入矩阵，然后对输入的每个矩阵作转置处理，并作为输出变元返回。

8.2　试参考 Mex 格式，用 C 语言改写例 7-37 中的函数，并对例 4-12 的大型 Hilbert 矩阵的生成进行比较，并评价计算效率。

8.3　考虑例 8-2 中的问题，试将生成的分形树坐标用 Mex 程序写入数据文件。

8.4　试将例 7-37 中的 Brown 运动动画代码转换成 MATLAB 函数，继而将其转换成独立于 MATLAB 的可执行文件。

8.5　第 10 章将介绍图形用户界面的设计方法，给出一些界面设计的例子，这些例子中很多都可以转换为独立的 C 可执行文件，试将显示 Hello World 的界面函数 c10exgui1() 与多媒体播放器函数 c10mmplay() 转换成独立的可执行文件，并在 Windows 操作系统下测试运行这些程序。例 10-12 中的三维绘图界面函数 c10eggui3() 能转换成可执行文件吗？为什么？试运行得出的可执行文件验证你的判断。

# 第9章 面向对象程序设计基础

前面介绍了多种程序设计的方法,不过程序的总体形式都属于常规的程序。本章与第10章将介绍全新的编程方法——面向对象的编程方法。本章主要介绍类的设计与使用方法,第10章将介绍图形用户界面的设计方法。

9.1节介绍面向对象编程的基础知识,引入面向对象编程的基本概念与入门知识,介绍面向对象编程的必要性,并指出面向对象编程与常规编程在机制上的区别。9.2节介绍类的概念与设计方法,将以一个特殊的多项式——伪多项式为例演示类的实际编程与显示方法。9.3节将介绍类的代数运算方法与程序实现,仍以伪多项式为例演示类的加、减、乘与乘方方法的MATLAB的程序实现。9.4节将在伪多项式类的基础上创建出一个新的类——分数阶传递函数类。该类将利用伪多项式类并用简单的方式定义出一个新的类。

## 9.1 面向对象编程的基本概念

面向对象的编程技术是一种重要的计算机编程方法,MATLAB较好地实现了面向对象的编程机制。本节将给出面向对象编程的基本概念与基础知识,然后介绍类与对象的数据结构及相关内容,为后面将要系统介绍的面向对象编程技术打下一个比较好的基础。

### 9.1.1 类与对象

相比于传统的编程方式,面向对象的编程可以算作一种全新的编程方式。本节将给出若干面向对象编程相关的基本概念。

**定义 9-1** 面向对象编程(object-oriented programming,OOP)是编程的一种特定的方法,该方法基于"对象"的概念,编写出相应的程序。

**定义 9-2** 对象是数据的一种表示方法。对象将数据表示成域(field)的形式,而域又称为属性(attribute),也称为成员变量(membership variable)。

**定义 9-3** 一个共享相同结构与行为的全体对象的集合称为类。

**定义 9-4** 基于面向对象编程技术编写处理的程序称为对象的方法（method）。

从另一个角度看，如果设计了一个类，则对象是该类的一个实例（instance），对象可以使用该类的所有域、所有的方法。

在面向对象的编程中，对象的代码（方法）可以读取和修改对象的域，通过修改对象属性的方法实现程序的具体功能。

面向对象编程与传统编程在程序结构与执行机制上是有显著区别的。传统编程方法是逐条语句顺序执行的，而面向对象编程是先准备好一些对象及其方法函数，平时这些函数与方法是不执行的，一旦对象的一个事件被触发，则自动调用相应的事件响应方法函数去执行。Microsoft Windows 的界面通常都是以面向对象的方式实现的，如果单击一个菜单项，则会自动生成一个事件，Windows 的执行机制会自动执行某段代码来响应单击菜单的动作，所以这种面向对象编程的方式是随处可见的，读者也可以自己体会这种编程方式的重要性。

与传统的编程相比，面向对象编程的可读性、可重用性、可扩展性等更有优势。

对一般读者而言，可以有两种方式使用面向对象的程序设计技术，一种称为客户（client）式使用方法，另一种是程序员式使用方法[23]。前一种使用方法中，读者可以直接使用 MATLAB 下现有的类与对象，而不必去过多了解类与对象的底层编程，大多数读者属于这种面向对象技术的使用者。程序员式使用者则需要学会面向对象的底层编程方法，包括如何创建一个类，并给对象编写出底层的代码。本章将试图用一个简单的例子来演示面向对象编程的全过程。如果掌握了面向对象编程的底层技术将有助于读者更广泛、更方便地使用 MATLAB，更好地解决科学运算问题。

### 9.1.2　类与对象数据结构

MATLAB 可以使用一个变量名称来表示类，比如，控制系统工具箱提供了 tf 名称表示一个传递函数的类，采用 ss 名称来表示状态方程的类。定义了类，则可以用变量名来表示某个类的一个对象，比如可以由 $G$ 来表示一个传递函数对象。

在一个对象中通常需要设计若干个域，比如说，传递函数类需要更具体地由其分子多项式系数与分母多项式系数之间表示，这就需要为其 num、den 域赋值。这需要域变量内容的获取与赋值的动作。如果想绘制对象的 Bode 图，则需要使用与这个对象相关的方法，比如，可以调用控制系统工具箱中的 bode($G$) 函数直接绘制系统的 Bode 图，而 bode() 函数就是该对象的一个方法。

**例9-1** 如果一个控制系统的传递函数如下,试将其输入到MATLAB环境中,并查询该对象的域。

$$G(s) = \frac{s+8}{s(s^2+0.2s+4)(s+1)(s+3)}$$

**解** 这里还是从客户的角度理解面向对象编程的使用方法。MATLAB控制系统工具箱提供了各种各样的模型输入方法,比如给出下面的命令,先定义$s$算子,然后用简单的表达式运算将传递函数模型输入到MATLAB函数。输入传递函数的命令如下:

```
>> s=tf('s'); G=(s+8)/s/(s^2+0.2*s+4)/(s+1)/(s+3)
```

利用MATLAB提供的$get(G)$命令,则可以显示tf类的所有的域及其内容。命令如下:

```
>> get(G)
      Numerator: {[0 0 0 0 1 8]}
    Denominator: {[1 4.20000 7.800000 16.600000000000001 12 0]}
       Variable: 's'
        IODelay: 0
     InputDelay: [0×1 double]
    OutputDelay: [0×1 double]
             Ts: 0
            ...
```

这里,如果想从程序员角度理解面向对象编程,则需要首先为类取一个名字,然后建立一个专门的文件夹,在文件夹内编写与这个类相关的代码,包括类定义函数、类显示函数和一批必要的重载函数,这些内容将在后续章节中陆续介绍。

## 9.2 类的设计

类的设计与应用在科学运算领域中是很有用的,在很多科学运算工具箱中也可以直接使用各种类与对象。学会使用类与对象、能根据需要建立类将帮助读者更好地、创造性地解决科学运算问题。

### 9.2.1 类的设计方法

本节将以伪多项式为例,介绍MATLAB下类的设计方法。首先将给出伪多项式的定义,然后介绍设计类的步骤。

**定义9-5** 伪多项式(pseudo-polynomial)的数学表达式为

$$p(s) = a_1 s^{\alpha_1} + a_2 s^{\alpha_2} + \cdots + a_n s^{\alpha_n} \tag{9-2-1}$$

其中$a_i$为系数,$\alpha_i$为阶次,$i = 1, 2, \cdots, n$,这里的阶次不限于整数,故多项式称为伪多项式。

要设计一个类需要如下的几个步骤：

（1）**选择类的名字**。类名的选择与变量名选择的原则是一致的。

（2）**建立空白文件夹**。可以建立一个以@引导的文件夹，文件夹的名字与类名字保持一致。如果当前路径在MATLAB路径下，则新建的类文件夹也在MATLAB的搜索路径下，不必另行设置。

（3）**为类设计域**。域可以存储类的必要参数。

（4）**编写两个必要的函数**。建立一个类，至少需要编写两个MATLAB函数，一个是与类同名的文件，允许用户输入该对象，另一个函数名为`display.m`，用于显示对象。

（5）**设计必要的重载函数**。任何一个类操作的动作，包括加减乘除这类基本操作，都需要用户为其重新编写执行函数，函数名最好与常规的函数重名，比如，如果想完成两个对象的加法运算，用户应该编写新的文件`plus.m`。新设计的类不自带任何方法，所有的方法运算都需要用户自己去编写方法函数。

**例9-2** 试为伪多项式设计一个MATLAB类。

**解** 要想为伪多项式设计一个类，首先应该取一个名字，如取名ppoly。这样，需要在工作路径下建立一个名为@ppoly的空白文件夹。另外，要唯一地描述伪多项式，需要引入两个向量，一个是系数向量$a = [a_1, a_2, \cdots, a_n]$，一个是阶次向量$\boldsymbol{\alpha} = [\alpha_1, \alpha_2, \cdots, \alpha_n]$，可以将这两个向量选作ppoly类的域，可以取名a和na。

## 9.2.2 类的定义与输入

类的定义函数是有固定格式的，该固定格式虽然稍有别于一般的MATLAB函数，但其结构应该是比较容易理解的，所以不过多从理论上与结构上叙述类的格式，下面只是通过例子来演示类定义函数的编写方法。

**例9-3** 试为ppoly类编写出类的定义函数。

**解** 在编写类定义函数之前，应该充分考虑函数可能的调用格式，当然开始考虑不全也不要紧，以后可以逐渐扩充类定义函数。对伪多项式而言，一般有三种调用格式：

$$p=\text{ppoly}(a,\alpha), \quad p=\text{ppoly}(a), \quad p=\text{ppoly}('s')$$

其中，第一种模式给出了系数与阶次向量；在第二种模式下，$a$为整数阶多项式系数向量；在第三种调用格式下，声明$p$为$s$算子。基于这样的考虑，可以编写出类定义函数为

```
classdef ppoly
    properties, a, na, end
    methods
        function p=ppoly(a,na)
        if nargin==1,
```

```
            if isa(a,'double'), p=ppoly(a,length(a)-1:-1:0);
            elseif isa(a,'ppoly'), p=a;
            elseif a=='s', p=ppoly(1,1); end
        elseif length(a)==length(na), p.a=a; p.na=na;
        else, error('Error: miss matching in a and na'); end
    end, end, end
```

　　类的定义函数不但要给出类的输入方法,还应该给出类的转换方法。例如,若只给出一个多项式系数向量,不给出阶次,则可以认为这些系数是整数阶多项式的系数,所以,应该编写一段代码补足系数向量,再生成一个 ppoly 对象。如果输入的变元已经是 ppoly 对象,则直接将其传递给输出变元即可。

　　如果采用 classdef 命令来定义类,则 subsasgn() 与 subsref() 等早期版本的必备函数就没有必要再提供了。这时,类定义文件 ppoly.m 与显示文件 display.m 是必要的文件,此外还可以选择编写 get.m 与 set.m 文件,完成类的基本设计。

　　在编程过程中,如果某个函数被编辑了,则其驻留在工作空间中的信息并不会立即改变,新修改的函数也不能马上调用。为了避免这种现象,在每次修改后应该给出 clear classes 命令,清除驻留的信息,再进行程序调试。

### 9.2.3 类的显示

　　如果定义了类,则可以编写对象的显示函数,其函数名必须为 display(),该函数是自动执行的,无须调用。如果输入一个对象之后,在输入语句后不加分号,或直接输入对象变量名并回车,则会自动调用相应的 display() 函数,显示对象的内容。所以需要用户编写这样的函数,以期望的形式显示该对象。

　　**例 9-4**　试为 ppoly 类编写一个自动显示的函数。

　　**解**　参考定义 9-5,可以考虑用字符串的形式显示相应的表达式。另外,可以考虑对一些特殊的表达式进行化简。例如,如果字符串中有 $+1*s$ 项,则系数 1 与乘号可以省去。用计算机处理则意味着用字符串替换的方法将 $+1*s$ 替换成 $+s$,可以由 strrep() 函数直接实现字符串的自动替换。可以编写出一个简单的显示语句,然后测试一些例子,再看看有哪些字符串需要替换,给出相应的替换语句,完成显示函数。最终应该编写出如下的显示函数:

```
function str=display(p)
np=p.na; p=p.a; if length(np)==0, p=0; np=0; end
P=''; [np,ii]=sort(np,'descend'); p=p(ii);
for i=1:length(p),
    P=[P,'+',num2str(p(i)),'*s^{',num2str(np(i)),'}'];
end
```

```
P=P(2:end); P=strrep(P,'s^{0}',''); P=strrep(P,'+-','-');
P=strrep(P,'^{1}',''); P=strrep(P,'+1*s','+s');
P=strrep(P,'*+','+'); P=strrep(P,'*-','-');
strP=strrep(P,'-1*s','-s'); nP=length(strP);
if nP>=3 & strP(1:3)=='1*s', strP=strP(3:end); end
if strP(end)=='*', strP(end)=''; end,
if nargout==0, disp(strP), else, str=strP; end
```

为后续编程方便起见，这里特地预留了一个输出变元str，以备后用。

**例9-5**  试输入伪多项式$p(s) = 3s^{0.7} + 4s + 5$并将其显示出来。

**解**  对这样一个伪多项式，应该先提取其系数向量$a = [3,4,5]$与阶次向量$n = [0.7,1,0]$，在输入时不必考虑阶次的次序，直接对应系数输入即可。输入以后，MATLAB会自动调用编写的display()函数，将其显示出来。得出的字符串为4*s+3*s^{0.7}+5。在该重载函数中会自动按照阶次作降幂排序，但不能作合并同类项处理。

```
>> a=[3,4,5]; n=[0.7,1,0]; p=ppoly(a,n)
```

# 9.3  重载函数的编写

类的计算离不开相应的计算函数。在面向对象编程中，这些针对类的计算函数又称为类的方法，而通常为了使类的计算与MATLAB常规函数尽可能一致，方法的函数的名字尽量与常规函数一致，这种重名的函数又称为重载函数（overload function）。只要重载函数放置在类的文件夹内，将不会影响其他的同名函数。

代数运算主要指加减乘除乘方等运算，这里将先介绍ppoly对象的代数运算理论基础，再介绍基本代数运算重载函数的编写方法。

**定理9-1**  如果$p_1$、$p_2$都是ppoly对象，则$p_1 + p_2$，$p_1 - p_2$，$p_1 \times p_2$也是ppoly对象，而$p_1/p_2$不是ppoly对象。

**定理9-2**  如果$p$是ppoly对象，且$n$为整数，则$p^n$是ppoly对象，否则不是；如果$p = s$，则$p^n$是ppoly对象，$n$为任意实数。

## 9.3.1  加法的重载函数编写

对一个新创建的类而言，即使加减乘这样的简单代数运算，也不能直接使用+、-、*这样的算符，必须为其编写MATLAB响应函数。+、-、*与^这类符号有固定的函数名，不能随意命名，否则使用算符就找不到相应的MATLAB函数，给出错误信息。相应的MATLAB函数名必须为plus()、minus()、mtimes()、mpower()。这些函数与现有的MATLAB函数相应运算的函数重名。如果编写了这些重载函数，则可以使用相应的符号进行伪多项式的基本代数运算。

值得注意的是,编写重载函数时,重载函数必须位于相应的以 @ 引导的文件夹内,不能置于其他文件夹,否则不能正常调用,还可能影响其他的同名函数。

比如说,如果 plus() 函数位于 @ppoly 文件夹内,若想运行 $p_1+p_2$,则 MAT-LAB 运行机制会自动在 @ppoly 文件夹内找 plus() 函数,如果找到则会自动执行,找不到会报错说加法未定义。如果这个文件不放在 @pploy 文件夹内,则找不到该文件。更严重地是,这个函数将影响到其他的类,甚至会改写 MATLAB 正常的加法运算,从而导致不可预知的错误。

**例 9-6**  试为 ppoly 类编写一个加法运算的重载函数。

**解**  首先考虑加法运算,其实两个伪多项式的加法运算比较简单,可以先把两个伪多项式的系数向量与阶次向量分别接起来,再合并同类项,就可以得出两个伪多项式的和。根据这样的思路,可以编写出如下的加法重载函数:

```
function p=plus(p1,p2)
p1=ppoly(p1); p2=ppoly(p2); a=[p1.a,p2.a]; na=[p1.na,p2.na];
p=ppoly(a,na); p=simplify(p);
```

其中 simplify() 重载函数是需要用户编写的,其目标是实现 ppoly 类的合并同类项化简,得出最简的 ppoly 对象。

## 9.3.2  合并同类项的化简函数

前面介绍过,如果两个伪多项式相加,需要将系数与阶次向量罗列起来,这样就难免出现"同类项"。所谓的同类项就是伪多项式两项的阶次是一致的,所以从化简角度看这两项需要合并成一项。具体的合并同类项运算的考虑如下:

(1) 首先对整个可能含有同类项的多项式的阶次进行从大到小的排序,然后求出阶次的差分(后项减前项),对各项可以进行循环运算,逐项处理。显然如果某项的差分为零(实际上的判定是差分的绝对值是否小于 $10^{-10}$),则说明这项与前一项为同类项,所以应该将这项的系数加到前一项的系数上,然后删除这项。

(2) 循环完成之后,再判定各项的系数,如果某项的系数为零(从编程角度更确切的判定方法是判定系数的绝对值是否大于误差限 eps),则删除该项。

**例 9-7**  试为 ppoly 类编写出合并同类项的化简函数 simplify()。

**解**  综合前面的各种考虑,可以编写出下面的合并同类项重载函数:

```
function p=simplify(p)
a=p.a; na=p.na;
[na,ii]=sort(na,'descend'); a=a(ii); ax=diff(na); key=1;
for i=1:length(ax)
   if abs(ax(i))<=1e-10,
      a(key)=a(key)+a(key+1); a(key+1)=[]; na(key+1)=[];
```

```
      else, key=key+1; end
   end
ii=find(abs(a)>eps); a=a(ii); na=na(ii); p=ppoly(a,na);
```

**例 9-8**  如果 $p_1(s) = 3s^{0.7} + 4s + 5$, $p_2(s) = 2s^{0.4} - 4s + 6s^{0.3} + 4$, 试求出 $p_1(s) + p_2(s)$。

**解**  定义了这样两个重载函数, 则可以在 MATLAB 下实现下面的加法运算。先输入两个 ppoly 对象, 这样得出的加法结果为 $p(s) = 3s^{0.7} + 2s^{0.4} + 6s^{0.3} + 9$。

```
>> p1=ppoly([3 4 5],[0.7 1 0]);
   p2=ppoly([2 -4 6 4],[0.4 1 0.3 0]); p=p1+p2
```

### 9.3.3  减法重载函数

减号算符对应的是 minus() 函数, 也是经常需要用户自行编写的重载函数。下面仍然通过例子演示该重载函数的编写。

**例 9-9**  试为 ppoly 类编写出减法的重载函数。

**解**  定义了加法, 很自然地会想到减法 $p(s) = p_1(s) - p_2(s)$ 可以直接写成加法的形式, 即 $p(s) = p_1(s) + [-p_2(s)]$, 不过, $-p_2(s)$ 运算也需要用户自己去编写重载函数, 这样的函数又称为自反函数, 其固定的函数名为 uminus(), 该函数的作用是将 ppoly 的系数作反号处理, 阶次不变, 所以可以先写出该重载函数。

```
function p1=uminus(p)
p1=ppoly(-p.a,p.na); %自反函数需要对系数变号,阶次不变
```

有了 uminus() 重载函数, 则可以直接写出下面的减法重载函数:

```
function p=minus(p1,p2)
p=p1+(-p2);   %定义了自反函数,就可以将减法运算变换成加法运算
```

**例 9-10**  如果 $p_1(s) = 3s^{0.7} + 4s + 5$, $p_2(s) = 2s^{0.4} - 4s + 6s^{0.3} + 4$, 试求出 $p_1(s) - p_2(s)$。

**解**  定义了这样两个重载函数, 则可以在 MATLAB 下实现下面的减法运算了。先输入两个 ppoly 对象, 这样得出的减法结果为 $p(s) = 8s + 3s^{0.7} - 2s^{0.4} - 6s^{0.3} + 1$。

```
>> p1=ppoly([3 4 5],[0.7 1 0]);
   p2=ppoly([2 -4 6 4],[0.4 1 0.3 0]); p=p1-p2
```

### 9.3.4  乘法重载函数

如果想使用乘号(∗), 则必须编写重载函数 mtimes(), 本节仍通过例子介绍这类重载函数的编写方法。这里先给出两个矩阵 Kronecker 运算的定义。

**定义 9-6**　两个矩阵 $A$ 与 $B$，其 Kronecker 乘积定义为

$$C = A \otimes B = \begin{bmatrix} a_{11}B & \cdots & a_{1m}B \\ \vdots & \ddots & \vdots \\ a_{n1}B & \cdots & a_{nm}B \end{bmatrix} \qquad (9\text{-}3\text{-}1)$$

**定义 9-7**　矩阵 $A$ 与 $B$ 的 Kronecker 和 $A \oplus B$ 的数学定义为

$$D = A \oplus B = \begin{bmatrix} a_{11}+B & \cdots & a_{1m}+B \\ \vdots & \ddots & \vdots \\ a_{n1}+B & \cdots & a_{nm}+B \end{bmatrix} \qquad (9\text{-}3\text{-}2)$$

MATLAB 中提供的函数 $C$=kron($A,B$) 可直接计算两个矩阵的 Kronecker 积 $A \otimes B$。仿照该函数可以编写出 Kronecker 和的求解函数 kronsum()：

```
function C=kronsum(A,B)
[ma,na]=size(A); [mb,nb]=size(B);
A=reshape(A,[1 ma 1 na]); B=reshape(B,[mb 1 nb 1]);
C=reshape(bsxfun(@plus,A,B),[ma*mb na*nb]);
```

**例 9-11**　试为 ppoly 类编写乘法重载函数。

**解**　首先看一下乘法的算法。如果 $p_1(s)$ 是 ppoly 对象，则需要将该伪多项式的各项遍乘 $p_2(s)$。从系数角度而言，如果实现遍乘，则最好使用 Kronecker 乘积这样的运算，而对阶次而言，应该是 $p_1(s)$ 的阶次遍加到 $p_2(s)$ 的各个阶次上，所以可以考虑采用 Kronecker 和进行处理，再进行合并同类项处理，就可以得出最终的结果。根据这个思路，可以直接编写出如下的乘法重载函数：

```
function p=mtimes(p1,p2)
p1=ppoly(p1); p2=ppoly(p2); a=kron(p1.a,p2.a);
na=kronsum(p1.na,p2.na); p=simplify(ppoly(a,na));
```

注意，在函数入口处调用了 ppoly() 函数，确保两个输入的变元都是以 ppoly 对象的形式给出的，会自动调用 ppoly.m 文件，而前面已经提及，ppoly.m 文件中已经编写了不同数据结构转换成 ppoly 类的转换方法。

**例 9-12**　如果 $p_1(s) = 3s^{0.7} + 4s + 5$，$p_2(s) = 2s^{0.4} + 6s + 6s^{0.3} + 4$，试求出 $p_1(s)p_2(s)$。

**解**　定义了乘法重载函数，则可以在 MATLAB 下实现下面的乘法运算了。先单独输入这两个 ppoly 对象，再直接将它们乘起来，命令如下：

```
>> p1=ppoly([3 4 5],[0.7 1 0]);
   p2=ppoly([2 6 6 4],[0.4 1 0.3 0]); p=p1*p2
```

这样得出的乘法结果为

$$p(s) = 24s^2 + 18s^{1.7} + 8s^{1.4} + 24s^{1.3} + 6s^{1.1} + 64s + 12s^{0.7} + 10s^{0.4} + 30s^{0.3} + 20$$

**例 9-13**　对例 9-12 中给出的伪多项式 $p_1(s)$、$p_2(s)$，试计算 $p(s) = p_1^4(s)p_2^2(s)$。

**解** 定义了 mtimes() 重载函数，则可以使用连乘积的方法求取所需的表达式，使用的命令如下：

```
>> p1=ppoly([3 4 5],[0.7 1 0]);
   p2=ppoly([2 6 6 4],[0.4 1 0.3 0]);
   p=p1*p1*p1*p1*p2*p2
```

得出的连乘积为

$$
\begin{aligned}
p(s) = {} & 9216s^6 + 27648s^{5.7} + 37248s^{5.4} + 18432s^{5.3} + 33984s^{5.1} + 113664s^5 + 24676s^{4.8} \\
& + 208896s^{4.7} + 9216s^{4.6} + 13440s^{4.5} + 203584s^{4.4} + 132096s^{4.3} + 5400s^{4.2} \\
& + 148152s^{4.1} + 427264s^4 + 1728s^{3.9} + 85040s^{3.8} + 523392s^{3.7} + 46404s^{3.6} \\
& + 33336s^{3.5} + 375836s^{3.4} + 337920s^{3.3} + 9936s^{3.2} + 221040s^{3.1} + 682880s^3 \\
& + 2160s^{2.9} + 90816s^{2.8} + 550800s^{2.7} + 86400s^{2.6} + 23040s^{2.5} + 298080s^{2.4} \\
& + 388800s^{2.3} + 5400s^{2.2} + 134640s^{2.1} + 486300s^2 + 29600s^{1.8} + 242400s^{1.7} \\
& + 72000s^{1.6} + 6000s^{1.5} + 104600s^{1.4} + 195000s^{1.3} + 24000s^{1.1} + 134000s \\
& + 2500s^{0.8} + 39000s^{0.7} + 22500s^{0.6} + 10000s^{0.4} + 30000s^{0.3} + 10000
\end{aligned}
$$

### 9.3.5 乘方运算重载函数

乘方运算的标准 MATLAB 函数为 mpower()。如果重载了这个函数，则可以对设计的类使用乘方符号(^)进行运算了。本节还是以 ppoly 类为例，介绍乘方函数的重载编程方法。

**例9-14** 试对 ppoly 类编写出乘方重载函数。

**解** 首先应该考虑定理9-2中的描述。对其重载函数的编写需要考虑两方面内容：

(1) 如果 $p$ 为 $s$ 算子，则 $n$ 为任意实数，得出的结果是 $s^n$；

(2) 如果 $p$ 为一般 ppoly 对象，则 $n$ 为非负整数，否则将给出错误信息。

其实，第(1)点还可以扩展一下：如果 $p$ 伪多项式只有一项，则可以进行任意乘方运算，即系数的 $n$ 次方运算，阶次乘以 $n$。特别地，还应该考虑 $n$ 是负整数时的运算方法。考虑了这些因素之后，就可以编写出如下的重载函数：

```
function p1=mpower(p,n)
if length(p.a)==1, p1=ppoly(p.a^n,p.na*n);
elseif n==floor(n)
    if n<0, p.na=-p.na; n=-n; end
    p1=ppoly(1); for i=1:n, p1=p1*p; end
else, error('n must be an integer'), end
```

**例9-15** 重新输入例9-5中的伪多项式模型 $p(s) = 3s^{0.7} + 4s + 5$。

**解** 例9-5中需要先提取出整个模型的系数与阶次向量才能生成伪多项式模型，既然定义了伪多项式的基本代数运算，还可以先定义一个 $s$ 算子，然后通过简单的数学表达式方式输入伪多项式模型，具体的方法可以由下面的语句直接实现：

```
>> s=ppoly('s'); p=3*s^0.7+4*s+5
```

输入了这个表达式后,MATLAB会自动对ppoly对象进行运算,最终得出单一的ppoly对象,得出的结果与例9-5的结果完全一致。

**例9-16** 试用乘方方法重新求解例9-13中的问题。

**解** 可以用两种不同的方法求 $p_1^4(s)p_2^2(s)$,得出的结果与前面介绍的连乘积方法是一致的,二者之差为零。

```
>> p1=ppoly([3 4 5],[0.7 1 0]);
   p2=ppoly([2 6 6 4],[0.4 1 0.3 0]);
   p0=p1*p1*p1*p1*p2*p2, p=p1^4*p2^2, p-p0
```

### 9.3.6 域的赋值与提取

如果已知对象名 $p$,则可以使用两种方法读取域的内容, 种方法是由 $p.a$ 或 $p.na$ 这类命令直接提取与赋值,另一种方法是使用 $\mathrm{get}(p,'a')$ 或 $\mathrm{get}(p,'na')$ 命令实现。前一种方法是随着类的定义而自动支持的,而后一种需要编程实现,例如可以编写出下面的重载函数:

```
function p1=get(varargin)
p=varargin{1};
if nargin==1,
    s=sprintf('%f ,',p.a); disp(['  a: [' s(1:end-1) ']'])
    s=sprintf('%f ,',p.na); disp([' na: [' s(1:end-1) ']'])
elseif nargin==2, key=varargin{2};
    switch key,
        case 'a', p1=p.a; case 'na', p1=p.na;
        otherwise, error('Wrong field name used'), end
else, error('Wrong number of input argumants'); end
```

从标准面向对象编程角度看,还需要编写一个set()重载函数,但由于所设计的ppoly只有两个域,所以没有太大必要编写这个函数。如果读者想尝试编写该函数,可以完成习题中的要求。

## 9.4 类的继承与扩展

类的继承(inheritance)是面向对象编程的一个重要的功能。下面将给出继承的一些相关的定义。

**定义9-8** 若A类继承自另一个类B,则A称为B的子类,而B称为A的父类。

继承可以使得子类具有父类的各种属性和方法,而无须再编写相同的代码。本节将侧重于类的扩展编程。

### 9.4.1 扩展类的定义与显示

在实际面向对象编程中还可以在定义类的基础上再扩展出一个更高层的类。这里将通过例子介绍类的扩展定义方法。

**定义 9-9** 分数阶传递函数的一般数学形式为

$$G(s) = \frac{b_1 s^{\beta_1} + b_2 s^{\beta_2} + \cdots + b_m s^{\beta_n}}{a_1 s^{\alpha_1} + a_2 s^{\alpha_2} + \cdots + a_n s^{\alpha_n}} \tag{9-4-1}$$

其中,分子和分母都是伪多项式表达式,分别记作 $N(s)$、$D(s)$。

文献 [22] 设计了完整的分数阶传递函数与分数阶系统工具箱,这里不准备重复该工具箱的设计,而是介绍一种基于扩展的分数阶传递函数对象的设计方法。这里的函数设计只用于演示,限于篇幅,不可能详尽地演示各种分数阶系统的求解功能,如果想使用真正的分数阶系统建模、分析与设计功能,建议使用作者编写的FOTF 工具箱 [24]。

**例 9-17** 试利用类扩展的方法设计一个全新的分数阶传递函数类。

**解** FOTF 工具箱将这样的类取名 fotf,为了区别于成型的 FOTF 工具箱,这里我们为该类取名 ftf,并建立一个空白的 @ftf 文件夹。由于可以由 $N(s)$ 与 $D(s)$ 两个伪多项式直接描述,所以可以为其设计两个域,并取名 pnum 和 pden,它们均为 ppoly 对象。

```
classdef ftf
    properties, pnum, pden, end
    methods
        function G=ftf(a,na,b,nb)
        switch nargin
            case 1,
                if isa(a,'double'), G=ftf(ppoly(a),ppoly(1));
                elseif isa(a,'ppoly'), G=ftf(a,ppoly(1));
                elseif a=='s', G=ftf(ppoly('s'),ppoly(1)); end
            case 2,
                if isa(a,'ppoly'), G.pnum=a; G.pden=ppoly(na); end
            case 3,
                if isa(a,'ppoly'), b=ppoly(na,b); G=ftf(a,b);
                else, G=ftf(ppoly(a,na),ppoly(b)); end
            case 4, G=ftf(ppoly(a,na),ppoly(b,nb));
    end, end, end, end
```

在 ppoly 类的显示文件 display.m 中曾经预留了一个输出变元,利用这样的输出变元可以编写出如下的 ftf 对象显示函数。传递函数的显示在事实上是分别显示分子和分母伪多项式,中间显示分数线即可,而伪多项式的显示是通过下级类 ppoly 显示的,使用可以编写下面的函数显示 ftf 对象。

```
function display(G)
strN=display(G.pnum); strD=display(G.pden);
nn=length(strN); nd=length(strD); nm=max([nn,nd]);
disp([char(' '*ones(1,floor((nm-nn)/2))) strN])
disp([char('-'*ones(1,nm))]);
disp([char(' '*ones(1,floor((nm-nd)/2))) strD])
```

可以看出，有了底层 ppoly 对象的支持，就可以容易地在其基础上编写出重载函数了，其结构和语句比以前的简洁得多。

**例 9-18**　试将下面的分数阶传递函数模型输入到 MATLAB 环境。

$$G(s) = \frac{-2s^{0.63} - 4}{2s^{3.501} + 3.8s^{2.42} + 2.6s^{1.798} + 2.5s^{1.31} + 1.5}$$

**解**　提取该传递函数的分子、分母多项式的系数与阶次向量，则可以直接输入系统的传递函数模型。命令如下：

```
>> a=[-2 -4]; na=[0.6 0]; b=[2 3.8 2.6 2.5 1.5];
   nb=[3.501 2.42 1.798 1.31 0]; G=ftf(a,na,b,nb)
```

模型输入之后将以下面的形式显示出来：

```
                      -2*s^{0.6}-4
-----------------------------------------------------
2*s^{3.501}+3.8*s^{2.42}+2.6*s^{1.798}+2.5*s^{1.31}+1.5
```

还可以通过下面的语句输入传递函数模型，其结果与前面是完全一致的。

```
>> num=ppoly([-2 -4],[0.6 0]);
   den=ppoly([2 3.8 2.6 2.5 1.5],[3.501 2.42 1.798 1.31 0]);
   G1=ftf(num,den)
```

### 9.4.2　ftf 对象的连接重载函数

由 ftf 定义可见，如果对该类对象进行操作，则进行加减乘除运算之后，结果仍然是 ftf 对象，所以基于其下一级的 ppoly 代数运算函数可以立即构造出 ftf 模型。本节仍以加减乘除法为例，介绍 ftf 对象的基本运算方法与实现，从而实现分数阶传递函数对象的连接。

**定义 9-10**　若两个 ftf 模型可以记作

$$G_1(s) = N_1(s)/D_1(s), \quad G_2(s) = N_2(s)/D_2(s)$$

这样，ftf 对象的加法可以由 ppoly 对象的代数运算直接计算出来，公式如下：

$$G_1(s) + G_2(s) = \frac{N_1(s)}{D_1(s)} + \frac{N_2(s)}{D_2(s)} = \frac{N_1(s)D_2(s) + N_2(s)D_1(s)}{D_1(s)D_2(s)} \tag{9-4-2}$$

其中 $N_i(s)$ 与 $D_i(s)$ 都是 ppoly 对象。

**例9-19** 试为 ftf 类编写加法的重载函数。

**解** 由此写出加法的重载函数如下。可以看出,该函数内容比较简洁、直观,直接利用了下一级 ppoly 函数的加法、乘法运算方法,所以这种根据下一级类的扩展编程还是比较简单、方便的,因为无须进行底层的编程。

```
function G=plus(G1,G2)
G1=ftf(G1); G2=ftf(G2); N1=G1.pnum; D1=G1.pden;
N2=G2.pnum; D2=G2.pden; G=ftf(N1*D2+N2*D1, D1*D2);
```

**定义 9-11** 类似地,可以推导出的 ftf 对象乘法的化简方法为

$$G_1(s)G_2(s) = \frac{N_1(s)N_2(s)}{D_1(s)D_2(s)} \tag{9-4-3}$$

**例9-20** 试为 ftf 类编写出乘法重载函数。

**解** 根据上述计算公式,可以编写出如下 mtimes() 重载函数来计算两个 ftf 的乘积,也是依赖 ppoly 对象避免底层运算,其清单如下:

```
function G=mtimes(G1,G2)
G1=ftf(G1); G2=ftf(G2); N1=G1.pnum; D1=G1.pden;
N2=G2.pnum; D2=G2.pden; G=ftf(N1*N2, D1*D2);
```

**定义 9-12** 若前向通路的分数阶传递函数为 $G_1(s)$,反向通路的传递函数为 $G_2(s)$,则可以定义出负反馈结构下系统的总模型为

$$G(s) = \frac{G_1(s)}{1+G_1(s)G_2(s)} = \frac{N_1(s)D_2(s)}{N_1(s)N_2(s)+D_1(s)D_2(s)} \tag{9-4-4}$$

**例9-21** 试为 ftf 对象编写一个计算负反馈系统总模型的重载函数。

**解** 根据前面给出的数学公式,还可以编写 feedback() 函数来计算两个 ftf 对象的负反馈连接,其清单如下:

```
function G=feedback(G1,G2)
G1=ftf(G1); G2=ftf(G2); N1=G1.pnum; D1=G1.pden;
N2=G2.pnum; D2=G2.pden; G=ftf(N1*D2, N1*N2+D1*D2);
```

前面的三个函数中,mtimes() 可以计算两个串联系统的总模型,plus() 可以计算并联系统的模型,而 feedback() 函数可以计算负反馈系统的模型。有了这三个函数,就可以构造复杂连接的分数阶传递函数模型了。

**例9-22** 试编写出 ftf 对象的其他代数运算函数的重载函数。

**解** 还可以仿照 ppoly 类编写出自反与减法的重载函数如下:

```
function G1=uminus(G)
G1=ftf(-G.pnum,G.pden);
function G=minus(G1,G2)
G=ftf(G1)+(-ftf(G2));
```

仿照 ppoly 类的 mpower() 函数,还可以构造出如下的重载 mpower() 函数:

```
function G1=mpower(G,n)
p1=G.pnum; p2=G.pden;
if length(p1.a)==1 & length(p2.a)==1, G1=ftf(p1^n,p2^n);
elseif n==floor(n)
    if n>=0, G1=ftf(1); for i=1:n, G1=G1*G; end
    elseif n==0, G1=ftf(1); else, G1=1/G; G1=G1.^(-n); end
end
```

还可以编写出 ftf 对象的除法重载函数,来定义除号(/)的方法函数,该符号对应的是右除函数 mrdivide()。ppoly 类不支持除法运算,因为一个 ppoly 对象经过除法之后就不再是 ppoly 对象了,而 ftf 对象经过除法后仍然是 ftf 对象,所以需要编写除法重载函数。编写的文件如下:

```
function G=mrdivide(G1,G2)
G1=ftf(G1); G2=ftf(G2); N1=G1.pnum; D1=G1.pden;
N2=G2.pnum; D2=G2.pden; G=ftf(N1*D2, N2*D1);
```

**例 9-23** 试用数学表达式的方法重新输入例 9-18 中的分数阶传递函数模型。

**解** 如果定义 $s$ 为 ftf 算子,辅以前面编写的运算类重载函数,则可以通过如下命令直接计算出分数阶传递函数模型,与前面的结果完全一致。

```
>> s=ftf('s');
   G2=(-2*s^0.6-4)/(2*s^3.501+3.8*s^2.42+2.6*s^1.798+2.5*s^1.31+1.5)
```

### 9.4.3 分数阶传递函数的频域分析

如果已知 $G(s)$ 传递函数模型,则可以由 j$\omega$ 频率向量去取代传递函数 $G(s)$ 中的 $s$ 算子,则可以得出一个复数向量 $G$,由这样的复数向量和频率向量可以很容易地绘制出传递函数的 Bode 图。下面将通过例子演示重载函数 bode() 的编程方法。

**例 9-24** 试编写一个 Bode 图绘制的重载函数,并绘制例 9-18 系统的 Bode 图。

**解** 如果能为伪多项式编写一个计算函数,则可以依赖该函数求出分数阶传递函数的 Bode 图。首先考虑伪多项式 $p$ 的频域响应计算函数的编写,该函数应该置于 @ppoly 文件夹内。

```
function H=freqw(p,w)
for i=1:length(w), H(i)=p.a(:).'*[1i*w(i)].^p.na(:); end
```

有了底层的 freqw() 函数,则可以针对分数阶传递函数模型编写出 Bode 图数据计算与绘图重载函数,命令如下:

```
function H=bode(G,w)
H=freqw(G.pnum,w)./freqw(G.pden,w);
subplot(211), semilogx(w,20*log10(abs(H)))
subplot(212), semilogx(w,angle(H)*180/pi)
```

选择可以考虑绘制例9-18中分数阶传递函数模型的Bode图,先输入$G(s)$模型,然后调用新编写的重载函数bode(),绘制出系统的Bode图,如图9-1所示。

```
>> a=[-2 -4]; na=[0.6 0]; b=[2 3.8 2.6 2.5 1.5];
   nb=[3.5 2.4 1.8 1.3 0]; G=ftf(a,na,b,nb);
   w=logspace(-2,2,100); bode(G,w);
```

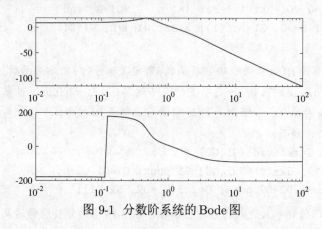

图 9-1 分数阶系统的 Bode 图

# 本章习题

9.1 定义新运算$a \times b = (a+b)+2(a-b)$,试利用面向对象编程的方式创建这样一个类,并在新运算符下计算$123 \times 54, 123 \times (32 \times 23)$。(其实,如果不定义类,可以利用简单的代数运算,编写一个newtimes()函数,或利用匿名函数形式定义新运算,可以更容易地计算,不过这样的新运算不能用 * 符号直接求出。)

9.2 试为ppoly对象编写一个latex()重载函数,将该对象转换成LATEX字符串。

9.3 试为ppoly对象编写一个相等判定重载函数 eq(),判定两个ppoly对象是否相等,如果相等返回1,否则返回0。

9.4 试为ppoly对象编写set()重载函数,其调用格式为set($p$,属性名,属性值),使其可以同时接受多个域的赋值,若给出的域名不是'a'或'na',则给出错误信息。

9.5 试通过继承的方式修改ppoly类,使得新定义的子类只允许非负的幂次向量$\boldsymbol{\alpha}$。

9.6 试为ftf对象编写一个latex()重载函数,将该对象转换成LATEX字符串。

9.7 试为给出的ftf对象编写 Nyquist 图、Nichols 图绘制函数。

9.8 试为给出的ftf对象编写一个求逆的重载函数 inv()。(提示:分数阶传递函数求逆就是分子变分母、分母变分子的变换。)

9.9 试修正ftf对象的重载函数bode(),使得相频曲线不出现大幅的突变。

# 第10章 MATLAB的图形用户界面设计技术

对一个成功的软件来说，其内容和基本功能当然应是第一位的。但除此之外，图形界面的优劣往往也决定着该软件的档次，因为图形用户界面（graphical user interface, GUI）会对软件本身起到包装作用，而这又像产品的包装一样，所以掌握MATLAB的图形界面设计技术对设计出良好的通用软件来说是十分重要的。

本书前面曾陆续介绍了句柄图形学的一些基本概念，还有其中一些常用对象的属性和属性值设定。在图形界面设计中，无疑应充分利用实用工具Guide，但仅仅使用Guide是远远不够的，此外Guide也有它自身难以弥补的缺陷，所以本章还是从MATLAB界面设计的基础内容讲起，逐步扩展到与Guide软件的结合，这样会使用户的程序设计提高一个档次。

10.1节将介绍图形界面编程的基础知识，将介绍图形界面的各种对象的相互关系，并介绍窗口属性及设置方法，还将介绍对象属性的读取与修改的基本方法，最后将介绍一些标准的对话框。10.2节介绍图形用户界面编程的基本控件属性，并介绍如何获取对象句柄的一般方法。10.3节将介绍一个图形用户界面的可视化设计工具Guide，并介绍利用这样的工具进行GUI设计的实例。10.4节将介绍图形用户界面的高级技术，如菜单系统的设计方法、快捷菜单系统的设计方法，还将举例介绍ActiveX控件的设计方法。10.5节还将给出用户自己开发的MATLAB工具箱的集成与打包方法。

## 10.1 MATLAB语言图形界面编程基础

### 10.1.1 MATLAB图形界面中各对象的关系

MATLAB语言在图形界面设计中提供了很多的对象，它们之间的相互关系如图10-1所示。进入MATLAB语言环境，首先有一个根对象，它是MATLAB命令窗口对象，其句柄的值是0。建立在根对象之下的是图形窗口对象，每个窗口的句柄都可以是正整数。

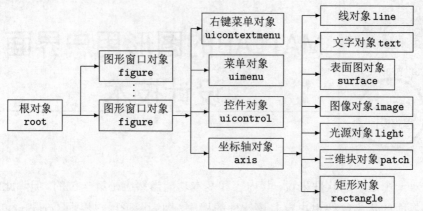

图 10-1　图形对象关系示意图

　　每一个图形窗口对象下可以有四种对象，即菜单对象、控件对象、坐标轴对象和右键快捷菜单对象。其中菜单对象用于建立该图形窗口下的主菜单系统；控件对象负责建立该窗口下的各种控件，包括按钮、列表框等；右键快捷菜单是当用户右击对象时就可以直接响应的快捷菜单。理论上每一个对象都可以带一个右键菜单，但实际应用中由于MATLAB当前对象的边界和识别手段并不是很完善，所以有些右键菜单并不能激活。

　　坐标轴对象下又分了若干个子对象，其中很多内容前面已经介绍了。本章将详细地介绍有关图形窗口对象属性及设定、菜单对象和控件对象的属性与设计等内容，使读者对句柄图形学的基本概念与应用有进一步的了解。

### 10.1.2　窗口对象及属性设置

　　在MATLAB下，如果用户想打开一个新的图形窗口，则可以选择MATLAB命令窗口中的"新建"→"图窗"子菜单，这样将获得一个标准的MATLAB图形窗口。另外，采用下面的函数调用将使得打开窗口的形式更富于变化，函数如下：

　　hwin=figure(属性1,属性值1,属性2,属性值2,…)

其中hwin为这一图形窗口的句柄。显然，用户可以通过这种方式打开一个新的图形窗口，并返回该窗口的句柄，以便以后能够对该窗口的属性做进一步修正。建立窗口(即成功地获得窗口句柄hwin)之后，用户还可以调用figure(hwin)函数显示该窗口，并将之设定为当前的窗口。其实，即使这里引用的窗口句柄不存在，也可以使用这一命令，它的作用是对这一窗口句柄生成一个新的窗口，并将之定义为当前窗口(注意，这样给出的句柄数值应该为整数)。

### 10.1.3　窗口的常用属性

在 MATLAB 环境下允许用户同时打开很多的窗口,而每一个窗口都应该对应于自己的句柄,用户可以调用 gcf() 函数来获得当前窗口的句柄,以便对它做进一步操作。图形窗口的属性可以由该图形窗口下的"视图"→"属性编辑器"菜单项设置,这时将打开一个如图 10-2 所示的窗口,在窗口中选中某个属性,则可以在相应的位置中填写其属性值。图形窗口的常用属性如下:

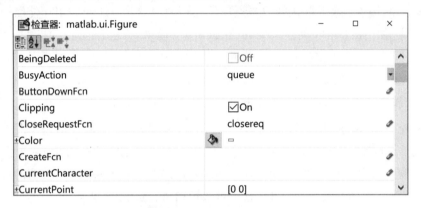

图 10-2　属性编辑器界面

● Color **属性**。可以设置图形窗口的界面颜色。其属性值可以为由红绿蓝三原色的不同配比构成的 $1 \times 3$ 向量,其中每个向量分量的取值范围为 0 到 1,这样就可以获得各式各样的颜色变化。如果将这些颜色配比值取作极端值 0 或 1 时,则可以得出 8 种颜色组合,如表 6-1 所示。例如,其中的 'r' (红色)用三原色向量表示为 $[1, 0, 0]$,即将红色分量设置为最大,而其他两个分量设置为 0。在 Windows 环境的颜色分辨率设置得较高时,也可以将各个颜色配比的值设置成 0 到 1 之间的任意小数,从而使整个颜色系统显得更加美观。图形窗口的默认背景颜色为 $[0.8, 0.8, 0.8]$。如果在属性编辑程序中选择了 Color 属性,则用户可以单击属性值处的 按钮,将给出标准的颜色对话框,允许用户从中选择颜色。

● MenuBar **属性**。设置图形窗口菜单条形式,可选择 'figure' (图形窗口标准菜单)或 'none' (不加菜单条)选项。用户如果选中了 'none' 属性值,则在当前处理的窗口内将没有菜单条,这时用户可以根据后面将介绍的 uimenu() 函数来加入自己的菜单条。如果用户选择了其中的 'figure' 选项值,则该窗口将保持图形窗口默认的菜单项(其中相应的选项后面将进行介绍)。选择了 'figure' 选项后,还可以用 uimenu() 函数改变原来的标准菜单,或者添加新的菜单项。

● Name **属性**。设置图形窗口的标题栏中标题内容,它的属性值应该是一个字符串,在图形窗口的标题栏中将把该字符串内容填写上去。

• **NumberTitle属性**。决定是否设置图形窗口标题栏的图形标号,它相应的属性值可选为'On'(加图形编号)或'Off'(不加编号)。若选择了'On'选项,则会自动地给每一个图形窗口标题栏内加一个"Figure No *:"字样的编号,即使该图形窗口有自己的标题也同样会在前面冠一个编号,这是 MATLAB 的默认选项;若选择'Off'选项,则不再给窗口标题进行编号显示了。

• **Units属性**。除了默认的像素点单位'pixels'之外,还允许用户使用一些其他的单位,如'inches'(英寸)、'centimeters'(厘米)、'normalized'(归一值,即0和1之间的小数)等,这种设定将影响到一切定义大小的属性项(如后面将介绍的Position属性)。Units属性也可以通过属性编辑程序界面来设定,例如选择 Units 属性时,在属性值处将出现一个列表框,用户可以从中选择希望的属性值。

• **Position属性**。用来设定该图形窗口的位置和大小。其属性值是由四个元素构成的 $1 \times 4$ 向量,其中前面两个值分别为窗口左下角的横纵坐标值,后面两个值分别为窗口的宽度和高度,其单位由 Units 属性设定。设置 Position 属性值的最好方法是:首先关闭属性设置对话框,直接对该窗口进行放大或缩小,然后再打开属性编辑程序。这样在 Position 一栏中就自动地填写上用户设置的值了。

• **Resize属性**。用来确定是否可以改变图形窗口的大小。它有两个参数可以使用:'on'(可以调整)和'off'(不能调整),其中的'on'选项为默认的选项。

• **Toolbar属性**。表示是否给图形窗口添加可视编辑工具条,其选项为'none'(无工具条)、'figure'(标准图形窗口编辑工具条)和'auto'(自动)。一般若想对图形进行可视修改,最好将此选项设置为'figure'。

• **Visible属性**。它用来决定建立起来的窗口是否处于可见的状态,对应的属性值为'on'和'off'两种,其中'on'为MATLAB的默认属性值。

• **Pointer属性**。用来设置在该窗口下指示鼠标位置的光标的显示形式,它的属性值及对应的光标形式如表10-1所示,其中的'arrow'选项为默认的形式。

表 10-1 Pointer 属性值及光标形式示意图

| 属性值 | 光标形式 | 属性值 | 光标形式 |
|---|---|---|---|
| 'crosshair' | 细十字花形 | 'arrow' | 箭头指示 |
| 'watch' | 砂漏指示(表示等待) | 'topl' | 左下到右上角箭头 |
| 'topr' | 左上到右下箭头 | 'botl' | 形同'topr',意义不同 |
| 'botr' | 形同'topl',意义不同 | 'circle' | 圆形光标指示 |
| 'cross' | 双线十字花形 | 'fleur' | 带箭头的十字花 |

● **各种回调函数**。所谓回调函数（callback function），就是指一旦该对象指定的事件发生，将自动调用某指定的函数。函数应该由字符串的形式给出，它既可以是 MATLAB 文件名，也可以是一组由 MATLAB 命令组成的小程序。注意，回调函数应该是一个能自动求值的字符串。在图形窗口下，能表示某种回调过程的属性有：

　　* CloseRequestFcn —— 关闭窗口时的响应函数；

　　* KeyPressFcn —— 键盘键按下时的响应函数；

　　* WindowButtonDownFcn —— 鼠标键按下时的响应函数；

　　* WindowButtonMotionFcn —— 鼠标移动时的响应函数；

　　* WindowButtonUpFcn —— 鼠标键释放时的响应函数；

　　* CreateFcn 和 DeleteFcn —— 建立和删除对象时的响应函数；

　　* CallBack —— 对象被选中时的回调函数等。

这些属性所对应的属性值可以为用 MATLAB 编写的函数名或命令名，表示一旦指定的事件发生之后，将自动调用属性值，即给出的函数或命令。

### 10.1.4　对象属性的读取与修改

上述的各个属性和属性值可以在建立窗口时指定，在编程时用命令行的形式也可以修改对象的属性。在前面已经概略地介绍过 set() 和 get() 函数及其应用，如果用户想改变某对象的一些属性，则可以通过调用 MATLAB 提供的 set() 函数来完成，前面介绍过，set() 函数的调用格式为：

　　set(对象句柄，属性1，属性值1，属性2，属性值2，…)

其中用户可以利用对象句柄指明要处理的对象。注意，在使用 set() 命令时，每个属性项的名称应该用单引号括起来，而其后面的属性值如果为字符串，则也应该用单引号括起来。如果在 set() 函数调用时不给出属性值，则将返回全部允许的属性值。例如下面的命令将得出以单元数据的形式给出的结果 h。

```
>> h=set(gcf,'Visible')
```

得出的 h 为单元数组，其内容为 {'on', 'off'}。采用 get() 函数可以得出窗口或其他对象的有关信息，该函数的调用格式为：

　　V=get(句柄名，属性)

其中 V 为指定属性的返回属性值。下面将通过例子来演示窗口对象属性的设定与修改。

**例 10-1**　试生成一个空白窗口，在键盘键被按下时显示 "Hello, Keyboard key pressed"。

**解**　用户可以打开一个新的图形窗口，给出如下的命令：

```
>> gwin=figure('Visible','off');
   set(gwin,'Color',[1,0,0],'Position',[100,200,300,300],...
        'Name','My Program','NumberTitle','off','MenuBar','none',...
        'KeyPressFcn','disp(''Hello, Keyboard key pressed'')');
   set(gwin,'Visible','on')
```

这一程序段首先定义了一个不可见的窗口，并将其句柄设置为gwin，然后采用set()函数的Color属性将它的背景颜色设置为红色，并用Position属性将其大小和位置设置出来(单位为默认的像素点)，再给该窗口设置一个标题，最后取消了原来窗口的菜单条。在这一程序段中还定义了对KeyPressFcn属性的回调函数，即在用户按下任意一个键盘键时将调用disp()函数来显示Hello, Keyboard key pressed字样。这里的一切设置完成之后，则可以再调用set()函数将该窗口显示出来。注意回调函数的写法，其实回调函数的内容应该为disp('Hello, Keyboard key pressed')，但因为整个回调函数应该由单引号括起来，所以其中原来的单引号应该变换成两个单引号。对键盘键按下这一事件的响应仅限于当前的图形窗口为活动窗口时才起作用。对以上设计的窗口若使用get(gwin,'Position')和get(gwin,'Color')命令将分别返回下面的结果，$v_1 = [100,159,300,400]$，$v_2 = [1,0,0]$。

```
>> v1=get(gwin,'Position'), v2=get(gwin,'Color')
```

例10-2  试用set()等命令修改界面的基本属性。

**解**  可以看出，使用set()命令可以很容易地设置或修改Windows界面的属性，并且马上可以得出修改的结果，而不像C语言那样在编写程序之后还需对之进行编译连接调试。用户还可以写出下面更简单的程序段：

```
>> gwin=figure;
   set(gwin,'Color',[1,0,0],'Position',[100,200,300,300],...
        'Name','My Program','NumberTitle','off','MenuBar','none',...
        'KeyPressFcn','disp(''Hello, Keyboard key pressed'')');
```

用户可以在实际运行时比较一下这两组命令所产生的结果。从效果上看，这两个程序段都将打开同样的图形窗口，并同样将该窗口的句柄赋给gwin变量，但从视觉上看，在后一个程序段中，窗口显示的修改过程都将在计算机上显示出来，而前一个程序段隐含了所有的中间过程，仿佛直接打开了一个按照要求选定的新窗口一样，所以在实际编程时往往不采用后一种方法。事实上，还可以用更简单的命令

```
>> gwin=figure('Color',[1,0,0],'Position',[100,200,300,300],...
        'Name','My Program','NumberTitle','off','MenuBar','none',...
        'KeyPressFcn','disp(''Hello, Keyboard key pressed'')');
```

取代上面的语句，其效果是完全一致的，而这一种方法更加简单。

### 10.1.5　简易对话框

MATLAB 提供了一些简易的对话框供用户直接使用，允许结果的直接显示，或回答简单问题。简易对话框的调用格式如下：

（1）**消息显示对话框**。可以用 `msgbox(字符串,标题)` 函数直接显示消息。

（2）**警告与错误信息对话框**。这些对话框可以用 `warndlg()` 和 `errordlg()` 函数引出，二者的区别是所用的图标不同。

**例 10-3**　试比较警告对话框与错误信息对话框在表现形式上的区别。

**解**　给出下面的 MATLAB 命令

```
>> h=warndlg({'ERROR: There is ... encountered',...
        'Try again'},'Warning')
```

则会打开如图 10-3(a)所示的警告对话框，该语句允许使用多行信息显示，而这里用单元数组形式给出的只是其中一种方法。在使用的字符串中仍可以使用中文信息。如果使用下面的命令

```
>> h=errordlg({'ERROR: There is ... encountered',...
        'Try again'},'Error')
```

则打开如图 10-3(b)所示的错误信息对话框。

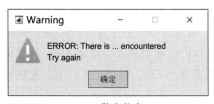

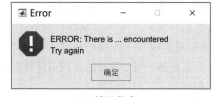

（a）警告信息　　　　　　　　　　　　（b）错误信息

图 10-3　警告与错误信息对话框

（3）**问答框**。MATLAB 提供的 `questdlg()` 函数可以给出提示，允许用户回答"是""否"或"取消"。该函数的调用格式为

key=questdlg(问题字符串,标题栏内容)

该函数返回的 key 分别为字符串 `'Yes'`、`'No'` 或 `'Cancel'`，还允许用户自定义这些显示，后面将通过例子演示。

**例 10-4**　试给出一个标注为 Do you really want to quit? 的问答框。

**解**　如果给出下面的命令，则打开如图 10-4(a)所示的标准问题回答对话框，单击按钮后这个对话框将自动关闭，并将选择结果 `'Yes'`、`'No'` 或 `'Cancel'` 赋给变量 key。

```
>> yesno=questdlg('Do you really want to quit?','Answer')
```

如果想修改按钮上的文字并编辑按钮的形式，则由上面的命令使用了 `'yes'` 和两个 `'no'`，将生成两个按钮，标注分别为 yes 与 no，最后的 `'no'` 标明默认选择为 no，得出

的对话框如图10-4(b)所示,选择结果'Yes'或'No'将自动赋给变量key。

```
>> yesno=questdlg('真的退出吗?','Answer','yes','no','no')
```

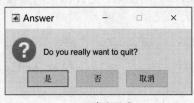 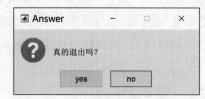

(a)默认形式　　　　　　　　　　(b)自定义按钮

图 10-4　问答框举例

（4）**变量输入对话框**。其调用格式为

变量=inputdlg({提示1,$\cdots$,提示$i$,$\cdots$,提示$n$},标题栏,行数,默认值)

其中“提示$i$”为第$i$个变量提示的字符串,“标题栏”为对话框的标题栏字符串,“行数”为每个变量最大允许行数,如果只用一行,则将其设为1。“默认值”是由字符串组成的单元数组,给出的是刚刚输入变量的默认值。返回的“变量”是一个单元数组型变量,其第$i$个单元返回输入的第$i$个输入变量的字符串表示。

**例10-5**　试设计一个控制系统传递函数输入的对话框。

**解**　传递函数一般由分子多项式或分母多项式构成,只须输入系统分子与分母多项式系数向量就可以唯一表示传递函数模型。下面的命令将给出如图10-5所示的对话框,如果用户输入了正确的传递函数模型,则提取出分子与分母多项式系数,将其由字符串变成数值向量,再由MATLAB控制系统工具箱的tf()函数直接构造出系统的传递函数对象。

```
>> P={'numerator coefficients','denominator coefficients'};
   T=inputdlg(P,'Input the transfer function',1,{'1','[1,2]'});
   num=eval(T{1}); den=eval(T{2}); G=tf(num,den)
```

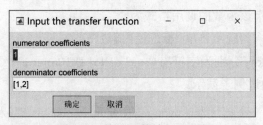

图 10-5　传递函数输入对话框

## 10.1.6　标准对话框及其调用

为了使得用它编写出的图形界面更规范,MATLAB提供了一些标准对话框,这些对话框的调用是十分简单、直观的。

（1）**文件名操作函数**。可以分别使用 uigetfile() 与 uiputfile() 函数打开一个文件读、写对话框，以前者为例，其调用格式为：

[文件名, 路径名]＝uigetfile(文件类型过滤器, 标题栏, $x$, $y$)

例如，若只想打开 *.m' 文件，则"文件类型过滤器"只需设置为'*.m'文件选项。若想设置多种默认文件格式，则可以用分号分隔各种后缀名。"标题栏"为字符型变量，用来指定对话框标题栏的内容；$x$、$y$ 为该对话框出现的位置，一般省略这两个输入变量，而采用默认位置。

返回的"文件名"和"路径名"分别为选定的文件名和该文件所在路径。

**例**10-6　试由标准的文件名输入对话框得出所选文件的文件名与路径名。

**解**　考虑下面的 MATLAB 语句：

```
>> [f,p]=uigetfile('*.m;*.txt;*.c','Please select a file name')
```

这些语句将打开一个如图 10-6 所示的对话框，如果从中选择了每个文件，则将以字符串的形式返回文件名 $f$ 与路径名 $p$，如果单击"取消"键，则返回 $f = p = 0$。

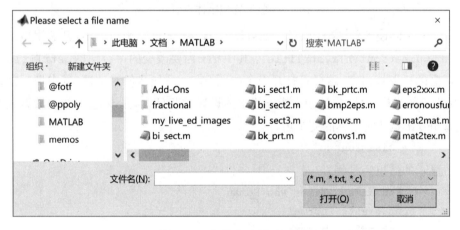

图 10-6　文件名选择对话框

另外，在调用 uiputfile() 函数时，如果已经有同名文件存在，将给出对话框询问是否覆盖。

（2）**颜色设置对话框**。可以由 uisetcolor() 函数引出，其调用格式为：

$c$＝uisetcolor;　或　$c$＝uisetcolor($c_0$);

其中第一个调用格式显示出如图 10-7（a）所示的对话框，该函数将返回一个 $1 \times 3$ 的颜色向量，其三个分量分别对应于红、绿、蓝三原色，每个值的范围在 0 和 1 之间。如果给出 $c_0$ 向量，则在图中将指向颜色向量 $c_0$ 所定义颜色的位置。若按下"取消"按钮，则将返回空的向量。

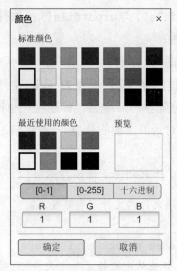
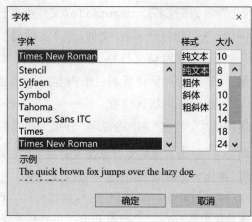

(a)颜色设置          (b)字体设置

图 10-7 颜色设置与字体设置对话框

(3) **字体设置对话框**。该对话框可以由uisetfont()函数引出,其调用格式为hFont=uisetfont(hTx,strTitle),其中hTx为要改变的字符句柄,strTitle为对话框的标题栏内容。这样将打开一个如图10-7(b)所示的对话框。其中填写默认hTx字符的当前字体。如果想完成一般字体设置,则可以略去该变量。该函数返回的变量hFont是选定字体的变量名。

```
>> s = uisetfont
```

显示的结果为

```
     FontName: 'Times New Roman'
   FontWeight: 'normal'
    FontAngle: 'normal'
    FontUnits: 'points'
     FontSize: 10
```

如果想重新定义字体的属性,如字号,则可以由set()函数修改字体属性,也可以由命令s.Fontsize=12直接修改。

(4) **简单帮助信息对话框**。实际上简单帮助信息对话框和警告对话框、错误信息对话框基本上是一致的,所不同的只有图标。简单帮助信息对话框可以由helpdlg()函数调出,其基本语句格式和上面两种是相同的。

**例**10-7 试设计一个有多行信息提示的帮助窗口。

**解** 需要显示的多行信息可以采用字符串矩阵表示,也可以由单元数组字符串来表示,每一行为一个单元的字符串表示。这样,给出下面的命令则可以得出如图 10-8 所示的帮助窗口。

```
>> h=helpdlg({'帮助信息:帮助信息对话框和警告对话框、错误对话框',...
         '基本上是完全一致的,所不同的只有图标标志','请比较!'},...
     '简单帮助对话框')
```

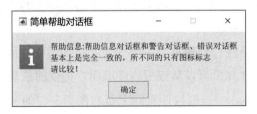

图 10-8　简单帮助信息对话框

（5）**联机帮助系统对话框**。MATLAB 下提供了联机帮助对话框,可以由命令helpwin进行调用。该函数的调用格式为:

helpwin　函数名

**例 10-8**　试利用帮助窗口对话框显示某条函数的帮助信息。

**解**　例如,若用户想获得lyap()函数的联机帮助信息,则键入helpwin lyap,这样将打开一个帮助窗口的界面,将lyap()函数的帮助信息在窗口中显示出来。

```
>> helpwin lyap
```

# 10.2　MATLAB图形界面设计基本控件

对话框是最常用的一类窗口,如果用户想和计算机进行交互（interact）,那么对话框是最常用的一种手段。因为使用对话框,用户可以给计算机发出一些指令,此外还可以将一些参数赋给计算机,而计算机也可以通过对话框将一些结果信息反馈给用户。下面将介绍对话框及相关的基本控件。

在MATLAB语言中,窗口上的控件可以由uicontrol()函数设置,该函数的调用格式为:

hctrl=uicontrol(属性1,属性值1,属性2,属性值2,…)

此函数调用将在当前窗口上建立一个控件,调用此函数还将设置此控件的各种属性。在后面的内容中将介绍有关对话框控件的有关知识。

## 10.2.1　MATLAB支持的基本控件

所谓对话框,就是一些用来要求或提供信息的暂时出现的窗口。在对话框上有各种控制图符和文字,提示用户做某种操作。对话框实际上是实现计算机与用户交互信息的最直接的东西。下面将对 MATLAB 下支持的控件做出必要的解释，而每个控件都有自己的风格（style）属性，我们还将给出各种控件的风格属性值。在本书中，将直接使用这些概念：

- **静态文本风格**`'text'`。静态文本是用来在对话框窗口之内显示的文字，它一般是用来向用户作信息提示的。例如若要求用户输入一个数字，可以先用一个静态文本来解释该数字的意义。

- **编辑框风格**`'edit'`。编辑框是一个含有初值的或空白的方框，用户可以在里面填写自己的数据，计算机可以从该框内读取用户提供的信息。

- **方框风格**`'frame'`。方框控件实际上是对图形窗口的一种修饰，它可以将一组类似的控件围在一个小方框内。该控件没有其他的实质功能。

- **列表框风格**`'list'`。列表框列出了可以选择的一些选项，如果选项太多，则可以采用垂直滚动条来控制，用户可以方便地从中选择一个选项。在一些特殊情况下，为了不占用过大的空间，可以将这种列表框以一行的形式表示，同时在右边有一个向下的箭头。如果用户点中此箭头，则将此列表框展开，这种列表框又称为下拉式列表框。

- **滚动杆风格**`'slider'`。滚动杆可以用图示的方式在一个范围内输入一个数量的值。用户可以移动滚动杆中间的游标来改变它对应的参数。

- **按钮风格**`'pushbutton'`。按钮是对话框中最常用的控制图符，一般来说，一个对话框上至少应该有一个按钮。在按钮上通常有字符来说明其作用，例如 OK 按钮、Yes 按钮和 Help 按钮等。如果用户用鼠标点中一个按钮，则称为选中状态。

- **双态按钮风格**`'toggle'`。该按钮有两个状态：一个是按下状态，一个是弹起状态。单击该按钮将改变其状态。

- **收音机按钮风格**`'radio'`。收音机按钮就是一组带有文字提示的选择项，在这一组中通常只能有一个选项被选中，如果用户用鼠标点中了其中一个，则称这一按钮被选中，被选中的按钮在圆的中心有一个实心的黑点，而原来被选中的选项就不再处于被选中的状态了，这种关系称为按钮的互斥，这就像收音机一次只能选中一个台一样，故称作收音机按钮。在 MATLAB 的默认情况下并不具备这样的互斥功能，这需要用程序去设置。

- **复选框风格**`'check'`。复选框按钮的作用是和收音机按钮很接近的，它也是一组选择项，所不同的是，复选框一次可以选择多项。

- **弹出式菜单风格**`'popup'`。平时的形状类似于编辑框，若选中时，则打开一个列表框，用户可以从中选择合适的选项。

**例 10-9** 试建立一个列表框控件,令其选项为下面三项:Item 1, my item 2, test 3。

**解** 如果想建立一个列表框对象,应该了解如何描述列表框的内容。一种方法是给出字符串,将不同列表的内容用竖线分隔,这样可以由下面的语句建立列表框对象。

```
>> uicontrol('style','list','tag','mylist','Position',...
        [10,10,100,50],'String','Item 1|my item 2|test 3')
```

另一种方法可以是用单元数组描述,下面的命令与前面的命令是完全等效的。

```
>> uicontrol('style','list','tag','mylist','Position',...
        [10,10,100,50],'String',{'Item 1','my item 2','test 3'})
```

### 10.2.2　控件的常用属性

前面给出了控件的基本分类与其风格属性的解释。本节将介绍各个控件的其他常用属性,这些属性一般是对各个控件通用的:

● **Units 与 Position 属性**。其定义与窗口定义是一致的,这里就不加叙述了,但应该注意一点,这里的位置是针对该窗口左下角的,而不是针对屏幕的。

● **String 属性**。用来标注在该控件上的字符串,一般起说明作用或提示。

● **CallBack 属性**。此属性是图形界面设计中最重要的属性,它是连接程序界面整个程序系统的实质性功能的纽带。该属性值应该为一个可以直接求值的字符串,在该对象被选中和改变时,系统将自动地对字符串进行求值。一般地,在该对象被处理时,经常调用一个函数,亦即回调函数。

● **Enable 属性**。表示此控件的使能状态,如果设置为'on'则表示此控件可以选择,为'off'则表示不可选。

● **CData 属性**。真色彩位图,为三维数组型,用于将真色彩图形标注到控件上,使得界面看起来更加形象和丰富多彩。

● **TooltipString 属性**。提示信息显示,为字符串型。当鼠标指针位于此控件上时,不管是否按下鼠标键,都将显示提示信息。

● **Interruptable 属性**。可选择的值为'on'和'off',表示当前的回调函数在执行时是否允许中断,去执行其他的回调函数。

● **有关字体的属性**。如 FontAngle, FontName 等。

### 10.2.3　控件句柄的获取

如果想让一个控件去操作另一个控件,获得该被操作控件的句柄是很重要的。只有获得被操作控件的句柄,才能对其进行操作。一般可以采用 findobj() 函数找出被操作对象的句柄,其调用格式为

```
h=findobj('属性名','属性值')
```

该函数将找出所有属性名与属性值与给出命令相匹配的所有句柄。从实用角度看，为了准确地找到被操作对象，属性名最好选择为标签（Tag），属性值设置成独一无二的字符串。找到了句柄，则可以用set()和get()函数操作该控件了。

MATLAB还提供了一些特殊的命令，例如，函数h=gcf可以获得当前的窗口句柄h，gca函数可以得出当前的坐标系句柄，gco函数可以获得当前的对象句柄，gcob函数将获得真正执行回调函数的对象句柄。

**例10-10** 试考虑打开窗口对象，在窗口上放置两个控件，一个是按钮，一个是静态文本。如果点击按钮，则在静态文本上显示"Hello World!"字样。

**解** 这是面向对象编程的一个简单的应用。和前面一样，可以用figure()函数打开一个空白窗口，然后用uicontrol()函数画出这两个控件。怎么实现期望的响应呢？从面向对象编程的角度看，应该给按钮控件安排一个回调函数，其作用是：① 找到静态文本控件；② 将其String属性设置为"Hello World!"。

找到静态文本控件是很关键的，可以调用findobj()函数来找出静态文本控件的句柄，然后调用set()命令来设置其字符串属性。为了方便使用findobj()函数，需要给静态文本设置一个独一无二的标签，这样给出如下的命令：

```
>> h=figure; pos=[0,100,100,20];
   uicontrol('style','text','Tag','txtHello','Position',pos)
   uicontrol('style','pushbutton','String','OK',...
             'Callback',['h0=findobj(''Tag'',''txtHello'');',...
             'set(h0,''String'',''Hello World!'')'])
```

这里给出的语句中一直避免设置窗口、控件的大小与位置信息，因为设置起来不是特别方便，所以一直在使用默认值。在静态文本控件中给出了位置信息，否则两个控件会重叠。这样的信息如果采用后面介绍的设计界面，将会更直观地实现。

## 10.3   图形用户界面设计工具Guide

在 MATLAB 命令窗口中输入guide命令，则将打开如图10-9所示的窗口，提示用户选择合适的用户界面形式，从列出的GUI模板可见，用户可以建立一个默认的空白界面（Blank GUI）、带有一些控件的界面（GUI with Uicontrols）、带有坐标轴和菜单的界面（GUI with Axes and Menu）和基本模态对话框（Modal Question Dialog），还允许用户打开现有的GUI（Open Existing GUI）。

本节只探讨建立空白图形用户界面的方法。选择Blank GUI模板，再单击"确定"按钮，则可以打开如图10-10所示的设计窗口，其中右侧的区域就是要设计窗口的原型（prototype）。

在该界面的左侧控件栏中，提供了各种各样的控件，如图10-11所示，用户可以

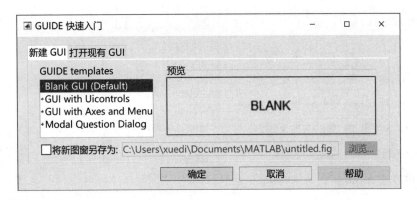

图 10-9  Guide 程序主界面

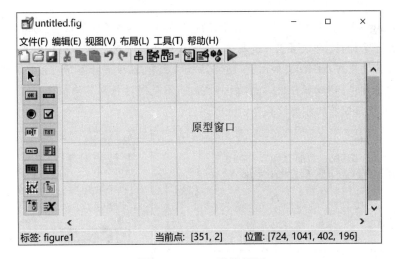

图 10-10  GUI 编辑界面

通过单击的方式选中其中一个控件,这样就可以在右侧的原型窗口中绘制出这个控件。可以通过这样的方法在原型窗口上绘制出各种控件,实现所需图形用户界面的设计。下面首先介绍句柄图形学的基本知识,然后通过简单的例子来演示图形用户界面的设计方法。

**例 10-11**  试用 Guide 界面设计例 10-10 期望的界面。

**解**  考虑在一个空白窗口上添加一个按钮控件和一个用于字符显示的文本控件,并在按下该按钮时,在文本控件上显示"Hello World!"字样。具体的设计步骤如下。

(1)**绘制原型窗口**。打开空白原型窗口并在该窗口中绘制出这两个控件——按钮和静态文本控件,如图 10-13(a)所示。可以由设计界面用交互式的方法任意设置窗口和控件对象的大小与位置。

(2)**控件属性修改**。因为需要修改文本控件的属性,所以双击其图标打开属性对话

编辑状态 →

按钮控件 → ← 滚动杆控件

收音机按钮 → ← 复选框控件

编辑框控件 → ← 静态文本控件

弹出菜单 → ← 列表框控件

双态按钮 → ← 表格控件

坐标轴控件 → ← 控件组框

按钮组框 → ← ActiveX 控件

图 10-11　Guide 控件

图 10-12　属性设置对话框

框,将 String 属性设置为空字符串,表示在按下按钮前不显示任何信息。另外,应该给该控件设置一个标签,即设置其 Tag 属性,以便在后面编程时能容易地找到其句柄,在这里可以将其设置为 txtHello,如图 10-13(b)所示。注意,在设置标签时应该将其设置为独一无二的字符串,以使程序能容易地找到它,而不是同时找到其他控件。同时为方便起见,可以将按钮控件的标签设置为 btnOK。

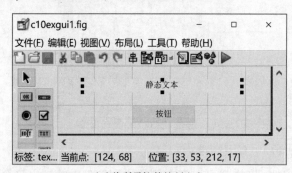

（a）将所需控件绘制出来

（b）修改控件属性

图 10-13　界面设计及修改

　　(3) **自动生成框架文件**。建立了窗口之后,可以将其存成 .fig 文件,如将其存为文件 c10exgui1.fig,这时还将自动生成一个 c10exgui1.m 文件,其主要部分内容如下:

```
function varargout = c10exgui1(varargin)
gui_Singleton = 1;
gui_State = struct('gui_Name',        mfilename, ...
                   'gui_Singleton',   gui_Singleton, ...
                   'gui_OpeningFcn',  @c10exgui1_OpeningFcn, ...
                   'gui_OutputFcn',   @c10exgui1_OutputFcn, ...
                   'gui_LayoutFcn',   [] , ...
                   'gui_Callback',    []);
```

```
if nargin && ischar(varargin{1})
    gui_State.gui_Callback = str2func(varargin{1});
end
if nargout
    [varargout{1:nargout}] = gui_mainfcn(gui_State, varargin{:});
else
    gui_mainfcn(gui_State, varargin{:});
end
% End initialization code - DO NOT EDIT  不要编辑前面的程序
function c10exgui1_OpeningFcn(hObject,eventdata,handles,varargin)
handles.output = hObject;
guidata(hObject, handles);
function varargout=c10exgui1_OutputFcn(hObject,eventdata,handles)
varargout{1} = handles.output;
function btnOK_Callback(hObject,eventdata,handles)  %空白框架需要填写
```

（4）**编写回调函数**。分析原来的要求，可以看出，实际上需要编写的响应函数是在按钮按下时，将文本控件的String属性值设置成所需的值，即"Hello World!"字符串，这就需要给按钮编写一个回调函数。由于文本框的标签为txtHello，所以其句柄为handles.txtHello，用户可以编写出如下的回调函数，完成整个程序。

```
function varargout = btnOK_Callback(hObject, eventdata, handles)
set(handles.txtHello,'String','Hello World!');
```

和例10-10中给出的代码相比，显然这里的代码麻烦得多，不过例10-10回避了很多问题，如窗口、控件的位置、单位等属性的设置与调整，这些更适合使用Guide界面交互式地绘制。另外，这里的回调函数结构更规范，适合于处理复杂问题。

**例10-12** MATLAB的图形界面设计实际上是一种面向对象的设计方法。假设想建立一个图形界面来显示和处理三维图形，最终图形界面的设想如图10-14所示。要求其基本功能是：

（1）建立一个主坐标系，以备后来绘制三维图形；

（2）建立一个函数编辑框，接受用户输入的绘图数据；

（3）建立两个按钮，一个用于启动绘图功能，另一个用于启动演示功能；

（4）建立一组三个编辑框，用来设置光源在三个坐标轴的坐标值；

（5）建立一组三个复选框，决定各个轴上是否需要网格；

（6）建立一个列表框，允许用户选择不同的着色方法。

**解** 可以根据上面的设想，用Guide工具绘制出程序窗口的原型，如图10-15所示。其中，一些编辑框和复选框还可以利用串工具作对齐处理，得出对齐处理的对话框。

根据上面的设想，可以把任务分派给各个控件对象，这就是面向对象的程序设计特点。其任务分配示意图如图10-16所示。从示意图中可以看出，A和B两个部分并不承

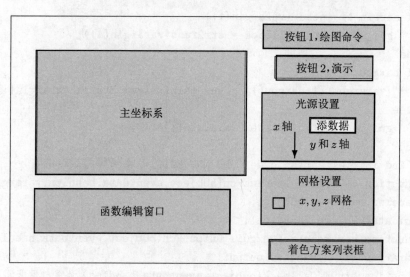

图 10-14　要建立的图形界面示意图

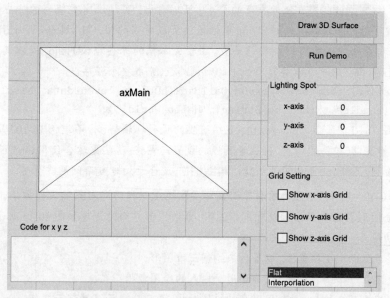

图 10-15　用 Guide 绘制出的图形界面

担任何的实际工作,它们只是给最终的绘图与数据编辑提供场所,所以它们的句柄是很有用的量。为了方便获得它们的句柄,分别将它们的标签(Tag 属性)设置为 axMain 和edtCode,同时为了使 edtCode 能接受多行的字符串输入,需要将其 Max 属性设置为大于 1 的数值,如取 100。

还可以将其他可能用到的控件标签分别设置为:

● C、D 区按钮的标签分别设置为 btnDraw、btnDemo;

- E 区三个光照点坐标编辑框的标签分别为 edtX、edtY 和 edtZ；
- F 区三个网格复选框的标签分别为 chkX、chkY 和 chkZ；
- G 区着色方案列表框的标签设置为 lstFill。另外，单击 lstFill 的 String 属性右端的编辑按钮▓，则可以在其中加上选项 Flat ↵ Interpolation ↵ Faceted 等，↵ 表示回车。

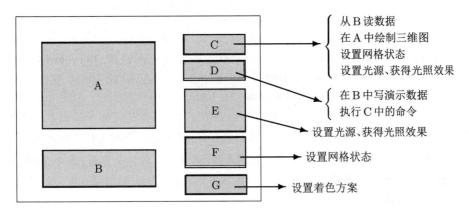

图 10-16　控件任务分派示意图

根据这里给出的任务分派图，可以创建主程序界面，对应的函数名为 c10fgui3()，该函数的清单如下：

```
function varargout = c10eggui3(varargin)
gui_Singleton = 1;
gui_State = struct('gui_Name',        mfilename, ...
                   'gui_Singleton',  gui_Singleton, ...
                   'gui_OpeningFcn', @c10eggui3_OpeningFcn, ...
                   'gui_OutputFcn',  @c10eggui3_OutputFcn, ...
                   'gui_LayoutFcn',  []  , ...
                   'gui_Callback',   []);
if nargin && ischar(varargin{1})
    gui_State.gui_Callback = str2func(varargin{1});
end
if nargout
    [varargout{1:nargout}]=gui_mainfcn(gui_State, varargin{:});
else
    gui_mainfcn(gui_State, varargin{:});
end
```

可见，这样生成的主程序和前面生成的完全一致。那么对于两个不同的问题，界面描述上的差异在哪里呢？MATLAB 中描述界面的部分在 .fig 文件中完全表示出来了，主程序框架应该没有区别。另外，由于控件动作响应的不同，所以在编写事件响应子函数时也是不同的。

根据任务分派中C区的要求，可以编写btnOK按钮的回调函数，该函数从edtCode中读取字符串，然后在axMain坐标系下将三维表面图绘制出来。这样就可以写出该按钮的回调函数为：

```
function btnDraw_Callback(hObject, eventdata, handles)
try
    str=get(handles.edtCode,'String'); str0=[];
    for i=1:size(str,1), str0=[str0, deblank(str(i,:))]; end
    eval(str0); axes(handles.axMain); surf(x,y,z);
catch, errordlg('Error in code'); end
```

注意，在该子函数中，使用了try···catch试探式结构，这是为了防止在函数编辑框中输入错误数据，如果有不可识别的数据或字符，将弹出一个错误信息对话框。

现在再编写D区btnDemo按钮的回调函数，从其分派的任务来看，需要在edtCode编辑框中设置演示程序的数据赋值语句，然后再调用btnDraw的回调函数，所以可以写出如下的回调函数：

```
function btnDemo_Callback(hObject, eventdata, handles)
str1='[x,y]=meshgrid(-3:0.1:3, -2:0.1:2);';
str2='z=(x.^2-2*x).*exp(-x.^2-y.^2-x.*y);';
set(handles.edtCode,'String',str2mat(str1,str2));
btnDraw_Callback(hObject, eventdata, handles)
```

下面看E区控件的回调函数如何编写，E区有三个编辑框，分别放置光源点坐标的三个坐标轴位置，可以统一考虑这三个回调函数，分别从edtX、edtY和edtZ这三个编辑框中读取数值，然后将axMain坐标系下的图形进行光源设定，所以可以写出下面的回调函数：

```
function edtX_Callback(hObject, eventdata, handles)
try
    xx=str2num(get(handles.edtX,'String'));
    yy=str2num(get(handles.edtY,'String'));
    zz=str2num(get(handles.edtZ,'String'));
    axes(handles.axMain); light('Position',[xx,yy,zz]);
catch, errordlg('Wrong data in Lighting Spot Positions'); end
```

为简单起见，没有必要同时编写三个回调函数，只需将原来edtX的回调函数改写成如下形式，即直接调用edtX的回调函数即可，同理需要修改edtZ的回调函数。

```
function edtY_Callback(hObject, eventdata, handles)
edtX_Callback(hObject, eventdata, handles)
```

类似地，可以编写F区的回调函数如下：

```
function chkX_Callback(hObject, eventdata, handles)
```

```
xx=get(handles.chkX,'Value'); yy=get(handles.chkY,'Value');
zz=get(handles.chkZ,'Value');
set(handles.axMain,'XGrid',onoff(xx),'YGrid',onoff(yy),...
    'ZGrid',onoff(zz))
% ---   下面是自定义的子函数
function out=onoff(in)
out='off'; if in==1, out='on'; end
```

该函数读取 chkX 等复选框的状态,并根据其结果设置网格的情况。因为这里不存在用户的字符串输入错误的可能,故没有使用 try … catch 结构。在这里还编写了一个将 0、1 转换成字符串的'off'和'on'的子函数 onoff()。要想正确执行这个程序,还需要用上面的 chkY_Callback() 回调函数,让其直接调用 chkX_Callback。

最后应该编写 G 区 lstFill 列表框对象的回调函数,该区要求从 lstFill 列表框中取出适当的选项,然后根据要求处理图形的着色。这样就能编写出如下的回调函数:

```
function lstFill_Callback(hObject, eventdata, handles)
v=get(handles.lstFill,'Value'); axes(handles.axMain);
switch v
    case 1, shading flat;      %每块用同样颜色表示,无边界线
    case 2, shading interp;    %插值平滑着色,无边界线
    case 3, shading faceted;   %带有黑色网格线
end
```

运行这样编写的程序 c10eggui3.m,可以得出如图 10-17 所示的界面。

前面介绍的 MATLAB 界面设计都是单个界面的设计与处理,一个程序经常可能还有下一级子界面,另外界面间可能需要变量传递,变量传递比较稳妥的方法是通过主窗口 UserData 属性来实现,所以下面的例子将演示如何在 MATLAB 下实现这些功能。

**例** 10-13　试编写一个简单的矩阵处理界面,该界面可以打开一个对话框生成特殊矩阵,并在主界面中显示出来。

**解**　可以按照图 10-18 中给出的方式设计矩阵处理主界面,并按照图中的标注设置各个控件的标签。下面分析一下每个主动控件如何分派任务与 MATLAB 实现的方法:

(1) Create **按钮**。该按钮的作用是打开下级子对话框生成矩阵并将其显示出来。更具体地,该按钮的回调函数检测子对话框是否已经打开,如果未打开则执行子对话框程序,如果已经打开则将其设置为可见。其 MATLAB 实现为

```
function btnOK_Callback(hObject, eventdata, handles)
h=findobj('Tag','figA');
if length(h)==0, c10exmat1; else, set(h,'Visible','on'); end
display_mat(handles)
```

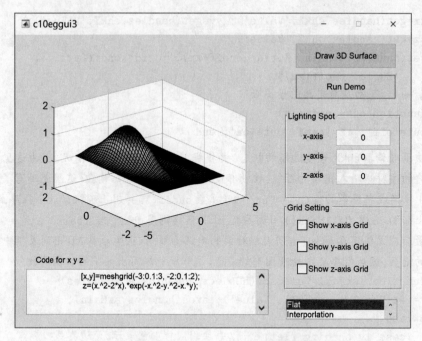

图 10-17 单击 Run Demo 按钮的效果

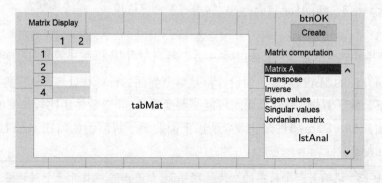

图 10-18 矩阵分析器主界面设计

**(2) 右侧的列表框**, 直接显示矩阵, 其 MATLAB 实现为

```
function lstAnal_Callback(hObject, eventdata, handles)
display_mat(handles)
```

由于这两个控件都需要"显示矩阵"这样的任务, 所以可以将显示矩阵写成一个 MATLAB 子程序, 其分派的任务为: 从窗口的 UserData 属性读出原矩阵 $A$; 从列表框选择需要显示的类型; 根据列表框指示计算需要显示的矩阵 $A_1$; 将矩阵 $A_1$ 写入矩阵表格控件。

```
function display_mat(handles)
A=get(gcf,'UserData'); key=get(handles.lstAnal,'Value');
```

```
switch key,
    case 1, A1=A; case 2, A1=A.'; case 3, A1=inv(A);
    case 4, A1=eig(A); case 5, A1=svd(A); case 6, A1=jordan(A);
end
set(handles.tabMat,'Data',A1)
```

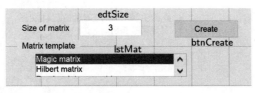

图 10-19　特殊矩阵生成子界面设计

对这个子界面而言,只有 Create 按钮是主动控件,需要为其分派的任务为:由编辑框读出矩阵的阶次 $n$;由列表框找出需要生成的矩阵类型;关闭子对话框窗口;根据类型生成所需的矩阵 $A$;找到主窗口句柄并将 $A$ 写入主窗口的 UserData 属性。

```
function btnCreate_Callback(hObject, eventdata, handles)
n=eval(get(handles.edtSize,'String'));
key=get(handles.lstMat,'Value');
set(gcf,'Visible','off'); h=findobj('Tag','figMain');
switch key
    case 1, A=magic(n); case 2, A=hilb(n);
    case 3, A=randi([-1,1],n); case 4, A=pascal(n);
    case 5, A=gallery('binomial',n); case 6, A=gallery('gcdmat',n);
end, set(h,'UserData',A);
```

对于这样的问题而言,最好的"关闭"子对话框的方法是将其设置为不可见,而不必真关闭该窗口。

# 10.4　图形用户界面的高级技术

MATLAB 的图形用户界面设计工具 Guide 提供了制作 GUI 的强大功能,除了允许用户制作对话框之外,还允许设计菜单系统、工具栏、快捷键等界面常用的工具,另外,还可以让用户在界面中嵌入强大的 ActiveX 控件,丰富界面的功能。本节将介绍这些方面的编程方法。

## 10.4.1　菜单系统的设计

利用 Guide 提供的强大功能,不但能设计一般的对话框界面,还可以设计更复杂的带有菜单的窗口,菜单系统的设置可以由 Guide 的菜单编辑器来完成。Guide 程序的"工具"菜单如图 10-20(a)所示,该菜单允许用"对齐对象"命令对齐对象控件、用"网格与标尺"命令设置界面编辑标尺、用"菜单编辑器"命令编辑菜单系统，还可以实现其他设置内容，如设置工具栏等。

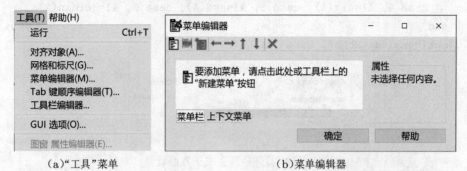

（a）"工具"菜单　　　　　　　　　　（b）菜单编辑器

图 10-20　工具菜单和菜单编辑器

选择"工具"→"菜单编辑器"命令，将打开如图10-20（b）所示的菜单编辑器。使用菜单编辑器可以很容易地按图10-21所示的格式编辑菜单，其使用方法比较直观。快捷键也可以由菜单编辑器直接编辑，该程序可以存为 c10eggui2.m。

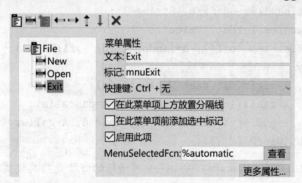

图 10-21　菜单编辑器

### 10.4.2　工具栏设计

MATLAB还可以给程序设置工具栏，用户可以选择Guide主窗口的"工具"→"工具栏编辑器"命令打开工具栏编辑器，如图10-22所示。工具栏上的图标可以采用预定义的图标，也可以采用自定义的图标。在工具栏编辑器中，按钮允许用户自定义工具栏按钮，按钮允许用户自定义双态按钮。自定义的图标应该由其 CData 数据描述或由现成图标表示。

例10-14　试为例10-12界面添加工具栏。

解　打开工具栏编辑器，可以选择一些常用的工具，然后双击按钮，或单击选中某"预定义工具"再单击"添加"按钮。如果想自定义某个工具栏按钮，则可以单击"推送工具"再单击"添加"按钮。这时可以读入某个图像文件 $W$ 并将其写入按钮的CData

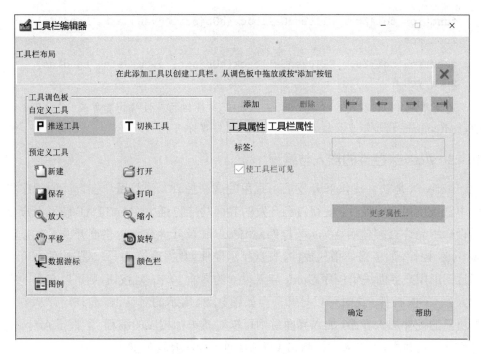

图 10-22 工具栏编辑器界面

属性即可添加带图像的按钮，例如，可以开发出如图 10-23 所示的工具栏。

图 10-23 自定义工具栏设计

这样编辑程序后，复制到工具栏的标准工具可以继承父按钮的功能，例如，按钮能在绘制的曲线上自动读曲线上点的坐标，无需为其专门编程。对这两个自定义按钮，用户可以编写下面的两个回调函数：

```
function tolXZoom_ClickedCallback(hObject, eventdata, handles)
zoom xon

function tolYZoom_ClickedCallback(hObject, eventdata, handles)
zoom yon
```

更简单地，可以不编写回调函数，而只打开 ⌕ 按钮的属性编辑器界面，在该界面的
ClickedCallback栏目下直接输入'zoom xon'字符串即可。

### 10.4.3　ActiveX控件的嵌入与编程

ActiveX是软件提供商开发的可重用的成型控件，使得用户在自己的程序界
面中直接使用这些控件，使得自己开发的界面功能更强大。MATLAB图形用户界
面设计中允许直接使用ActiveX控件。Microsoft及其他软件提供商开发了大量的
ActiveX控件，如多媒体播放控件、表盘显示控件、数据库控件等，这些控件都可以
通过图形用户界面编辑程序Guide导入设计的界面。单击 ▣X 按钮，则可以在界面中
加入ActiveX控件。这时可以打开一个如图10-24所示的对话框，允许用户从中选
择所需的控件加入界面，加入界面后则可以对其进行相应的编程。掌握了ActiveX
控件的编程技术，可以大大提高MATLAB通用程序开发的能力。

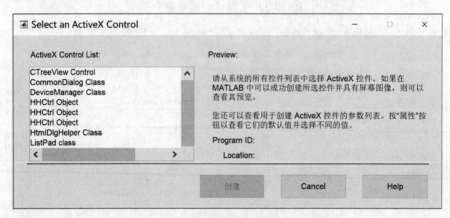

图 10-24　ActiveX控件选择对话框

**例10-15**　试用MATLAB构造一个通用的多媒体文件播放程序界面。

**解**　这个要求看起来是很难实现的，如果想从底层实现也确实如此。既然MATLAB
支持ActiveX控件的直接使用，如果能找到一个合适的多媒体播放ActiveX，则问题就
迎刃而解了。

用guide命令打开一个空白的GUI窗口，在该窗口上画一个ActiveX控件，从弹
出对话框的ActiveX控件选择列表中选择Windows Media Player控件，再单击对话框
的"创建"按钮，则在空白窗口上出现一个Windows Media Player控件，其标签名为

activex1。再在该控件右边画一个按钮，将其 Tag 属性命名为 btnLoad，并清空其 String 属性。

截取一个 🖼 图像，存入文件 btnFile.bmp。用 $W$=imread('btnFile.bmp') 读入工作空间，并将 $W$ 填入该按钮的 CData 属性，就可以完全建立起如图 10-25 所示的原型窗口了。若想让该程序很好地运行，只需编写下面的回调函数（参阅文件 c10mmplay.m）：

```
function btnLoad_Callback(hObject, eventdata, handles)
[f,p]=uigetfile('*.*','Select a media file');
if f~=0, set(handles.activex1,'URL',[p,f]); end
```

则该函数就可以播放任意的多媒体文件了。从给出的例子可见，只需简单的操作和编程就可以赋给 MATLAB 程序强大的功能，由此可以看出 MATLAB 巨大的编程潜能。

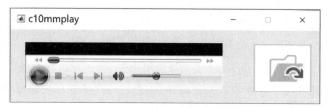

图 10-25 多媒体文件播放器

## 10.5  工具箱的集成与发布

如果用户自己编写了一个 MATLAB 工具箱，或一组想公开的程序，则可以考虑将其打包，具体的方法是，打开工具栏"APP"→"APP 打包"的 APP@APP 打包按钮，则将打开一个如图 10-26 所示的空白对话框，在对话框中填写相关内容，并关联上想打包的所有文件，这些准备工作完成之后，单击"打包"按钮，就可以最终生成一个打包文件，后缀名为.mlappinstall，这种文件是可以在 MATLAB 环境下自动安装的。

## 本章习题

10.1 试设计一个简单的图形用户界面，由编辑框输入圆的半径后按下回车键则自动显示圆的面积与体积。

10.2 重新考虑习题 10.1 中的界面，试加入一个容错处理功能，如果编辑框输入的不是数值，则给出错误信息，否则正常计算圆的面积与体积。

10.3 试设计一个摄氏温度与华氏温度转换的程序界面，使得该界面有两个编辑框，分别输入摄氏与华氏温度，如一个编辑框发生变化将自动将另一个编辑框给出正确的转换结果。（提示：转换公式为 $C = 5(F - 32)/9$）

10.4 试设计一个简单界面，允许输入幅值、频率与初始相位，然后单击按钮可以绘制正

图 10-26　APP打包界面

弦函数曲线,再设计一个列表框,允许绘制正弦、余弦与正切曲线。

10.5　试对习题10.4中的界面添加一个滚动杆,允许用户连续地调整幅值,并使得滚动杆与原来的编辑框联动,实现相同的功能。

10.6　试设计一个简单的界面,用户可以设置平抛的初速度、抛点与地面的垂直距离,显示平抛物体的运动轨迹动画。

10.7　试设计一个简易计算器的界面,使得用户可以利用这个界面实现简单的加减乘除运算。

10.8　试由MATLAB嵌入ActiveX的方式设置一个电子表的界面。

10.9　重新考虑例7-35使用的界面。用户可以用界面编辑程序打开vol_visual4d.m与vol_visual4d.fig文件,观察一下界面都使用了哪些控件,哪些是主动控件,哪些是被动的,主动控件的回调函数是什么意思。试将该图形用户界面打包成一个工具箱。

10.10　试利用相应的ActiveX控件编写一个矩阵计算器程序界面,使其允许用ActiveX表格编辑矩阵的内容,并实现单个矩阵的某些计算,如$A^n$、$A^{-1}$、$e^A$、$\sin A$等。

10.11　在实际应用中,比如说,你在一篇文献中见到了某个结果曲线,你只有电子版的图像文件,试编写一个图形用户界面,允许用户将图像在图形窗口中显示出来,另外,允许用户用鼠标选择的方式选择坐标系、坐标轴范围、感兴趣的曲线点等信息,最终将图像中的曲线数据提取出来。

# 参考文献
## BIBLIOGRAPHY

[1] Wolfram S. The Mathematica book[M]. 5th ed. Champaign: Wolfram Media, 2003.

[2] Monagan M B, Geddes K O, Heal K M, et al. Maple 11 advanced programming guide[M]. 2nd ed. Waterloo: Maplesoft, 2007.

[3] Garbow B S, Boyle J M, Dongarra J J, et al. Matrix eigensystem routines — EISPACK guide extension[M]. Lecture Notes in Computer Sciences, Vol.51. New York: Springer-Verlag, 1977.

[4] Smith B T, Boyle J M, Dongarra J J, et al. Matrix eigensystem routines — EISPACK guide[M]. 2nd ed. Lecture Notes in Computer Sciences. New York: Springer-Verlag, 1976.

[5] Dongarra J J, Bunsh J R, Molor C B. LINPACK user's guide[M]. Philadelphia: Society of Industrial and Applied Mathematics, 1979.

[6] Numerical Algorithm Group. NAG FORTRAN library manual[EB/OL]. https://www.nag.co.uk/nag-fortran-library, 1982.

[7] Press W H, Flannery B P, Teukolsky S A, et al. Numerical recipes, the art of scientific computing[M]. Cambridge: Cambridge University Press, 1986.

[8] Anderson E, Bai Z, Bischof C, et al. LAPACK users' guide[M]. Philadelphia: SIAM Press, 1999.

[9] Gomez C, Bunks C, Chancelier J-P, et al. Engineering and scientific computing with Scilab[M]. New York: Springer, 1999.

[10] Majewski M. MuPAD pro computing essentials[M]. 2nd ed. Berlin: Springer, 2004.

[11] Xue D Y. Mathematics education made more practical with MATLAB[C]. Presentation at the First MathWorks Asian Research Faculty Summit, Tokyo, Japan, November, 2014.

[12] 薛定宇. 高等应用数学问题的MATLAB求解[M]. 4版. 北京: 清华大学出版社, 2018.

[13] Lamport L. LATEX: a document preparation system — user's guide and reference manual[M]. 2nd ed. Reading MA: Addision-Wesley Publishing Company, 1994.

[14] Moler C. MATLAB之父: 编程实践(修订版)[M], 薛定宇, 译. 北京: 北京航空航天大学出版社, 2018.

[15] 薛定宇, 陈阳泉. 高等应用数学问题的MATLAB求解[M]. 2版. 北京: 清华大学出版社, 2008.

[16] Atherton D P, Xue D. The analysis of feedback systems with piecewise linear nonlinearities when subjected to Gaussian inputs[A]. Kozin F, Ono T, eds., Systems and control, topics on theory and application[M], 23–38. Tokyo：Mita Press, 1991.

[17] 薛定宇. 控制系统计算机辅助设计——MATLAB 语言与应用 [M]. 3 版. 北京：清华大学出版社, 2012.

[18] Gilbert D. Extended plotyy to three y-axes[R]. MATLAB Central File ID: # 1017, 2001.

[19] Bodin P. PLOTY4 support for four y axes[R]. MATLAB Central File ID: # 4425, 2004.

[20] Gilbert D. PLOTXX create graphs with two x axes[R]. MATLAB Central File ID: # 317, 1999.

[21] Gongzalez R C, Woods R E. Digital image processing[M]. 2nd ed. Englewood Cliffs：Prentice Hall, 2002.

[22] 薛定宇. 分数阶微积分学与分数阶控制 [M]. 北京：科学出版社, 2018.

[23] Register A H. A guide to MATLAB object-oriented programming[M]. Boca Raton：Chapman & Hall/CRC, 2007.

[24] Xue D Y. FOTF Toolbox[R]. MATLAB Central File ID: #60874, 2017.

# MATLAB函数名索引
## MATLAB FUNCTIONS INDEX

本书涉及大量的MATLAB函数与作者编写的MATLAB程序和模型，为方便查阅与参考，这里给出重要的MATLAB函数调用语句的索引，其中黑体字页码表示函数定义和调用格式页，标注＊的为作者编写的函数。

### 𝒜

abs **45** 56 68 73 75 83 85 86 90 91 93 95 109
    123 126 129 130 199 200 207
adapthisteq 133 134
all 48 49
angle **45** 126 207
any 49 86
asec/acsc 52
asin/acos/asinh/acosh/asind 52
assignin **90** 91
assume 21 22
assumeAlso 21 22
assumptions **21**
atan/acot 52 129 130
axes 228 229
axis 125 164 170

### ℬ

bar/bar3 **117** 120 121 126 139 141
bi_sect＊ 85 90 91 93–95
bode 194 207 208
break 69 72 76 116

### 𝒞

c10eggui＊ 192 227 229 232
c10mmplay 235
c8e_tree 191 192
cat **29**
cd 17 18

ceil 57 **58**
cell2mat **29** 30
char **26** 71 205
clabel **154** 155
class **23** 77
classdef 196 204
clear 15 18 20 29 109 161 190 197
clearvars 18
close 170
collect 54 55
colormap 166
comet/comet3 **117** 124 139
compass **117**
conj **45**
continue 69
contour/contour3 148 **154** 155
contourf **154** 155
conv 88 89
convs＊/convs1＊ 88 89
cos 51 52 55 111 112 119 129 130 139 140
    157–159 191
cov **59** 60
cplxgrid **158** 159
cplxmap **158** 159
cputime 18
csc 51 53

cylinder **160** 161

### 𝒟

default_vals 28 88
delaunay **163**
delete 17 116 151
det 3 36
disp 16 27 38 71 95 116 198 203 205 214
display 197 205
dos **16**
double 19 26 **30** 78 150 167 180
drawnow 125 170

### ℰ

edge **132** 133
edit 81
eig **34** 188 231
elseif **72** 84 86
eps **15** 68 83 85 86 95 200
eq 208
error 84 86 88 197 202 203 207
errorbar **117 124**
eval 27 116 192 216 228 231
evalin **90** 91
exist **14** 83
exp 15 21 46 **50** 53 55 75 118 119 129 139 140 145 148–151 154 160 165 167 228
expand 34 54–56
expm **52** 53
eye 39
ezmesh 151
ezplot 108 128
ezsurf 151 158

### ℱ

factor 54 **60**
factorial 86
false 15
fclose 37 38
feather **117**
feedback 206
feof 37 38
feval 27 28 88
fgetl **37** 38
figure 116 125 134 155 170 **210** 214 222

fill/fill3 **117 122** 139 **140**
fimplicit 99 **128** 129 130
fimplicit3 **156** 157 158
find 25 48 49 58 79 200
findobj **221** 222 229 231
findstr **25**
findsum* 82 83
fix 57 **58** 116
fliplr **43**
flipud **43**
floor 57 **58** 86 205 207
fopen **37** 38
for **64** 65 70 72 84 87–89
format **16** 18 65
fplot3 **139** 140 156
fprintf **37**
frac_tree* 179 180
freqw 207
fscanf 37
fsurf **150** 151 **158**
ftf 204–208
funm 52 53 54 **69**
funmsym **53** 54

### 𝒢

gallery 231
gcd **60**
get 16 168 191 195 203 **213** 214 228–231
getframe 170
global 90
grdidata 152
grid 106 139 166 167
griddata **151**
guide 222 234

### ℋ

help 12
helpdlg 218 219
helpwin **219**
hilb 3 58 231
hist **117**
histogram **120** 121 142

hold 106 107 116 122 125 139 158 159 163
    168 170

*I*

if **71 72** 73–75 77 84–88 90 91 93–96 110 116
    179 196–199 202–204 207 225 229 235
imag **45**
imageinfo 131
imfinfo **130** 131
imhist **133** 134
imread 116 **130** 131–133 150 167 235
imshow 131 133 134
imtool **131**
Inf **15**
inline **92**
int* 23 175
int2str 95 116
inv 34 46 231
isa **23** 197 204
isanumber 77
isinf/isdouble/is* 49
isinteger 40 58
isprime 61

*J*

jordan 231

*K*

kron 201
kronsum 201

*L*

lasterr **15** 77
lastwarn **15**
latex 56
lcm **60**
length **23** 25 27 70 71 73 77 79 88 110 170
    182 197 199 202 205 207 229
light **148** 228
line 107 121
linspace **36** 112 **117** 127 143 145 170
load 18 **37** 38 185 187
log/log10/log2 50 123 126 207
loglog **117**

logspace **36** 123 126 208

*M*

magic 38 49 59 65 231
mat2cell **29** 30
material **148**
matGetNextArray **186**
matOpen/matClose **185** 186 187
max 59 95 205
mcc 191 192
mean **59** 60
mesh **144** 145
meshgrid 71 75 145–150 152–154 156 164–
    170 228
methods 196 204
mex **174** 178
mex_cell 184 185
mex_eigens 188 189
mex_ex81 177 178
mex_matp 187
mex_mattrans 183 184
mex_multiply 177 178
mex_mysin1 189
mex_plot 190
mex_string 181 182
mex_strmat 183
mex_test 188
mexCallMATLAB 187 188
mexPrintf **181** 182
mexSet/mexGet 190
min 59
minus 200 206
mod **58**
movie 170
mpower **188** 198 202 207
mrdivide 207
mtimes 201 206
mxCalloc 182 183
mxCreate 181
mxCreateCharArray 182
mxCreateDoubleMatrix 176 **177** 178 180 186
    189 190
mxCreateString **182**
mxDestroyArray 181

mxFree **181** 182 183

mxGetData 182

mxGetDimensions 182 186

mxGetN/mxGetM **177** 178 184 188

mxGetName/mxSetName 181 **186** 187

mxGetNumberOfDimensions 175 182 183

mxGetNumberOfElements **175** 182 183

mxGetPi 177

mxGetPr **177** 178–180 183 186 189 190

mxGetScalar 177

mxGetString **182**

mxGetVariable 177

mxIsCell 175

mxIsChar 175

mxIsClass 175

mxIsComplex 177

mxIsNaN 175

mxMalloc **181**

mxPutVariable 177

myhilb*/my_fact*/my_fibo* 84–87

*N*

NaN **15** 49 166

nargchk **89**

nargin 82 84–86 90 94 177 196 203 204 225 227

nargout 84 89 177 198 225 227

nchoosek 40 **61**

nnz 73 79

norm 3 46 69 189

num2str **26** 95 116 197

numden 55 57

*O*

openvar **23** 31

overpic 116

*P*

pade 27 28

padefrac 28 88 89

pascal 231

pause 95 164

pcode **96**

perms **61** 62

pi **15** 46 50–52 70 77 107 108 111 112 118 124 126 139 140 143 145 158 161 170 191 207

pi_iter* 83 85

pie/pie3 **121 141** 142

piecewise 56 **74** 75 109 128

plot 11 **106** 107 109 111 112 122 127 151 160 163 170 191

plot3 **139**

plotpolar **117**

plotyy **111**

plus 206

polar 117

polarplot **117** 118

ppoly **196** 198–205

primes 61

print **135** 136

prod 54 59 79 86 175

properties 196 204

pwd 17

*Q*

quiver **117 155** 156

*R*

rand 39 40 73 79 110 151 162 163 179 180 191

randi **79** 231

randn 60 124 125 170

randperm **61** 62

rat **58**

raylcdf/raylinv/raylpdf 120 121 142

real **45**

recycle 17

rem **58**

reshape **23** 29 182 183 201

return 69 77

rewrite **55** 56

rgb2gray 132 133 150

rgb2ind 132 **166** 167

ribbon 143

rot90 **43**

rotate **163** 164 168

round 57 **58**

*S*

save 18 31 **36** 37 185 187
sec 51
semilogx/semilogy **117** 123 126 207
set **110** 125 170 191 **213** 214 222 225 228
    229 231 235
setenv **174**
shading 146 148 150 229
sign 75 109
simplify 52 55–57 199 201
sin 2 11 29 51–53 55 56 69 72 85 90 91 94
    95 107 108 111 112 118 124 126 127 129
    130 139 140 143 145 147 157–161 166 170
    191
sind 51
sinh/cosh 51
size 3 **23** 29 62 79 116 124 142 163 168 175
    183 184 201 228
slice **167** 168
sort **58** 59 197 199
sphere **159**
sprintf **26** 27 203
sqrt 15 46 51 65 68 77 83 123 126 129 130
    146 168 169
stairs **117** 126
startup 174
std **59** 124
stem/stem3 **117** 119 126 139
str2mat 24 31 32 182 183 228
strcmp **25**
strrep **25** 197 198
struct2cell 33 38
struct2table 33
subplot **125** 126 153 207
subs **56** 57
subsasgn 197
subsref 197
sum 65 67 70
surf **144** 145–148 150 **151** 152 153 159–161
    164–166 170 228
surface **166** 167
surfc/surfl 148 171

svd 34 231
switch/case **76** 77 203 204 229 231
sym 3 8 21 **22** 46 50–54 60 66 77 85 87
symengine **27** 28 88
syms 2 3 **20** 21 22 29 34 53–57 60 75 108 109
    129 140 157 158 161
symvar **21** 28 88

*T*

table 31
table2array 32 33
table2cell 32 38
table2struct 32
tan 51 107
taylor 55
tic/toc 18 70 87 163 179 180
title 110
true 15
try/catch **77** 78 228 229
type 16 37

*U*

uicontrol **219** 221 222
uigetfile/uiputfile 116 **217** 235
uint* 22 23 149 175
uisetcolor **217**
uisetfont **218**
uminus 200 206
unix **16**

*V*

varargin 28 88 89 116 203 224 225 227
varargout 87–89 224 225 227
VideoWriter 170
view 11 **152** 153
vol_visual4d* **168** 169
voronoi **162**
vpa **21** 46 51 71
vpasolve 3

*W*

waterfall 148 149 171
while 38 **66** 67–69 73 82 83 85 90 91 93–95
    116 125
who/whos 18 27 131 132
workspace 18

writeVideo 170

### 𝒳

xlabel 110
xlim **110** 143 145 150 153
xlsread **38** 39
xlswrite **38**
xor **48**

### 𝒴

ylabel 110
ylim 109 143 145 150
yyaxis 111 112

### 𝒵

zeros 79 142
zlim 146

# 术语索引
## KEYWORDS INDEX

### 𝒜

ActiveX 控件 209 234–236
按列展开 23
按钮 220 222–226 228–235
ASCII 码 26 36 37 80 96

### ℬ

半对数图 117 123 126 127
饱和非线性 74 108
保留常数 14–16
比较运算 42 48 49
比例因子 125
闭式解 4
变步距 107 108 146 147
编辑界面 41 80 94 97–101 113 131 132 223
编辑框 220 224 225 227 228 231
变精度算法 21 46
变量类型 175 180 181 185
变量替换 54 56
边缘检测 105 132 133
表格数据 14 30–32 37 38
表面图 133 138 144–154 158–161 164 166 167
　　170 210 228
标签 99 143 222 224–227 229 234
标题栏 211 212 215–218
标准差 59 124
标准正态分布 60 125
饼图 120–122 138 141 142
Bode 图 123 126 194 207 208
Brown 运动 125 170 192
不定式 15 165 171

步距 35 36 107 108 124 145 146

### 𝒞

采样周期 119 137
材质 148
参数方程 137–140 158 171
操作系统 16 17 192
CData 属性 221 232 233 235
侧视图 153
差分方程 5 137
插值 4 79 147 151 229
长方形矩阵 45 70
常数 167 175 177
常用对数 50
超越函数 42 49–54 56
Chebyshev 多项式 103
乘方 42 45 47 50 188 193 198 202 203
程序调试 6
成员变量 32 33
重载函数 33 52 93 195 196 198–203 205–208
初始值 66
纯文本文件 14 16 37 80 81
粗糙集 4
存在性 4
错误陷阱 77
错误信息 8 15 37 38 44 47 74 77 84 86 89 96
　　98 99 181 187 198 202 208 215 218 228

### 𝒟

大小写 14 41 83
打印机 135
代码保密 96
代码分析器 18 19

代数余子式 2 35 36
代数运算 42–47 193 198 202 205 206
单步 93 95
单精度 19 23 175
单位变换 51
单位球面 157 159
单元数组 14 23 28–33 38 40 87–89 102 180
　　184 185 213 215 216 218 221
Delaunay 剖分 154 161–163
等高线 138 148 154 155
等间距 36 120
递归方法 2 80 86 87 102
递推 7 65 66 68 86 104 136
点乘 47 74 75
点运算 47 50–52 56 70 75 98 129 130 139 140
　　144 146 167
迭代 64 65 67–69 78 83 85 95 102 136
叠印 106 114 116 120 139 154 155 157–159
定积分 5
定位 116 117 168
定义域 129
动画制作 137 170
断点 93–95
对数 42 49 50 56
对数等间距 36 123
对数图 105 117 123
对象 33 99 100 109 113 114 125 150 189 193–
　　210
多媒体文件 234 235
多维数组 14 28 29 40 45 50 59 78 180 183
　　184
多项式 27 33 34 42 60 87 88 216
多纵轴 105 111 112

*E*

EISPACK 5 6 9
eps 文件 110 117 135 136
二分法 72 73 85 94 104
Excel 14 36 38–40

*F*

返回变元 34 82 84 87–89
反三角函数 49 52
范数 3 46 69 189
反余割函数 52

反余切函数 52
反余弦函数 52
反正割函数 52
反正切函数 52
反正弦函数 52
方差 59 63 136
方位角 152 153
方阵 42 45 70 79 84
非奇异 45
非网格数据 138
非运算 48
分段函数 56 64 74 75 108–110 128 150 154
　　164
分号 16 20 31 33 35 197 217
分数阶传递函数 193 204–208
FFT 5
Fibonacci 序列 7 66 79 86 102 103
for 循环 64–68 72
ftf 类 204–208
复变函数 4 158 159
浮点 15 19 26 175
符号变量 20–23 52 54 77 78 129 158
符号运算 7–9 27 28 42 46 50 51 55–57 74 78
　　87 156 192
父类 203
幅频特性 123 126
俯视图 153
复数矩阵 8 19 20 22 42 43 45 46 177
复选框 169 220 224 225 227 229
幅值 45 111–113 123

*G*

概率密度函数 120–122
Gamma 函数 102
高精度 46 135
Gauss 消去法 6
跟踪调试 80 93 94
GhostScript 116
共轭复数 43 45
工作空间 14 18–20 22 33 44 80 91 92 130 131
　　141 168 173 174 177 179 190 197 235
光滑 147
广义特征值 34
广义 Lyapunov 方程 12

光源 148 149 210 225 228
滚动杆 169 220 224 236

### H

Hadamard 乘积 47
函数调用 14 26 33 34 38 78 82 85 87 89 93 95 126 174 186–188 210 213 219 239
行列式 2 3 36 79 103
Hankel 矩阵 102
耗时 18 67 68 70 71 73 87 124 179 180
合并同类项 54 55 198–201
Heaviside 函数 56
恒等式 40 50
Hénon 引力线 137
Hermite 转置 43
Hilbert 矩阵 3 58 70 84
宏包 116
后缀名 18 80 96 101 217 235
互斥 74 220
弧度 45 51 52 117
互质 60
化简 2 42 50–52 54–56 197 199 200 206
换底公式 50
黄金分割数 65
灰度图像 132 133 149
灰度值 28 130 132 149
回调函数 213 214 221 222 225 228 229 233–236
火柴杆图 105 117 119 126 127 139
或运算 48

### I

inline 函数 92

### J

继承 203 208 233
极点 34
积分变换 4
级数求和 70
计算机数学语言 1–4 6 7 9 13 42
鸡兔同笼 3
极坐标 105 117–119 158
剪切 138 163 165 166 171
剪贴板 134 135
脚本文件 80–83 85 187

角度 51 52 117 123 152 153 162 164 167
阶乘 40 62 86
截断 21
结构体 11 14 23 28 32 33 38 175 180 185
接口 7 27 28 88 89 173 174 177 179 180 187
阶梯图 105 117 119 126 127
解析解 1 2 4 5 20 34
精度 5 8 12 19 21 46 67 68 83 87 135
警告信息 15 215
静态文本 101 220 222–224
JPEG 文件 135
句柄 110 144 150 163 164 170 185 186 189 190 209 210
局部变量 82 89 93
矩阵乘法 8 44 178 187
矩阵函数 49 52–54 68
矩阵指数 52 53
决策变量 10 11 91
绝对值 15 67 199
均匀分布 73 79
均值 40 59 60 63 78 136

### K

开方 42 45 46 50
开关结构 64 75–77
可变变元 87–89
可执行文件 6 17 116 173 174 178–180 182–185 187 189 191 192
空格 18 20 25 34 36 37 98 136
控件 168 209 210 219–227
Kronecker 和 201
Kronecker 积 201
快速 Fourier 变换 5

### L

Lagrange 插值 79
LAPACK 6
LaTeX 56 57 99–101 105 114–116
类 93 193–204 206 207
累加 65–69 72 79
离散数学 57
联合概率密度函数 150
联机帮助 12 37 84 179 219
列表框 210 212 220 221 224 225 227 229–231 236

LINPACK 5 6 9
流程 64 75 82
逻辑变量 15 23 47 66 175
逻辑运算 42 47 48

## M

M 函数 81–93
冒号表达式 14 33–36
Maple 语言 1 9
Mathematica 语言 1 9
幂级数 54 55 68 69
面向对象 33 93 193–208 222 225
命名规则 14 15 83
Mittag-Leffler 函数 102
魔方矩阵 40 49 58 63 65 78
模糊集合 4
Möbius 带 158 159
Monte Carlo 方法 79
目标函数 3 10 91
MuPAD 语言 9 27 28 88

## N

NAG 软件包 5 6
Newton–Raphson 迭代法 102
逆矩阵 46 103
匿名函数 72 85 86 91 92 108 109 128–130
    140 150 151 157 192 208
Numerical Recipes 软件包 5 6

## O

overpic 宏包 116

## P

Padé 近似 27
排列组合 42 57 61 62
排序 42 57–59 62 198 199
抛硬币试验 73 79
Pascal 矩阵 78 103
偏移 147
频度 120–122 142
频率 36 123 207 235
频域响应 28 207
PostScript 135
ppoly 类 196–208

## Q

奇异值分解 34

嵌套 34 60 69 72 75 88
切片 167–169 172
求乘积 59
求和 59 65 69
球面 154 157–160
取整 26 42 57 58
全局变量 80 86 89 90
全排列 61 62

## R

Rayleigh 分布 120–122
人工神经网络 4 11 12
任务分派 225 227–231
RGB 图像 166
软件包 1 4–7 9

## S

三步求解方法 10–12
三次方根 46 171
散点 73 76 151
三角函数 42 49–52 55 56
三角剖分 162
三视图 138 152 153
三维动画 138 169 170
三维网格数据 166 168
三维隐函数 138 154 156–158
三维坐标系 138 139
Scilab 6
删除 15 17 25 35 36 96 99 151 199 213
实部 5 45
视角 138 152 153 163
矢量图 117 138 154–157
视频文件 167 170
实时编辑 80 96–101
试探结构 64 77 78 228
收音机按钮 220 224
输出变元 82 83 87 89 179 180
数据结构 12 14 16 18–33 47 50 51 58 60 66
    74 77 83 130 149 174–176 180 181 183
    193 201
输入变元 34 37 38 81–91 117 179 187
属性编辑器 113 143 144 211 234
数值分析 1 2 4
数值解 1 5 6 13 67 68 78 87
数值线性代数 5

双步 QR 法 6
双重循环 70 84
双精度 14 15 19 21–23 26 30 46 58 66 77 83
　　87 102 149 166 180 181
双曲余弦函数 50 51
双曲正弦函数 50 51
双态按钮 220 224 232
四维图形 167–170
死循环 95 125
私有函数 86 93
Simulink 13 14 91 136 192
搜索路径 196
随机试验 73 79
随机整数 79 103
索引表图像 132 166

Taylor 级数 54 55
特征向量 5 6 34 188
特征值 5 6 34 188
梯度 102 156
体视化 138 167–169 172
填充图 105 122 138–140
条带图 138 142 143
条件转移结构 71–76 150
条形图 117 126 127
贴面 138 166 167
TIFF 文件 135
停止条件 67 69 78 86 102
停止循环 68
通项公式 67 68 70 79 84
图元文件 135

Voronoi 图 154 161 162

网格数据 138 146 147 150 151 154 159 164
　　167 168
网格图 138 144–146 152
伪代码 14 80 93 96 173
伪多项式 193 195 196 198 199 201 202 204
　　207
微分方程 4
伪随机数 40 73 78 120

位图 130 135 166 221
唯一性 4
问答框 215 216
稳态值 78
while 循环 64 66–68 95
Window Media Player 172 234
误差限 15 68 85 95 102 117 124 199
无符号 22 23 130 175
无穷大 165

下拉式菜单 97 169 220
显示格式 14 16 18 22 32 65
线型 106 113
线性代数方程 6
线性规划 3 10 11
向量化 64 69–71 73–75 108 109 125
相频特性 123 126
像素 28 29 130–133 149 166 212
相位 45 123 235
协方差矩阵 59 60
信息处理单元 11 81 82
虚部 5 45
旋转 42 43 46 80 110 113 114 136 138 150–
　　153 159–164 167 168 197
循环结构 8 37 64–75 88 150 164

颜色 17 98 106 113 117 122 131 140 147 149
　　166 211 214 217 218 229
颜色空间 132
颜色索引表 166
样本点 11 36 59 60 75 140 142 143 151 152
　　162 163 169
仰角 152 153
异或运算 48
隐函数 13 98 105 128–130
引力线 137
因式分解 42 54 57 60
阴影 98 138 147
有理化 16 42 57 58 63
有限元法 5
有效数字 7 8 16 19 21 26 40 66
域 32 33 193–196 203 204 208
余割函数 50 51

余切函数 50 51
余数 58
余弦函数 50 51 56 112 189 190 236
与运算 48
源程序 5 6 80 96 117 173 174 178 192
圆周率 5 12 15 21 67
约束条件 10

*Z*

增益 123
展开 34 54–56
整除 35 40
正割函数 50 51
正切函数 50 51 56 236
正视图 153
正态分布 60 125 136
正弦函数 50–52 56 68 69 107 111 112 126
    143 189 190
整型变量 7 23 58 130 175
直方图 105 117 120 121 134 138 139
直方图均衡化 105 133 134
直接赋值语句 33 34
直接转置 43
质数 57 61 63 78
指数函数 15 42 49 50 52 56 188
质因数分解 60
值域 19 22 52
指针变量 188 190
周期函数 52 118
主动控件 229 231 236
柱面 154 160 161 171
主视图 153
注释语句 82 84
主调函数 81 82 87 90 93 180
转置 43
状态空间 9
着色 145 147 169 225 227 229
字符串 15 24 57 114
子函数 86 93 228 229
子矩阵 14 34 35
子类 203
自然对数 50
字体 17 97 110 113 114 116 218 221
最大公约 60 102

最小二乘 45
最小公倍 42 60 102
最优化 4
坐标系 106 111 112 117 125–128 142 163 170
    222 225 228 236

# 图 书 资 源 支 持

感谢您一直以来对清华版图书的支持和爱护。为了配合本书的使用，本书提供配套的资源，有需求的读者请扫描下方的"清华电子"微信公众号二维码，在图书专区下载，也可以拨打电话或发送电子邮件咨询。

如果您在使用本书的过程中遇到了什么问题，或者有相关图书出版计划，也请您发邮件告诉我们，以便我们更好地为您服务。

**我们的联系方式：**

地　　址：北京市海淀区双清路学研大厦 A 座 701

邮　　编：100084

电　　话：010－62770175－4608

资源下载：http：//www.tup.com.cn

客服邮箱：tupjsj@vip.163.com

QQ：2301891038（请写明您的单位和姓名）

**用微信扫一扫右边的二维码，即可关注清华大学出版社公众号"清华电子"。**

教学交流、课程交流

清华电子

扫一扫，获取最新目录